英汉生态设计词典

[马来西亚]杨经文　[中国香港]吴利利安　著

邹　涛　王建佳　译

中国建筑工业出版社

著作权合同登记图字：01-2011-2452号

图书在版编目（CIP）数据

英汉生态设计词典 / （马来）杨经文，吴利利安著；邹涛，王建佳译. — 北京：中国建筑工业出版社，2019.11
书名原文：Dictionary of Ecodesign: An Illustrated Reference
ISBN 978-7-112-24606-9

Ⅰ. ①英…　Ⅱ. ①杨…②吴…③邹…④王…　Ⅲ. ①生态学 — 应用 — 建筑设计 — 词典 — 英、汉　Ⅳ. ① TU2-61

中国版本图书馆CIP数据核字（2020）第022510号

责任编辑：董苏华
责任校对：王　烨

英汉生态设计词典
[马来西亚]杨经文　[中国香港]吴利利安　著
邹　涛　王建佳　译
＊
中国建筑工业出版社出版、发行（北京海淀三里河路9号）
各地新华书店、建筑书店经销
北京点击世代文化传媒有限公司制版
北京建筑工业印刷厂印刷
＊
开本：880×1230毫米　1/32　印张：9⅞　字数：383千字
2020年1月第一版　2020年1月第一次印刷
定价：69.00元
ISBN 978-7-112-24606-9
（32347）

目　录

前 言

应对环境恶化和气候变化问题势在必行，这不仅是设计领域工作者在生活和工作中关注的话题，也是相关环境工作者乃至广大公众关注的焦点。大家孜孜以求，都在试图探究一系列新观点、新术语，了解它们的内涵以及对生活的影响，分析个体层面对这些问题可以作出哪些回应。

作为第一部综合性的生态设计词典，本书旨在对当下正在广泛使用的定义和解释进行汇总，它们正在大量被产品设计、结构设计、基础设施工程、土地开发以及公共政策领域使用着，而这些领域正在显著地影响着环境状况和地球的生态平衡。

地球的生命正在面临着非常严峻的未来。人口统计学者已指出，全人类消耗资源的速度已经超过自然环境恢复补充的能力。与此同时，环境学家和生态学家提出警告，除非我们改变自己的生活方式和设计模式，加强对生态圈的管理，否则人类的消耗和浪费将导致生态系统难以修复。为了遏制这种趋势，许多不同学科的生态设计师都试图在当前的实践中探寻各种新的解决方案，包括减少材料的浪费，减少对空气、土地和水的污染，通过材料再利用节约自然资源，循环使用人造及天然成分，以及将设计体系与环境生态系统有机整合，从而实现环境友好的目标。

本词典收录了大量不同专业领域中涉及环境和气候影响的术语和图示。除应用于环境学和生态学的基本科学术语之外，本词典还汇集了多个领域的新术语和新短语，包括农学、生物学、生态学、化学、工程学的多个方向、物理学、建筑学、景观设计学、工业设计、环境保护、能源、城市与区域规划、公共政策，以及法规、环境协议和公约等。

我们深知本词典尚不完善，编写过程中可能因疏忽或出版限制而遗漏部分关键术语，敬请读者提出补充意见，以便我们在以后的版本中改进完善。

希望本书提供的定义和术语能对大家有所帮助，对所有希望通过自己的生活、工作和设计帮助地球实现良好生态平衡的人们，以及那些在研究和工作中需要学习生态设计术语的人士能有所裨益。

在此我们要感谢全世界各个地方的政府机构和高等院校众多研究人员大量卓著的研究成果。在全世界面对环境议题的激烈抗争之中，他们持续更新着既有的知识体系，不断探索着创新解决方案，他们的重要价值是不可估量的。我们要感谢 Charles Culp 审阅原稿并提出宝贵建议；感谢 Thomas Regan 在图示方面提供的协助；George Mann 提供参考书目与细目建议——以上三位均来自得克萨斯州 A&M 大学（Texas A & M University）；感谢责任编辑 Francesca Ford 的耐心协助。感谢 Freya Cobbin 制作图示。

杨经文（Ken Yeang）
吴利利安（Lillian Woo）

A

Abiotic　非生物的；无生命的

生态系统中非生物的、无生命的组分。非生物成分包括土壤、水、空气、太阳辐射和气候中各方面存在的化学成分。与生态系统中的生物组分相对。在自然界生态系统——以及生态拟态（ecomimetic）设计之中，非生物成分和生物成均为平衡生态系统的重要成分，任何一方发生变化都会影响另一方的平衡和多样性。

现有建成环境多为非生物的，生态设计目标之一就是确保建成环境包含生物的和非生物的这两类成分，两者互相补充形成一个整体。另见：Biotic　生物的；Ecosystem　生态系统。

ABS　丙烯腈 – 丁二烯 – 苯乙烯树脂（缩写）

另见：acrylonitrile butadiene styrene resin　丙烯腈 – 丁二烯 – 苯乙烯树脂。

Absolute humidity　绝对湿度

空气中保有的水分的量——即水汽质量与空气[1]体积之比。绝对湿度也常用来指水汽密度。以每磅干燥空气的水分磅重，或者每千克干燥空气的水分克重来度量。而按照《2005年ASHRAE[2] 手册》的技术定义，水汽密度（d_v）等于单位体积的空气（V）中蕴含的水分的质量（M_w）；$d_v=M_w/V$。

"湿度比"（humidity ratio）则是水分质量与干燥空气质量之比。空气温度越高，可含有的水分越多。由于绝对湿度会随着气压的变化而变化，在化学工程术语中，绝对湿度是每单位干燥空气质量中含有的水分的质量，又被称为"质量混合比"（mass mixing ratio），而这在热质平衡计算中会更为严格。每单位体积空气中水分的质量则定义为"体积含湿量"（volumetric humidity）。

全球不同区域的湿度水平决定了自然界的生物多样性，也影响着建筑设计。例如，地球上最为湿润的城市通常靠近赤道沿海地区，属于自然湿润区域。南亚与东南亚城市位处世界最湿润的地区之中。印度和泰国部分地区在雨季期间十分潮湿；澳大利亚部分地区在12月至次年4月间湿度很大；而吉隆坡和新加坡则全年湿度都很高。在美国，最湿润的城市是海岸沿线的得克萨斯州和佛罗里达州。

生态设计之中，了解特定区域或地点全年的相对湿度水平，可以有助于设计形成切实可行的被动式策略。另见：Mass mixing ratio　质量混合比；Relative humidity　相对湿度；Passive mode design　被动式设计。

1　原文误为"水"。——译者注
2　美国采暖、制冷和空调工程师学会。——译者注

Absorption　吸收

1. 某种物质被吸收的物理过程或生理过程，例如水分、营养、光、气载颗粒等被组织、细胞、空气和土壤吸收。吸收水平会影响人们对化学制品和材料的选择，因为它们会释放可挥发液态和气态粒子，包括部分污染物。各国政府和国际上的行业规范组织已明确了部分对环境和人类健康有害的液态和气态粒子。另见：Air pollutants　空气污染物；Biological contaminants　生物污染物；Pollutants　污染物；Soil contaminants　土壤污染物；Water pollutants　水体污染物。

2. 短波辐射（如太阳辐射）在物体表面转化为长波辐射的过程。表面接收的总辐射量等于表面吸收的能量与表面反射的能量以及传导能量之和。例如，光伏电池吸收太阳热量，将其转化为电力。

水分和湿气被墙体吸收并侵入保温材料会影响建筑的物理性能，一旦冷凝会导致霉菌滋生。

Absorption cooling　吸收式制冷

一种非电力驱动的制冷过程，譬如以太阳能热水或天然气为热源驱动的空调。和太阳能制冷技术相似，吸收式制冷利用热蒸汽或明火实现制冷。最常用于大型商业建筑的空调系统。太阳能制冷属于清洁能源形式，将大幅减少温室气体排放。例如，以水作为冷媒的大型高效两用吸收制冷设备在日本的商用空调市场非常普遍。

吸收式制冷正在受到越来越多的关注。在峰值需求和总体电价较高、天然气价格合理的情况下，由于成本降低，吸收式制冷机的应用将可能增加。例如，越来越多的酒店开始安装小型内置式吸收式制冷机；房车也通常会采用吸收式制冷机，因为它不需要用电。

吸收式制冷也有一些缺点，包括操作较为复杂，若以天然气驱动则会增加场地污染排放，运行温度也非常高（可高于149℃）。

由于吸收式制冷机可以利用废热，因而在某些设施中能提供"免费"的冷源。吸收式制冷系统通常会应用于新建建筑，当然也可以直接替代常规的电制冷设备。吸收式制冷系统的性能系数（COP）小于1。另见：Coefficient of performance　性能系数（COP）；Solar cooling　太阳能制冷。

Absorption heat pump　吸收式热泵

见：Heat pump　热泵。

Absorption process　吸收过程

泛指工厂用于清除大气和环境污染物，从而减少环境排放的工艺过程。另见：Scrubbers　洗涤器。

Accretion　淤积物

河水、溪流等水体沿岸的沉积物。如果这些沉积物或黄土性沉淀阻碍水体自然流动，造成水道淤塞和偏移，可导致临近区域发生洪水。淤塞还会影响水质。恰当的生态设计可削减淤积物对水体生态系统的显著影响。

Acetone　丙酮

主要的土壤和空气污染物。易挥发，可燃，溶于水。也称为二甲基甲酮，2-丙酮，或二甲基酮，是一种在自然界中存在的化合物。丙酮会在植物、树木、火山喷发和森林火灾中自然生成，也是体脂分解的产物。它也存在于汽车尾气、烟草烟雾和垃圾填埋场中。

丙酮常用于生产塑料、纤维、药物及其他化学制品。可用于溶解其他物质。工业过程比自然过程产生了更多的丙酮。丙酮排放至土地并进入成熟的生态系统，会造成污染，形成需要进行除污和修复的棕地。另见：Soil contaminants 土壤污染物；Brownfield site 棕地。

ACEA agreement ACEA 协议

欧洲汽车制造商协会（ACEA）和欧盟委员会达成的自愿协议，以限制在欧洲销售汽车的二氧化碳排放量。另见：Emissions standards, automobile 汽车排放标准；Fuel economy regulations, automobile 汽车燃料经济性法规。

ACH 每小时换气量（缩写）

每小时的换气量。另见：Air change 换气。

Acid deposition 酸沉降

工业生产过程中释放到大气中的酸性颗粒，例如硫与氮化合物，通过湿沉降或干沉降过程落在土地或地表水表面。此类湿沉降物被称为酸雨，以雨、雪、雾的形式落到地表。干沉降物为酸性气体或颗粒物质。酸雨会对环境以及生态系统的主要物种和植被造成不利影响。

值得注意的是，雨水一直以来都是酸性的，并且将来也很可能继续如此。自然酸度由大气中的二氧化碳导致。水和二氧化碳结合形成碳酸（H_2CO_3），其他天然（例如火山）产生的气体也会增加雨水酸度。另见：Acid rain 酸雨。

Acid gas 酸性气体，酸性气

气体中带有酸性物质的空气污染物，通常是固体废物或矿石燃料不完全燃烧的副产物。它会导致树叶褪色乃至生物退化。在城市进行环境污染的生态影响评估时，叶片的变色程度可作为地区空气污染的指标之一。

Acid-neutralizing capacity (ANC) 酸中和容量，酸中和力（ANC）

水或土壤中和酸性物质能力的量度标准。酸中和是通过氢离子与无机盐基或有机盐基（如碳酸氢盐）或有机离子反应而实现的。酸中和力有助于减轻酸沉降对生态系统的有害影响。

Acid rain 酸雨

雨水的酸度取决于两个因素：是否存在成酸物质，如硫酸盐；以及酸中和物质的效力，例如钙盐和镁盐。干净雨水的 pH 值约为 5.6。作为对比，醋的 pH 值为 3。工业区发生酸雨的情况最为普遍。

"酸雨"一词通常用来指大气中酸性复合物和雨、雾、雪混合造成的污染。酸性复合物包括二氧化硫（SO_2）与氮氧化物（NO_x）的混合物，是煤炭或其他燃料燃烧以及人类工业生产过程的产物。酸雨可有干湿沉降两种形式。

在沉降至地表之前，二氧化硫（SO₂）、氮氧化物（NOₓ）气体及其颗粒衍生物——硫酸盐和硝酸盐会导致能见度下降，危害公众健康。

酸雨对森林、淡水湖泊河流、沿海生态系统以及土壤都会造成危害。酸性物质会使重金属更易渗入地下水，对环境、动植物、鱼类，甚至人体健康和财产安全造成不利影响。此外，酸雨会加快建筑材料、墙漆以及建筑本身的老化速度，使枯死的植物加速分解腐烂。

对大规模工业生产过程进行生态设计可减少或消除形成酸雨的排放物。另见：Wet deposition 湿沉降；Dry deposition 干沉降。

Acidification 酸化

从环境角度来看，酸化指的是大规模工业生产过程产生的排放物造成空气污染的过程，排放物主要包括氨（NH₃）、二氧化硫（SO₂）、氮氧化物（NOₓ）。空气污染转化成酸性物质和酸雨，进而渗入地下水，污染地下水和土壤，使得局部生态系统恶化。从化学角度来看，酸化是指降低物质的 pH 值，使其酸性更高。另见：Acid rain 酸雨。

Acrylonitrile butadiene styrene (ABS) resin (C₈H₈C₄H₆C₃H₃N)ₙ 丙烯腈-丁二烯-苯乙烯（ABS）树脂 (C₈H₈C₄H₆C₃H₃N)ₙ

美国环保局指定的有害空气污染物 (HAP)，美国环保局还制定了 ABS 树脂国家排放标准。由于苯乙烯系塑料被广泛应用于众多产品当中，ABS 树脂对环境具有显著影响。ABS 是丙烯腈、丁二烯和苯乙烯这三种材料的"聚合物"。是苯乙烯系塑料中的一种。

ABS 树脂常用于汽车车身、手提箱和玩具。管道工程中，ABS 管为黑色（而 PVC 管为白色）。ABS 也用于塑料压力管道系统。丁二烯与苯乙烯（ABS 的成分）相结合会在形式和作用上变得与苯相似。苯是一种已知的致癌物质。

生态设计的重要原则之一，是避免使用含有有害空气污染物（HAPs）的产品。另见：Benzene 苯。

Activated carbon 活性炭

又被称为"活性木炭"。燃烧木材等炭材料并采用蒸汽工艺扩大表面积而形成的产物。用于吸收有机物，从而控制空气污染或水污染。生态设计之中，可指定使用活性炭来吸收有机物以控制空气污染和水污染。

Activated sludge 活性污泥

污水处理厂曝气槽中加入微生物的生物处理工艺的产物，有助于分解有机物并将无机物转化为环境无害的形态。活性污泥的主要微生物成分有：约 95% 的细菌和 5% 高级微生物（原生动物、轮虫以及高级无脊椎动物）。通常用于污水二级处理。另见：Secondary wastewater treatment 二级废水处理。

Active façade 主动立面

也称为"主动墙"。外墙作为节能系统一个组分，可通过恰当的设计实现热量的吸收并充当蓄热墙。墙体热质量的吸热和蓄热作用有助于降低建筑对机械供暖和制冷系统的依赖性，并降低能耗。另见：Thermal storage 蓄热；Trombe wall 特隆布墙；Building envelope 建筑围护结构。

Active gas collection 活性气体收集

强制去除填埋场气体的一项技术，方法是在填埋场或周围土壤的管网中连接真空吸尘器或气泵，从而去除填埋气。从填埋场收集的气体可以燃烧处理，或者收集起来用作燃料。在某些用途中，填埋气成本低廉，并且是可再生的。填埋气的热值约为天然气的 50%。

Active solar energy 主动式太阳能

见：Solar energy 太阳能。

Active system 主动系统

用于描述建筑所采用的能源和系统。主动系统依靠机电系统在建筑结构内进行能量转化和运输。与被动系统相比，主动系统的运行需要能源支持，因而成本更高，资源消耗量更大。与之相对的是采用低能耗设计的被动系统。另见：Passive mode design 被动式设计；Passive system 被动系统。

Adaptable buildings 适应性建筑

不仅可以实现当时的用途，经久耐用，还可以按照未来用户和其他功能需求进行调整的建筑。此类建筑的建筑布局、环境系统和能源都具有灵活性。适应性建筑通过重复利用现有材料，避免占用新的自然区域新建建筑，同时不破坏其他地段的生态系统，从而合理利用建筑材料。

Adaptation 适应

进化生物学的中心思想——生物体通过改变新陈代谢和习性来应对环境压力和环境变化，从而在新的环境中维持生存的能力。适应性改变可能是新陈代谢、结构或行为的改变，但必然是生物体潜力的一部分。

生态系统功能的崩溃是指特定生态系统中生物体的适应能力有限，难以应对人类、自然和气候的影响。结果会根据这些变化建立新的生态系统平衡。另见：Ecosystem 生态系统。

Adaptive radiation 适应辐射

通常在经过大规模物种灭绝后，新的物种进化，以填补环境变化后形成的空缺和新的生态位。

Adaptive reuse 适应性再利用

在建筑领域，"适应性再利用"一词指的是改变旧的建筑结构使其实现新用途、新功能的过程。在按照新的用途翻新现有建筑时，许多建筑师都会保留一些原始设计构件。建筑的适应性再利用本质上是通过回收利用现有建筑原料以封闭材料循环的过程。过程中涉及土地保护和历史价值保护，城市中心古建筑合理改建，避免过度扩展。适应性再利用和棕地再利用一样属于建成环境。

适应性再利用效力的一项衡量标准是，按照现行能源效率标准对建筑能耗进行评估。

Add-on control device 附加控制器

设置在所有排气系统以避免空气污染的辅助设备，如焚烧炉或碳吸收器。该设备可去除废气中的污染物。与通过改变基本过程来实现污染控制的方案相反，附加控制器的使用通常不会影响受控过程，因此称为"附加"技术。

污染颗粒排放物会破坏建筑和基础设施的性能，影响吸收排放物的土壤、水和生物体，该设备可有效去除污染颗粒排放物。

Adiabatic　绝热的

系统的工作介质不进行热量传导的热力学过程。气体的绝热变化是在系统与外界不传导热量的条件下，一定体积的气体的体积和压力产生的改变。与之相对的热力学过程是与外界最大限度传导热量，使系统温度保持恒定。生态设计之中，绝热系统比运行过程中散发热量的系统更为有效。

例如，对汽轮机来说，绝热效率是每磅蒸汽所做的功与其释放的热能的比值，理论上可转化为单位重量的蒸汽在绝热膨胀期间的机械功。另见：steam turbine　汽轮机。

Adipic acid　己二酸，肥酸

有机化合物，化学式为$(CH_2)_4(COOH)_2$。它被视为最重要的二羧酸。是温室气体一氧化二氮（N_2O）的主要来源。每年生产25亿千克己二酸，多数用于生产尼龙织品的单体。

Adsorb　吸收

固体物质表面或内部吸收并保留气体、液体或溶解物质的过程。例如，活性炭具有吸收污染物（如挥发性有机化合物）的能力。

Adsorbent　吸附剂

吸附其表面上的污染排放物的多孔质固体。最常用的吸附剂有活性碳、活性氧化铝、硅胶和分子筛。吸附剂使用过一段时间后饱和，须进行翻新或更换。研究人员指出，经高锰酸盐浸透的吸附剂有望使室内甲醛得到控制。消除污染物可促进物种更加健康，使环境更加洁净。

Advanced technology vehicle　先进技术车辆

结合新型引擎/动力/传动系统的车辆，从而提高燃料经济性和燃烧效率。例如混合动力系统、燃料电池，以及专门的电动车辆。交通运输专业人士认为先进技术车辆是短期内对燃气发动机汽车和卡车的改进，但他们更注重人类对长远交通运输解决方案的需求，以及建成环境中人员和材料的转移。

Aeolian soil　风积土

经风力作用从一个地区转移到其他地区的土壤。受污染的土壤无法保持在初始地点，可以经风力搬运到其他地区。污染可能对生物生态系统的健康和多样性造成不利影响。目前，各政府环保部门已对土壤污染物进行监控和管理。

Aerated static pile　加气静压桩

强迫充气堆肥法，利用鼓风机使空气流经桩下的多孔管，从而给独立的堆肥桩充气。充气可加快分解速度，促进腐殖质形成。生态设计之中采用该方法可封闭材料循环。另见：Materials cycle　物料循环。

Aeration   充气，掺气

通过接触氧气来促进有机物生物分解的过程。若暴露在空气中，充气过程可能是被动的；若采用混合设备或鼓泡装置引入空气，充气过程则可能是主动的。

Aerobic bacteria   需氧菌

需要自由氧或空气维持生命，并且分解土壤或堆肥系统中有机物的微生物。

Aerobic treatment   需氧处理

也称为"需氧消化"。微生物在有氧环境中分解复杂有机化合物，并且利用分解过程中释放的能量进行再生产的过程。

Aerobism   需氧性

在自由氧环境中生长的能力。有氧环境会促进微生物的生长和有机物的分解。

Aerosols   气溶胶，悬浮微粒

悬浮在气体中的胶体微粒。空气中大小为0.01—10毫米的固态或液态微粒集聚形成的空气污染物，至少可在大气中悬浮数小时。气溶胶可以自然产生，也可以人为产生。气溶胶能够从两方面影响气候：通过散射和吸收辐射直接影响气候；形成云所需的凝结核或改变云的光学性质和寿命，从而间接影响气候。人们经常将"气溶胶"一词与"喷雾剂"混淆，后者指的是喷雾容器的推进剂。

燃烧矿石燃料和生物质均会导致气溶胶排放至大气。气溶胶能够吸收热量、释放热量、反射太阳光，根据其不同特性还可以降低或提高大气温度。燃烧煤、石油等含硫燃料时会排放硫酸盐气溶胶。硫酸盐气溶胶将太阳辐射反射至太空，产生冷却效应。矿石燃料和生物质不完全燃烧（如森林火灾和场地清理）产生的炭黑是导致全球变暖的原因之一。人类活动排放的少量气溶胶包括有机碳和生物质燃烧产生的气溶胶。完整列表请看"空气污染物"相关内容。另见：Carbon black   炭黑。

Afforestation   造林

在无林地上建立新林的生产过程。在生态设计中，造林和植被修复都非常重要，其重要性不仅在于平衡木材产量和森林采伐活动，还在于为碳排放的吸收提供新的树林和植被。新的森林提高了新物种和新的生态系统平衡出现的可能性。

Afterburner   再燃烧器，后燃室

再燃烧器是通过焚烧有机化合物生成二氧化碳和水，从而控制空气污染的设备。使用再燃烧器时，需认真考虑能耗量与二氧化碳排放造成的影响。生态设计之中，人们普遍认为大规模工业生产活动对整个环境的长期良性影响比短期增长性解决方案更为重要。

Agricultural biotechnology   农业生物技术

农业生物技术可以是通过改变生命有机体或部分生物体来制造或改进产品的技术；或是提高植物或动物机

能的技术；或为特定农业用途生成微生物的技术。基因工程技术也属于农业生物技术。依靠生物技术研究和相关技术，人类已生产出多种种植成本低而又对特定植物病害和虫害防御力较高的农作物；人类通过使用生物技术能够更有效地控制病虫害，从而减少合成杀虫剂的使用。

生态设计之中，农业技术有助于综合粮食生产系统的进一步发展。

Agricultural by-products　农副产品

也称为"农产品"，是作为生物可降解产品生产或使用的农作物和材料。开发此类产品是为替代不可降解作物和材料，使其具有生物可降解性。例如，从马铃薯淀粉和玉米淀粉中提取的生物高分子为不可降解塑料，具有相同的特点；用于建筑建造过程的大豆基产品包括混凝土水性密封剂、大豆油漆，以及作为胶粘剂使用的溶剂，均可减少甲醛的使用需求；用于隔离的建筑材料——硬纸板，使用了水稻杆和麦秆；动物毛和植物纤维可用于服装制造和包装产品。

生态设计之中，可生物降解产品的使用不仅减少了沉积于垃圾掩埋场内的废弃物，还通过恢复建成环境中使用的材料使其返回环境，形成生态循环。

Agricultural wastes　农业废物

"农业废物"包括有机废物（动植物废物）和非自然废物。植物废物是生物可降解的，如树木砍伐和作物的残余。两种对环境有害的农业废物为过量化肥和除草剂，可通过土壤过滤后污染地下水；动物废物和作物残渣可造成江河湖泊以及河口的富营养化。过量化肥也可渗入水体造成富营养化。农业废物管制系统有助于将对环境的危害降至最低程度。

这为生态设计提出挑战，设计过程中规划师需要斟酌是否进行大规模粮食生产，有助于管理农业废物，最大限度地减少农业废物并减轻对环境的破坏力。

Agroecosystem　农业生态系统

由一定时间内和农业地域内相互作用的生物因素和非生物因素构成的功能整体，在人类生产活动干预下形成的人工生态系统。

Air analysis　空气分析

空气分析用于确定污染程度和空气污染类型，包括一氧化碳、烃类、颗粒物质、光化学氧化物以及氧化硫。政府监管机构已制定主要空气污染物的排放标准。

Air change　换气率

外部空气或调节空气通过通风或渗透的方式置换空间内部空气的速度的度量标准。与已颁布的标准、规范及建议相比，换气率是衡量某个空间通风状况与气密性是否良好的一项指标。当房间供给和消耗的空气量相等时，就称为"一次换气"。常用度量标准为"每小时换气量"（ACH）。换气对于医院、学校、办公室等环境来说尤为重要，例如飞机的换气就很重要，传染病的致病菌和病毒可在飞机内的空气中传播。

生态设计之中，对使用自然通风

系统的建筑物进行设计时，必须评估每小时换气量。另见：Passive mode design 被动式设计。

Air emissions 空气排放物

排入空气或从不同源头释放到空气中的气体和颗粒物，多数是人类活动产生的。空气排放类型主要有四种：点源、移动源、生物源、面源。点源包括工厂和电厂。移动源包括汽车、卡车、割草机、飞机，以及其他移动时向空气中排放污染的设备。生物源包括树木、植被，气体渗透以及微生物活动。面源由规模较小的固定源组成，如干洗店和脱脂操作。以上四种类型当中，只有生物源排放物有助于自然生态系统及其维护。其余三种排放源都含有对环境、财产以及人类健康有害的并且阻碍生物进程的污染物。

Air exchanger 换气机

见：Heat recovery ventilator 热回收通风机。

Air mass 气团

1. 在气候方面，气团是指整体温度和含水性相似的大量气体。气团最佳源头区域通常为广阔平坦且气流足够稳定、呈现出地表气流特征的区域。例如，热带海洋气团（mT）扩散至亚热带海洋，并且将热量和湿润气流向北移至陆地表面。相反，极地大陆气团（cP，图 1）将温度较低、较为干燥的气流南移。

气团一旦移出源头区域，就会随着不同的条件而发生改变。例如，若极地气团南移，当遇到温度较高的地面气团时温度就会升高。气团通常在中纬度区域碰撞相遇，形成恶劣多变的天气。

两个不同的气团相遇的点称为锋面——两种不同密度气团之间的过渡区域（图 2）。锋面在水平方向和垂直方向上都会延伸，锋区（或锋带）是指锋面的水平和垂直部分。

生态设计的一个重要部分就是应对全球变暖问题。更多的暖锋与冷锋相遇时，恶劣气候和洪灾发生的可能性就会增加。

2. 气团有时也称为"气团比"，其值等于天顶角（即从头顶向上与太阳径直相交的角度）余弦。气团是太阳辐射穿过大气层时运行轨迹的长度的一项指标。气团为 1.0 就意味着太阳在头顶正上方，并且太阳辐射穿过一个大气层厚度。

图 1 极地大陆气团
资料来源：美国伊利诺伊大学

Air pollutants 空气污染物

高浓度空气污染物会阻碍空气正常扩散，干扰生物进程，特别是会影响人类健康，或造成其他对环境有害的影响。六种常见空气污染物有：

- 颗粒污染物（通常指颗粒物质）
- 地面臭氧
- 一氧化碳

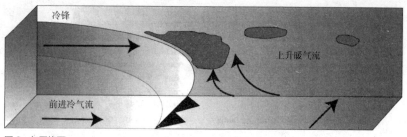

图2 气团锋面
资料来源: 美国伊利诺伊大学

- 硫氧化物
- 氮氧化物（NO_x）
- 铅

这些污染物破坏环境并威胁人类健康。在这六种污染物之中，颗粒污染物和地面臭氧对健康威胁最为广泛。其他空气污染物包括气溶胶、石棉、含氯氟烃（CFCs）、标准空气污染物、有害空气污染物（HAPs）、氢氟氯碳化物（HCFCs）、汞、甲烷、推进剂、氡、制冷剂、挥发性有机化合物（VOCs）。空气污染源包括工厂、发电厂、干洗店、汽车、公交车、卡车、扬尘和火灾等。

生态设计有助于开发不会产生污染排放物的新型工业生产过程，同时也不会超过自然环境吸收排放物的承载能力。另见：Air toxins 空气毒素；Criteria air pollutants 标准空气污染物；Hazardous air pollutants 有害空气污染物；Indoor air pollution 室内空气污染；Particulate matter 颗粒物质；Volatile organic compound 挥发性有机化合物，以及文中所提及污染物的单独词条。

Air pollution control systems 空气污染控制系统

用于消除或减少空气传播污染物的系统，可处理烟、灰烬、灰尘、硫、氮氧化物、一氧化碳、臭气和碳氢化合物等。该系统包括氮氧化物控制设备、烟气微粒收集器和脱硫装置。生态设计之中，人们普遍认为大规模工业生产活动对整个环境的长期良性影响比短期增长性解决方案更为重要。

Air quality standard 空气质量标准

美国环保局关于空气中最大允许污染物浓度的法定标准。

Air shed 空气污染域

特定地理区域的空气供给情况，通常取决于限制空气排放物的地形屏障或大气条件。空气污染域范围不等，从山谷间的小区域到城市甚至是全省范围的空气污染域。在城市或全省范围内，城市空气污染（如臭氧）的影响可能大范围扩散。

有关部门可通过排放物清单、空气质量监控、空气扩散模拟、排放和污染程度趋势预测等工具获取信息，以保障有效的空气质量监管。

生态设计有助于空气质量管理方案的制定和实施，方案内容包括空气测定，对空气的影响，随着时间如何发生变化；监控数据的运用，关于制定减排目标的国家指导方针；空气污染物管理和减排策略。

Air-source heat pump　气源热泵，空气源热泵

最常见的热泵类型。在供暖季，热泵将室外空气的热量传递给室内；在制冷季则相反，热泵将室内空气的热量传递至室外。气源热泵可以为住宅（尤其是在温暖气候区域）有效地制冷（图3）与供暖（图4）。正确安装好之后，一套气源热泵向一户住宅传递的热能比热泵所消耗的电能多1.5—3倍。原因可能在于热泵系统的工作原理是传递热量，而不是从燃料中获取热量（如燃烧供热系统）。

在制冷模式下，气源热泵系统的室内盘管内装有沸腾制冷剂，吸收流经室内盘管（蒸发器）的空气流的热量。随着制冷剂的蒸发，热泵系统会吸收室内空气的热量。之后，气态

的制冷剂会流向压缩机。气体经过压缩后进入室外盘管，其热量被冷凝器盘管吸收后，气体冷凝。液态的制冷剂之后会流向膨胀装置，高压的液态制冷剂在膨胀装置内转化为低压液体，然后流向蒸发器盘管，整个流程重复。

在供暖模式下，气源热泵系统的工作原理与制冷模式相反。热泵系统以室外盘管为蒸发器，以室内盘管为冷凝器，将室外热量传递至室内。制冷剂流向的转变可通过换向阀来实现。随着液体在室外盘管内蒸发，系统会吸收室外空气中的热量。气体经过压缩后进入室内盘管并且冷凝，向室内释放热量。压缩机以及膨胀阀导致压力发生变化，使气体能够在室外较低的温度下蒸发，在室内较高的温度下冷凝。在供暖模式下，当室外气温接近32℉（0℃）或更低时，气源热泵系统效率降低，通常需要启动后备（阻力）供暖系统。

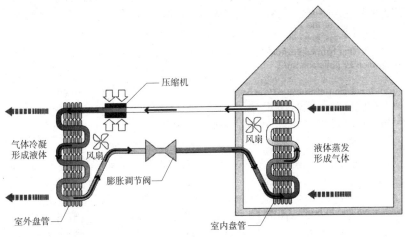

图3　空气源热泵：制冷

资料来源：美国能源部

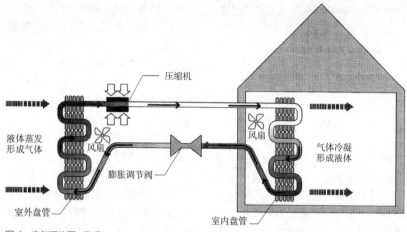

图 4 空气源热泵: 供暖
资料来源: 美国能源部

压缩机

液体蒸发
形成气体

风扇

膨胀调节阀

室外盘管

风扇

气体冷凝
形成液体

室内盘管

多数中央热泵为分式系统——各系统在室内室外均设置一个盘管。送风和回风管道与室内的中央风扇相连接。对于没有设置管道的家庭来说,可选用一种无管道气源热泵,称为"迷你分式热泵"。除此之外,还有一种特殊的气源热泵"逆循环制冷机",该设备能够产生热水和冷水,而不是气体,因此能够在供暖模式下与地板辐射供暖系统一同使用。

当今气源热泵的效率和性能是 30 年前的 1.5—2 倍。技术的进步,热膨胀阀门、电子控制装置、高效压缩机以及高效换热器等设备的使用,大大提高了热泵的工作效率。另见: Heat pump 热泵。

Air sparging 空气注入法; 地下水曝气

污染物清除技术。将空气或氧气注入地下水,使其中易挥发的污染物冲上水面形成气泡,用蒸气抽提系统收集气泡。另见: Vapor-extraction system 蒸气抽提系统。

Air stripping 气提法

通过在水中强制注入空气流,使挥发性有机化合物(VOCs)蒸发,从而为受污染地下水或地表水去除挥发性有机化合物的处理系统。另见: Steam stripping 汽提法: Volatile organic compound 挥发性有机化合物。

Air-to-air exchanger 空气对空气换热器

见: Heat recovery ventilator 热回收通风机。

Air toxins 空气毒素

能够致癌或导致严重健康问题,造成不良环境和生态影响的空气污染物。空气毒素包括苯、全氯乙烯和二氯甲烷。政府部门已制定相关排放标准,并对排放水平进行监管。另见: Air pollutants 空气污染物。

Airborne 空气传播的

悬浮在大气中的。

Airflow patterns 气流组织形式

1. 生态建筑设计中，在建筑的前厅或立面以水平或垂直空间形式建立被动式系统，以调节光环境和气流组织形式。2. 在生态总体规划中，1）景观设计会形成不同的气流组织形式，通过产生压差来引导或改变风向；2）城市规划设计可以通过分析某地区的自然气流组织形式，并且分析人口稠密地区的气流随着新开发和新城区发生的改变，从而最大限度利用气流的好处。3. 建筑的气流组织形式和通风效果可依据现有规范，通过电脑模型进行分析。建筑分析包括单区域、多区域气流模拟，通风系统效率预估，以及空气污染物扩散情况预测。4. 城市规划师和建筑师会考虑特定地区的自然气流组织形式，在部署城市或新建筑规划时最大限度利用起来。5. 密集的开发和城市可能改变自然天气流动形式。

Albedo 反射率，反照率

太阳辐射反射成为入射太阳辐射的比率。某一物体或表面反射的太阳辐射量。例如：白雪覆盖的表面反射率很高；土壤的反射率有高有低；有植被覆盖的地表以及海洋的反射率低。地球的反射率会根据云、雪、冰、清晰区域以及地表覆盖情况的变化而变化。

地球与大气层在一年之内分别将4%和26%的太阳辐射反射回太空。因此，地球大气系统的综合反射率约为30%，这一数据取决于地表组成、覆盖情况以及云层分布情况。

吸收、散发和反射的入射太阳辐射所占的比例会导致温度、风、洋流以及降水的变化。只要地球吸收的太阳辐射量和反射回太空的地面辐射量平衡，气候系统就可保持平衡状态。

在通过辐射收支平衡构建局部和全球性气候的过程中，地球的反射率非常重要，主要取决于吸收的短波辐射量（输入）和向外释放的长波辐射量（输出）之差。例如，云量决定了可到达地球表面的能量值。地理位置不同，云量也不同。亚热带地区的云量最少，中高纬度地区的云量最多。地表反射率的变化显著影响地表吸收的太阳辐射的分布情况。大约一半的入射太阳能被地球表面吸收。这部分能量之后用于提高陆地和海洋温度，促进水循环。

城市热岛的危害给环境保护、能源消耗和热舒适带来负担。生态设计之中需全面考虑这些问题。一些简单的方法可以缓解热岛效应，比如：种植更多树木、增加城市园林绿化，建设更多屋顶花园。

在接受太阳辐射的情况下，高反射率材料可以有效地降低温度。研究表明，建筑外墙使用高反射率涂层可有效缓解城市环境的高温状况。相反，深色的铺设路面反射率低，吸收和保持热量的时间更长，会加重热岛效应。

各种材料的太阳能吸收率	0.85—0.98
平坦的非金属表面	0.65—0.8
红砖、瓦、混凝土、石头、	
生锈的钢铁无色混凝土	0.65
黄色、浅黄色砖石	0.50—0.7

白色和淡奶油色砖、瓦、	
油漆、纸、白色涂料	0.30—0.5
铝漆、镀金漆、镀铜漆	0.30—0.50
抛光黄铜、铜	0.30—0.50
抛光铝反射板	0.12

Algae 藻类

原始植物，主要水生，能够通过光合作用合成自身所需的食物，是生态系统平衡中重要的生物群。

Algal blooms 水华

藻类植物大量滋生的现象，降低了水体质量，并指示出当地水体化学性质潜在的危险变化。生态设计应避免水华大量爆发。水华现象是由于化肥径流以及氮元素含量高的其他化学物质导致水中含有丰富的营养。水华会导致湖泊、河流、溪水富营养化，致使鱼类和其他水生生物死亡。

Alkali 碱

1. 可以与酸中和的物质。

2. 土壤或水（包括地表水和地下水）中的可溶盐。

Alkaline fuel cell (AFC) 碱性燃料电池（AFC）

一种燃料电池。碱性燃料电池靠压缩氢和氧工作，通常采用氢氧化钾（KOH）水溶液为电解质，以多种非贵金属为催化剂用于阳极和阴极。碱性电池内的工作温度约为150—200℃。

碱性燃料电池不仅能够产电，还能制造饮用水，因此成为第一种广泛用于美国太空项目的电池，它可以在宇宙飞船上同时生产电和水，实质上形成一个封闭的生态系统。

碱性电池需要非常纯净的氢，否则会发生不必要的化学反应，生成固体碳酸盐，阻碍电池内部的化学反应。由于利用燃料产生氢的方法多数都会产生二氧化碳，碱性燃料电池对纯氢的需求导致近几年来碱性燃料电池的应用减少了。碱性燃料电池还需要大量昂贵的铂催化剂来加速反应过程。多数碱性燃料电池的设计适合交通用途。另见：Fuel cells 燃料电池。

Alkyl benzene 烷基苯

苯族的任何一种物质。苯是一种已知的人体致癌物。另见：Benzene 苯。

Allelopathy 植化相克，植物化感作用

某些植物会产生或分泌一些化学物质来抑制竞争物种的生长。这一过程会阻碍植物演替，不利于加强生物多样性。

Alley cropping 条植法

呈条状种植作物的方法，作物两边种植成排的乔木或灌木。

Alluvial 冲积的；冲积土

流水冲击形成的，通常指洪泛平原或者三角洲地区形成的土壤。冲积土通常由黏土、淤泥、沙、砾或水流中携带的碎屑物质组成，这些物质最终在溪流或河水的河口处沉积。冲积土形成之后，其最初的土壤成分变化很小或不再变化。如果冲积土堵塞河口，河水就可能改道，或者河水质量发生改变。

Alpha radiation   α辐射，阿尔法辐射

氦核组成的辐射能形式。从一个放射性微粒核射出的一个粒子。尽管α粒子的穿透力弱，但是直接接触人体组织时仍然对健康有害。

α粒子对健康的影响主要取决于接触方式。对普通人来说，接触α辐射最多的情况是吸入氡，氡是铀衰变过程中形成的一种放射性气体。氡是一种能够在建筑物内积聚的空气污染物，还是一种已知的致癌物。另见：Ionizing radiation   电离辐射；Radon   氡。

Alpine tundra   高山冻原

两种冻原类型之一（另一类型为北极冻原）。冻原是地球上最冷的生物群落区。高山冻原位于世界上树木都无法生长的高海拔山脉上。生长期约180天。夜间温度通常在零度以下。与北极冻原不同的是，高山冻原的土壤排水性良好。高山冻原的植被与北极冻原非常相似，包括丛生草、矮乔木、小叶灌木以及石南。生活在高山冻原的动物能够很好地适应当地特征，包括鼠兔、土拨鼠、高山山羊、绵羊、麋鹿、类松鸡鸟、甲虫、蝗虫和蝴蝶。

高山冻原的盛行温度发生任何变化都会改变现有生态系统。全球变暖可能导致高山冻原发生变化。另见：Arctic tundra   北极冻原；Tundra   冻原。

Alternating current (AC)   交流电（AC）

电流的两种形式之一（另一种形式为直流电）。交流电的方向在一定的时间间隔后转变方向或循环流动。最常见的交流电波形为正弦波形（正弦曲线）。

美国及许多国家的电力系统工作电压为交流电110/125伏特。其他国家的工作电压为交流电220/225伏特。有些国家较为特殊，阿根廷和巴林既采用交流电也采用直流电；印度、马德拉和南非的某些地区采用直流电，其他国家的家庭和商业用电均为交流电。另见：Direct current   直流电。

Alternative energy   替代能源

非传统来源产生的能源，如压缩天然气、太阳能、水能或风能。替代能源的使用可减轻对石油、煤、天然气等不可再生能源的依赖。生态设计之中，替代能源的使用有助于减少对石油、煤和天然气等不可再生能源的依赖。

Alternative fuel   替代燃料

可替代普通汽油的燃料，还具有能源效率高，减少污染的优点。替代燃料可采用天然气（如丙烷、压缩天然气或甲醇）或生物质材料（如乙醇、甲醇或大豆柴油）制成。替代燃料还包括酒精汽油（汽油酒精混合燃料）和液化石油气。另见：Clean fuels   清洁燃料；Compressed natural gas   压缩天然气。

Alternative-fuel vehicle (AFV)   替代燃料汽车（AFV）

运行时至少使用一种替代燃料的灵活燃料汽车或双燃料汽车。考虑到石油燃料的价格以及环境因素，越来越多的汽车制造商都开始生产替代燃料汽车。

车辆是重要的能源消费品，混合型燃料汽车有助于降低燃料需求。但是，这并不是长远的解决办法。生态设计之中，交通运输专业人员对车辆和运输系统的发展提出了更广阔的远景规划，并制订了能效更高的设计方案。另见：Dual-fuel vehicle 双燃料汽车。

Alternator   交流发电机

又称为"交流电发电机"或"同步发电机"。产生正弦电流并且每秒多次反转方向的发电设备。

Aluminum (Al)   铝（Al）

原子序数为 13 的金属。铝重量轻，是现代交通运输、食品储存和能量转换设备的重要材料。对树木和鱼类来说具有毒性。铝的蕴能水平高于钢，回收利用需消耗的能源量非常少。

Ambient air   环境空气

任何不受限制的空气部分，比如：户外空气、周围环境空气。环境空气可能包含政府部门监管的有害空气污染物。

Ambient lighting   环境照明

某区域内所有光源产生的混合照明。尽管是在户外环境中，高强度、高密度的照明也会造成光污染。光污染是由眩光、天空辉光以及无处不在的灯光混合形成的。环保人士认为，发电厂燃烧矿石燃料产生电力，因此大量使用电力来照明是非常昂贵的，还会扰乱夜间活动的野生生物，给人类造成视觉负担和压力。

建筑的生态设计应该优化自然环境光线的应用，使电灯的使用达到最低限度。自然环境照明可通过一系列措施来实现，例如合理设计建筑立面朝向、扩大窗户面积、采用光架和光管道，避免房屋进深过大等。另见：Light pollution   光污染。

Ambient noise   环境噪声

与特定环境相关的背景噪声。环境噪声是由各声源声音混合形成的声音，没有特定的主导声音。环境噪声是影响建筑和其他公共场所的重要因素。在过去几十年，由无数声音（车辆的声音、此起彼伏的音乐以及用手机交谈的声音等）形成的环境噪声等级大幅上升。环保人士认为，环境噪声已经达到噪声污染的级别。巨大的环境噪声会损害听力，威胁职业环境和街道环境的质量，甚至威胁人类生命。

声音等级（分贝）

正常交谈	60
主要道路交通	70
交通高峰期	85
卡车、大声交谈	90
地铁	90—115
摩托车	95—110
婴儿啼哭声、汽车鸣笛	110
风钻、救护车警报	120
手提钻、电钻	130
自行车喇叭	143

另见：Noise pollution   噪声污染

Ambient temperature   环境温度

1. 周围空气的温度。人类周围的空气、水、土壤或环境的特定温度。

2. 在封闭空间内人体可适应的温

度。尽管人体可能适应更高或更低的温度，但室内温度通常以人体舒适度为表征，一般在 18—23℃。

3. 在科学实验和测量环境下的特定温度。

4. 接触或围绕某一设备或建筑部件的媒介（如气体或液体）的温度。

生态设计之中，封闭空间的居住者最终决定环境温度，使温度达到其可接受的舒适水平。如果居住者在夏天可以容忍的舒适水平温度更高，在冬天可以容忍的舒适水平温度更低，保持环境温度和舒适条件所需的能源就更少。

Amenalism   偏害共栖

生态系统中生物群之间相互作用的一种形式。某个种群与另一种群之间不平等的相互作用：其中一个种群受到不利影响，而另一种群却不受影响。另见：Commensalism   偏利共栖；Mutualism   互利共生；Parasitism   寄生；Symbiosis   共生。

American Society for Testing and Materials (ASTM)   美国试验与材料学会（ASTM）

负责发布各种材料、设备和系统相关标准的机构。

American Society of Heating, Refrigerating and Air-Conditioning Engineers (ASHRAE)   美国供暖、制冷和空调工程师学会（ASHRAE）

制定建筑能源标准的组织机构。美国供暖、制冷和空调工程师学会（ASHRAE）发布了涉及 130 多个工业部门的标准测试规范、方法、分类及术语。美国的许多建筑规范广泛采用了 ASHRAE90.1 标准《新建筑节能设计标准》，例如《标准能源法案》。

ASHRAE 就人类居住的热环境条件制定了一项标准，规定了一定比例的居住者可以接受的环境热度条件。这项标准用于建筑、其他占用空间以及暖通空调系统的设计、调试和检测，还可以用于热环境评估。由于居住者的新陈代谢率无法规定，且居住者着装程度不同，建筑的操作设定值无法按照此标准强制执行。然而，这一标准为环境设计系统和能源消耗提出了总的指导方针。如果可接受的热舒适水平能够降低，建筑结构的能源消耗量也会随之下降。

Amorphous silicon   非晶硅

又被称为"薄膜硅"，一种光伏电池材料。硅光伏电池的造价低于晶体光伏电池，单位面积的效率也较低。另见：附录 4：光伏。

Ampere(amp)   安培（amp）

电流的标准度量单位。在一伏特电动势和一欧姆电阻的条件下，一条电路内的电流量。

Anaerobic decomposition   无氧分解

又被称为"厌氧消化"。利用水和在部分或完全缺氧条件下生存的微生物分解生物废料（如粪肥）和城市固体废物的过程。生态设计之中，无氧分解过程产生的沼气可由动力涡轮机收集、储存并用于发电。另见：Biomass electricity   生物质发电。

Anaerobic lagoon　厌氧塘，厌氧发酵池

液态肥料管理系统，其特点是在部分或完全缺氧的条件下，废物可在水中至少2米深的位置留存30—200天。

Anaerobism　厌氧生活力

在没有空气或游离氧的条件下生长的能力。

Angle of incidence　入射角

照射在某一表面的太阳光线与垂直于该表面的直线之间的角度。对于正对太阳的表面，其太阳入射角为零；如果表面与太阳平行（如日出时照射在水平屋顶上的光线），则入射角为90°。生态设计之中，入射角有助于设计门窗的布局，计算遮阳棚的位置、太阳能集热器的朝向和倾斜度，从而最大限度地收集太阳热量。

Angstrom　埃

以A. J. Angstrom的名字命名的度量电磁辐射的长度单位，相当于0.0000000001米。

Anhydrous　无水的

不含水分的化合物。

Anhydrous ethanol　无水乙醇

浓度为99%—100%的乙醇（允许有1%的水）；纯酒精。

Anion　阴离子，负离子

负电性离子；被吸引至阳极的离子。带负电荷的分子，如$SO_4^{(2-)}$或NO_3，与氢离子（H^+）结合成为强酸物质，存在于酸雨中。

Anode　阳极，正极

1. 电解池或真空管的阳极或正极。燃料电池的四个组成部分（阳极、阴极、电解质、导电离子）之一。具有导电性、热膨胀性、兼容性和多孔性。阳极必须在还原空气中工作。是电流的来源。

2. 电子离开系统时的终端或电极。

3. 负极，电池组内电流的来源。

另见：Cathode　阴极；Electrolyte 电解质；Fuel cells　燃料电池；Solid oxide fuel cell　固体氧化物燃料电池。

Anoxia　缺氧

完全切断氧气供给的情况。如果水体内缺氧，鱼就无法生存。富营养化的湖泊、河流、溪水中，水华会阻碍氧气供给，导致鱼类死亡。水体富营养化不一定会导致缺氧，也可能导致低氧。另见：Algal blooms　水华；Hypoxia　低氧。

Anthropogenic　人为的，人类活动引起的

由人类或人类活动引起的，而非自然发生的。通常用于人类活动造成的排放物和环境变化。例如：全球工业化导致的温室气体、臭氧层变薄。

Anthropogenic heat　人为热排放，人为热

建筑物、人体或机器等人为因素产生的热量。在农村地区，人为热排放量较小；在人口密集的城市地区，人为热排放量较大。人为热排放量通常还不足以成为夏季热岛形成的重要因素，但是对冬季热岛的影响较为显

著。另见：Heat island　热岛。

Antioxidant　抗氧化剂

为了阻止或延缓某物质或材料氧化而添加的化学物质。抗氧化剂可用于汽车轮胎、食品添加剂和多种维生素中。生态设计之中，抗氧化剂可以减慢生物降解速度，延长物质重新整合进入自然环境的时间。

Aphotic　无光的；无光合作用的

没有光线；无法进行光合作用。植物无法在无光的条件下生长。生态设计之中，无光的环境条件可能会妨碍内部生物成分和内部景观美化工程与建成环境相结合。

Apparent day　视太阳日

一个太阳日。太阳中心连续经过观察者所在经线的时间间隔；测得的时间等于钟表时间。

Apparent temperature　表观温度

1. 综合考虑热量和高湿度的基础上，相对不适度的度量标准。1979年，R.G.Steadman 基于不同环境温度和湿度条件下皮肤蒸发冷却的生理研究提出这一概念。

2. 利用测量辐射确定的温度。

Aquaculture　水产养殖，水产业

对生活在水中的植物和动物进行养殖，如鱼类、贝类和藻类的养殖。

Aquatic corridor　水生廊道

保护溪流、河流、湖泊、湿地或其他水体质量的水域或地域；通常是作为毗邻缓冲地带或毗邻陆域边缘的实际水体。生态设计之中，水生廊道是自然基础设施的组成部分，对流入水体或湿地的污染物起缓冲作用，同时保护水体内的生物群。

Aquatic ecosystems　水生生态系统

咸水或淡水生态系统，包括河流、溪流、湖泊、湿地、河口和珊瑚礁。水生生态系统还包括所有栖息在其中的生命有机体。

Aqueous　水的，水成的

水构成的物质。

Aquiclude　隔水层，半含水层，不透水层

透水性差的地下区域，位于含水层上方或下方。可防止污染物渗漏，保持水的纯净。

Aquifer　含水层，蓄水层

存储或传输水的地质构造，比如井、泉，可提供足够的水来满足人类需求。含水层有两种类型：承压含水层和非承压含水层。另见：Confined aquifer　承压含水层；Unconfined aquifer　非承压含水层。

Architectural program　建筑策划；建筑程序

作为设计依据的文件。文件规定了为满足建筑内操作要求所需遵循的规范。建筑策划包括名称、编号、规模，以及空间和区域邻接图的说明，还有各空间主要家具和设备清单，各空间的主要建筑特点，以及后续工程要求。

生态设计之中，建筑策划还应包括环境因素。

Arctic tundra 北极冻原

两种冻原类型之一（另一类型为高山冻原）。北极冻原位于北半球，环绕北极，向南延伸至寒温带针叶林。其特点是寒冷，像沙漠环境，生长期为每年50—60天，冬季平均温度为 -34℃。夏季平均温度为 3—12℃，因此能够维持生物生存。北极冻原各区域的降水情况不同。年度降水量(包括融雪)为15—25cm。土壤形成缓慢。永久冻结的地基土称为永久冻土，主要由砾石和更细的材料构成。表层水分饱和时可能形成沼泽和池塘，为植物提供水分。

北极冻原的植被没有深根系，但是仍然有多种植物能够抵御寒冷气候。北极冻原的植物大约有1700种，动物种类也很丰富，包括食草哺乳动物、食肉哺乳动物、各种鱼类和昆虫。由于气温极为寒冷，爬行动物或两栖动物数量很少甚至没有。随着种群的不断迁徙，这里的种群数量也在不断变化。

科学家把近期北冰洋冰川消融的原因归结于风、天气、浮冰和洋流之间相互作用的变化，最重要的原因是温室气体的影响加剧。北极地区的专家正在评估北极冰盖大幅缩小的现象，试图确定这对北极生物群落未来造成的影响。专家们对此现象进行评估时考虑到2000年以来的风向转变，风向的转变使得巨大冰体移出北极盆地，移向开阔水域，从而导致冰体融化。专家们可据此推测未来将要发生的情况。另见：Alpine tundra 高山冻原；

Tundra 冻原。

Area fill 填埋区

将垃圾填埋场废物坑的垃圾压实，然后用土壤层隔离并覆盖废物坑的填埋方法。填埋通常要分步逐层进行。这是控制和管理垃圾填埋场的可控过程。设置填埋区是为了防止垃圾溢出和随意倾倒，可以防止昆虫和食腐动物在填埋场周围肆虐，减少疾病传播的隐患。生态设计之中，丢弃的废物残渣及废料应得到回收利用，使之重新融入环境，以此降低自然资源的损耗。另见：Landfill 垃圾填埋场。

Aromatics 芳香族化合物，芳香剂

基于六元碳苯环结构或相关有机基的碳氢化合物。苯、甲苯、二甲苯是主要的芳香族化合物，又名"BTX芳香烃"。芳香族化合物是汽油中比例最大的部分之一。苯是已知的致癌物质，向环境中排放芳香族化合物会造成污染。另见：Benzene 苯。

Array 阵列

多个太阳能光伏组件或太阳能集热器或反射器连接起来提供电能或热能。另见：附录4：光伏。

Arsenic (As) 砷（As）

水污染物和土壤污染物。重金属，属氮族，易在食物链中累积。地下水中的砷大多来自风化的岩石和土壤分解时产生的矿物质。砷和砷化物可以用于农药、杀虫剂和除草剂。砷具有致癌性。另见：Heavy metals 重金属；Soil contaminants 土壤污染物；Water pollutants　水污染物。

Artificial photosynthesis　人工光合作用

　　模拟自然光合作用的过程，将阳光、水、二氧化碳转化为碳水化合物和氧气，并利用阳光的能量将水分解为氢和氧。人工光合作用的研究主要集中在以下几个方面：生产碳基食物；生产氧气；更为有效地利用水资源来应对盐渍化，盐渍化在全球许多地区对耕地造成损害；利用空气中的二氧化碳，引导太阳能转换从而减少全球变暖的问题；利用氢的光生作用（Photoproduction），采用氢气发动机或氢燃料电池生产清洁能源，以减少矿石燃料造成的二氧化碳排放。

　　光合作用的模拟过程直接利用太阳能把水分解为氧和氢。由此产生的氢可用作燃料，并且是无污染的清洁燃料。人工光合作用的另一部分是将阳光、水、二氧化碳转换为碳水化合物和氧气。二氧化碳（CO_2）向一氧化碳（CO）转化是将 CO_2 转化为有用有机化合物（例如：甲醇）的关键步骤，对此进行研究的科学家们尝试着模拟植物在叶绿素和阳光的作用下将 CO_2 和水转化为碳水化合物和氧气的过程。有些科学家则采用过渡金属化合物（例如：铼化物）制成的人工催化剂。催化剂吸收太阳能，将电子转换为 CO_2，同时释放 CO。其他研究团队已经能够模拟自然光合作用过程中的"水氧化催化作用"。水氧化的完成需要在电极上固定钌催化剂，将电极置于水溶液中，然后施加电压，最后氧化水迅速转化为氧气。

　　水分解为氢和氧是一个复杂的过程，需要从阳光和金属催化剂中获取大量能源才能激活稳定的水分子。过程中主要有下面两个步骤：1）水氧化，产生质子和电子的同时产生氧；2）组合质子和电子形成氢分子。通过水分解来制造氢的过程不会增加空气中的 CO_2 浓度，由此产生的氢不含一氧化碳，因此燃料电池的电极没有毒性。另见：Photosynthesis　光合作用。

Asbestos　石棉

　　一种空气污染物。天然纤维状硅酸盐矿物质的总称，具有耐化学、耐热侵蚀和高抗张强度的特性。石棉通常用作隔声、隔热、防火及其他建筑材料。我们当今使用的许多产品都含有石棉。

　　石棉由微小的纤维束组成，构成材料受损或折断时，纤维可能在空气中传播。人类可能将进入空气的石棉纤维吸入肺部，造成严重的健康问题。蛭石和蛭石产品中的石棉污染物已成为健康和环境隐患。新西兰、澳大利亚、欧盟、美国已出台石棉使用禁令。禁令涉及下列石棉产品：铺地毛毡、卷板、瓦楞纸、商务用纸和特制纸。此外，规定还禁止在之前不含石棉的产品中添加石棉，称为石棉"新用途"。另见：Air pollutants　空气污染物；Indoor air pollution　室内空气污染；Vermiculite　蛭石。

ASHRAE　美国供暖、制冷和空调工程师学会（缩写）

　　见：American Society of Heating, Refrigerating and Air Conditioning Engineers　美国供暖、制冷和空调工程师学会。

Aspect ratio   长宽比

物体长度与宽度的比值（图5）。

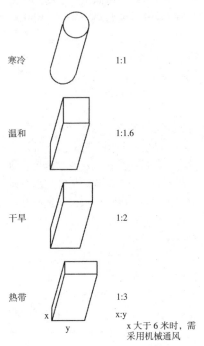

寒冷   1:1

温和   1:1.6

干旱   1:2

热带   1:3

x   x:y
　　y
　　　　　　x大于6米时，需
　　　　　　采用机械通风

图5　建筑物的最佳长宽比

Asphalt cement concrete (ACC)   沥青水泥混凝土（ACC）

通常称为"沥青"。美国约90%的路面都采用沥青水泥混凝土铺设而成。沥青水泥混凝土是7%的沥青水泥胶泥和93%的混凝土骨料硬化产生的混合物。沥青表面不透水，可吸收车辆排放的尾气和其他空气污染物以及太阳热量。大面积铺设沥青路面会使局部地区热量升高。

Assemblage   聚集群落

某个栖息地内相互作用的生物体群落。不同物种的数量和种群密度是衡量一个生态系统平衡和健康的指标。

Assimilation   同化作用

生态设计中，同化作用是指，建成环境污染物的类型和大小应当符合生物圈同化排放物的能力范围，使得生物圈可以通过自我净化、自我更新来同化排放物，并且不造成污染。生态系统的同化能力随着时间和空间的变化而有所不同。

Asthenosphere   软流圈，岩流圈

地球岩石圈以下的构造。软流圈厚度约为199.6千米，温度非常高但未达到熔融温度，火山爆发就源于软流圈。

ASTM   美国试验与材料学会（缩写）

见：American society for testing and materials   美国试验与材料学会。

Atmosphere   大气层；大气，空气

围绕地球的稀薄气层。如果不受人为因素影响，大气层的构成通常为78%氮气、21%氧气、0.9%氩气以及活跃的温室气体（如0.03%的二氧化碳和臭氧）。此外，大气层还包括水蒸气，水蒸气的含量变化很大，但是其体积混合比通常为1%。大气层还包括云层和气溶胶。大气层没有边界，但是会变得越来越稀薄，直到融入外太空（图6）。

大气层中的温室气体能够让阳光自由进入大气层。自然界中具有温室效应的气体有水蒸气、二氧化碳、甲烷和一氧化氮。阳光照射到地球表面时，部分阳光以红外辐射（热量）的形式被反射回太空。温室气体吸收红外辐射并将热量保持在大气层。一段

时间后，到达地球表面的太阳能应该与被反射回太空的能量大致相等，这样才能保持地球表面温度恒定。

其他表现出温室特性的气体是人为造成的，其中包括形成气溶胶的气体。自 150 年前大规模工业化以来，人为产生的具有温室特性的气体对大气层和气候造成了巨大影响，几种主要温室气体的含量增加了 25% 左右。在过去 20 年里，约 3/4 人为排放的二氧化碳来自矿石燃料燃烧。

大气层中的二氧化碳浓度经过一系列自然调节过程，统称为"碳循环"（图 7）。大气与陆地和海洋之间的碳

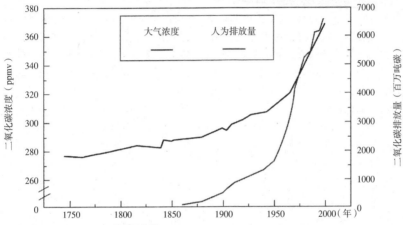

图 6 大气浓度和人为 CO_2 排放的趋势
美国橡树岭国家实验室，二氧化碳咨询分析中心 http://cd/ac.esd.oml.gov

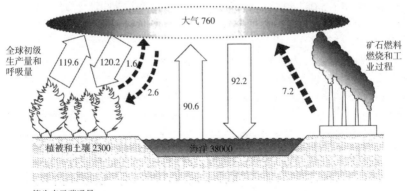

图 7 全球碳循环（10 亿吨碳）
资料来源: 政府间气候变化专门委员会（2001），《气候变化 2001: 科学基础》

运动（通量）由自然过程（如植物光合作用）主导。自然过程每年可以吸收约61亿吨人为排放的二氧化碳（以碳当量来计算），而二氧化碳排放量每年约增加32亿吨。地球排放和吸收之间的正向不平衡导致大气层中的温室气体不断增加。

由于地球气候本身具有变化性，很难确定有多少变化是人类引起的。通过电脑模拟可以看到：温室气体浓度持续上升导致地球平均温度上升。温度上升反过来会导致天气、海平面以及土地利用形式发生变化，通常称作"气候变化"。

各项评估表明，地球气候在过去的一个世纪里有所变暖，并且在很大程度上是由人类活动引起的。生态设计面临的重要挑战是，通过改变造成气候变暖的人类活动来改变目前全球变暖的趋势。另见：Greenhouse gases 温室气体。

Atmospheric deposition   大气沉降

"大气沉降"一词指的是可能停留在空气中，或沉降在土壤或水体中的空气传播的固态、液态或气态物质。有些沉降是良性的，有些沉降含有污染物，例如酸雨、温室气体排放物和颗粒物。

大气沉降可能是空气污染的主要来源。污染物从发源地开始，经过漫长的过程，最后到达其他国家和地区并造成污染。例如，美国燃烧矿石燃料每年会向大气排放约5000万吨硫和氮氧化物。这些污染物在大气中经过稀释并形成酸雨。美国70%的二氧化硫排放由发电厂燃烧煤、石油、天然气造成。氮氧化物排放主要由汽车、卡车、燃煤发电厂、工业锅炉和加热器造成。汞也是一种空气传播的污染物。

大气沉降中的各种污染物会直接或间接影响人体健康，吸入酸沉降的前体物会导致人体当前呼吸条件恶化。大气沉降能够过滤重金属，例如岩石中的汞可能造成水源污染，人类通过食用鱼类而接触污染物的风险也会增加。接触汞可能对人体感官和大脑造成损伤。接触其他重金属会损害肾脏和神经系统。

许多政府机构开始监管湿沉降中的污染物排放量，并设定了二氧化硫和氮氧化物减排率，但是人类仍然需要降低污染物排放对空气质量、水质、农业、水域、森林、人体健康以及周围生态系统的影响。另见：Acid rain 酸雨；Air pollutants 空气污染物。

Atmospheric lifetime   大气寿命

通过将污染物转化为另一种化合物，或者通过污染消减源去除大气中的污染物，从而将人为增加的空气污染物浓度恢复到自然水平所需的时间（假设停止排放）就是"大气寿命"。所需时间取决于污染物来源、污染消减源及其相互作用。污染物的寿命通常与污染物在大气中的混合情况相关。如果寿命长，污染物就能够与大气混合。平均寿命差异较大，可以是一周（如硫酸盐气溶胶），也可以长达一个世纪（如含氯氟烃和二氧化碳）。个别的和整体的空气污染物排放均受政府和国际组织监管。另见：Assimilation 同化作用。

Atmospheric pressure　气压，大气压力

大气中空气流动产生的压力，通常以单位面积所受压力为单位进行计量。对于燃料电池，气压指的是大气给系统造成的压力，不含外部压力。

Atomic Energy Act　《原子能法案》

用于管理和规定原子能生产、使用规范的美国联邦法。该法案于1946年通过，之后经过多次修订。其他国家也制定了管理和规定原子能用途的相关法律。

Atomic Energy Agency, International　国际原子能机构

见：International Atomic Energy Agency　国际原子能机构（IAEA）。

Attainment area　达标区域

标准空气污染物含量符合污染物基本健康标准（美国全国环境空气质量标准，NAAQS）的地理区域。政府环保部门设定全国污染物限制标准。另见：Criteria air pollutants　标准空气污染物；Nonattainment area　非达标区域。

Autoclave　高压灭菌器

利用蒸汽为设备消毒并杀死细菌、病毒、真菌和孢子的装置。

Autogenic　自生的

内生的，来自某个群落或生物体内部的。生物体或地区的变化受内部（内生的）因素影响，而不受外部因素影响。

Autotroph　自养生物，自养菌

以二氧化碳为主要碳源的生物体。自养生物利用外部能源将无机分子合成食物分子。例如：绿色植物通过光合作用从阳光中获取能量，是自养生物的主要群体。另见：Heterotroph　异养生物；Lithotroph　无机营养菌。

Autotrophic layer　自养层

绿化地带或生态系统。

Avalanche diode　雪崩二极管

可用作过压安全阀的专用二极管。当反向偏压超过击穿电压时就会反向运行的二极管。电流方式与稳压二极管非常相似（而且常被误称为稳压二极管），但是中止机制与稳压二极管不同：雪崩效应。当穿过 p-n 接头的反向电场引起电离波时，就会产生雪崩效应，就像雪崩一样产生大量电流。雪崩二极管可在设定的反向电压条件下中止，并且不被损坏。雪崩二极管（电压超过 6.2V 时反向中止）和稳压二极管的区别在于，前者的管长超过电子的"平均自由路径"，因此电子在向外移动的过程中会发生碰撞。唯一的实际区别是这两种二极管具有异极性温度系数。有时雪崩二极管和稳压二极管可以结合使用。另见：Diode　二极管；Schottky diode　Schottky 二极管；Zener diode　稳压二极管。

Azimuth angle　方位角

正南与太阳正下方地平线上的一点之间的夹角。

B

B100

纯度为 100% 的生物柴油，是一种可再生、可生物降解的燃料。另见：Biodiesel 生物柴油。

B20

由 80% 石油基柴油和 20% 生物柴油构成的生物柴油混合物。柴油车可使用 B20，无须更改发动机、燃料系统或燃料补给基础设施。另见：Biodiesel 生物柴油。

Background extinction 背景灭绝

生态系统的环境条件发生变化导致的物种灭绝。

BACT 最佳现有控制技术（缩写）

见：best available control technology 最佳现有控制技术。

BAF 曝气生物滤池（缩写）

见：Biological aerated filter 曝气生物滤池。

Baghouse 袋式集尘室，微粒吸收器

城市废物燃烧设施的空气排放物控制装置，由一系列织物过滤器组成。废气经过织物过滤器时，废气中的微粒被织物过滤，从而避免散入空气中。

Bake out 加热除气

1. 人工加速除气的过程。

2. 在各种物理和工程真空设备中，例如粒子加速器、半导体装置、真空管等，加热除气指的是将部分设备或整个设备放置在真空室内（或对于在真空条件下运行的设备，则指的是以真空状态运行），并且采用内置加热器加热设备的过程。加热过程可驱散气体，之后再采用真空泵系统去除气体。

3. 在建筑施工中，烘焙指的是利用热量去除挥发性有机化合物（VOC）的过程，VOC 包括油漆、地毯中的溶剂，以及建筑施工所用的其他建筑材料中的溶剂。建筑物受热直至其温度比平常高很多，并且在较长时间内保持高温，以促进挥发性有机化合物蒸发到空气中，最终排放出去。

Balance of system(BOS) 系统平衡(BOS)

光伏系统相关术语。系统平衡可表示光伏系统的所有部件和成本，而不仅仅包括光伏组件 / 光伏阵列。系统平衡包括设计成本、土地、场地准备、系统安装、支承结构、电力调节、运行维护成本、间接存储及其他相关成本。

系统平衡也可以用来描述一整套光伏能源系统的一个子系统。指的是光伏发电刚好满足负荷需求的子系统。BOS 通常由装配光伏阵列或光伏组件和电力调节设备的构件组成。电力调

节设备用于调节和转换直流电，将直流电转换为交流电负荷所需的状态和数值。BOS 还可包括电池组等存储设备，这样即使在多云或夜间仍然可以使用光伏发电。另见：光伏 (PV) 和相关词条；附录 4：光伏。

Bali Roadmap　巴厘岛路线图

2007 年 12 月，联合国气候变化大会在印度尼西亚巴厘岛举办，参与国通过的一项协议名为"巴厘岛路线图"。"巴厘岛路线图"提出为期两年的会议，会议于 2009 年在丹麦缔结一项具有约束力的协议。为确认全球变暖的科学依据，会议中阐释了以下内容：1）减少排放量的需求，全球变暖现象进一步加剧的风险；2）提供政策、激励和财政支持以阻止森林砍伐和森林退化，保护热带雨林；3）采取国际合作，保护贫穷国家免受气候变化的影响；4）协助发展中国家采用绿色环保技术，从而减少或避免碳污染。2008 年召开了四次会议，意图扩展《京都议定书》，会上制定了执行"巴厘岛路线图"的具体目标和策略。另见：Kyoto Protocol 《京都议定书》。

Bamboo　竹，竹子，竹材

一种结实的可再生建筑材料，可取代硬木材。竹子不属于树类，而是巨型草类。在两个月的生长期内，竹子可迅速生长到最高程度。竹子收获后，根系仍然完好，就像草坪一样可以长出更多嫩枝。竹子生活在暖温带气候中。亚洲、非洲和南美洲居民以竹子为建筑材料的历史已有数千年之久，常用于制造家具、武器、书法

用具、乐器、燃料、食物，以及医学用品。

有些品种的竹子生长程度与木材相当，高度可达 37 米，直径 14 米。粗竹竿比同等尺寸的木材结实两至三倍。竹子收获期为 7 年，软木和硬木为 10—50 年，相比之下竹子的产量比木材高 20 倍。一片竹林在 5 年内（一棵树生长至成熟的时间）可生产 200 棵竹竿，而一棵树需要 5 年才成熟。竹子可持续收获和补充，几乎对环境没有影响。另见：Cork 软木。

Bara Costantini （人名）

Bara Costantini 是被动式太阳能供暖系统的发明者，该系统利用有通风夹层的加厚墙体来储存太阳能，并提高夏季舒适度。另见：Passive solar heating 被动式太阳能供暖。

Barium(Ba)　钡 (Ba)

主要土壤污染物。碳酸盐或硫酸盐中含有的金属化学元素；常用于合金。美国环保局对钡进行监控。研究表明，接触钡会造成健康问题。另见：Soil contaminants 土壤污染物。

BAS　建筑自动化管理系统（缩写）

见：building automation management system 建筑自动化管理系统。

Base cations　盐基阳离子，碱性阳离子

土壤中最为普遍的可交换性弱酸阳离子，包括镁（Mg）、钠（Na）、钾（K）、钙（Ca）等阳离子。盐基阳离子对于维持生态系统非常重要，盐基

阳离子沉积物可作为森林生态系统和植被的营养物，还会影响地表的 pH 值。盐基阳离子沉积物也是确定酸度临界负荷的重要因素；土壤中盐基阳离子增多，可中和土壤酸性，从而提高土壤碱度。

环境空气和降水中都存在盐基阳离子（ Na^+ , K^+ , Ca^{2+} , Mg^{2+} ）。生态系统中，盐基阳离子沉积物有助于中和硫氧化物和氮氧化物沉积物释放的酸化物质。盐基阳离子以颗粒物的形态被排放至大气，可以通过土壤侵蚀和岩石风化等自然过程，或者从海盐中释放出来，也可以通过一些人类活动排放盐基阳离子，比如：煤炭和木材燃料燃烧、石灰石开采、水泥制造和混凝土配制、钢铁制造、玻璃制造等工业生产过程，建造和拆迁活动，材料装卸和存储，交通飞尘，铅替代汽油中的钾元素造成的废气排放。

英国国际酸雨观察组织（1997）报告称，自 20 世纪 70 年代初期开始，欧洲和北美洲的盐基阳离子沉积物有所减少。评审团还发现盐基阳离子对于减少 SO_2 排放的效力有所下降。其他国际研究团队指出，盐基阳离子数据资料相对较为不确定。

Basel Convention 《巴塞尔公约》

《控制危险废物越境转移及其处置巴塞尔公约》是一项关于危险废物及其他废物的国际公约。《巴塞尔公约》有 170 个签署国，旨在保护人体健康和环境，抵制危险废物及其他废物的生成、管理、越境转移和处理造成的负面影响。《巴塞尔公约》于 1989 年颁布，1992 年正式生效。

Batch heater 分批加热器；配料加热器

也称为"组合集热器存储系统"或"面包箱系统"。简单的被动式太阳能热水系统由一个或多个储水箱组成，储水箱设置在配有一面朝阳的玻璃面的保温箱内。冷水先流经太阳能集热器，经过集热器预热后，水流至常规后备热水器，保障热水供应的可靠性。室外管道可能在严寒天气下冻结，因此只有在温和气候中，分批加热器才能发挥作用。冬季期间，分批加热器应得到保护以免冻结或漏水。另见：Solar collector, residential use 住宅用太阳能集热器。

Batesian mimicry 贝氏拟态

有助于保护特定物种和保持生物多样性的拟态伪装。贝氏拟态是指两种或多种外观相似的物种之中，只有一种具有体刺、毒刺或有毒化学物质，其外观则会凸显这些特点。第二类物种除了模拟有毒物种以外并不具备防卫能力，凭借模拟的相似性使捕食者联想到外观相似而难吃的物种或者一些不好的经验，从而保护自身免被捕食。捕食者和猎物均可采用拟态伪装。

贝氏拟态以 19 世纪中后期专注于亚马孙蝴蝶拟态研究的英国科学家 Henry Walter Bates 的姓氏命名。贝氏拟态的经典范例是一些品种的蝴蝶模拟有毒釉蛱蝶。另一种蝴蝶拟态为印度尼西亚的无毒美凤蝶。每只雌蝶（无论色彩如何）都可以模拟其他五种味道难吃的蝴蝶，形成一种或多种不同的雌蝶形态。剧毒银环蛇与无毒的奶蛇、王蛇之间也存在贝氏拟态。两类蛇的花纹均为黄、红、黑三色相间的条纹，可能避免被捕食者猎杀。有致命剧毒的银环蛇花纹顺序为红、黄、黑；而无毒蛇的花纹顺序为红、黑、黄，当然也存在个别例外情况。另见：Meullerian mimicry 穆氏拟态。

Battery 电池，电池组

1. 通过化学反应产生电力的能量存储设备。由封闭在一个容器中的两个或多个电化学电池构成，以适当的串联/并联方式实现电力互连，达到工作电压和电流水平。

2. 如果构成完整的电化学存储系统，则该定义适用于单个电池。

许多国家对此开展了独立研究。欧盟（EU）和联合国指出，废弃电池泄漏的大量重金属（如镉、镍）酸和碱对环境和健康有不利影响。倾倒在垃圾填埋场的电池会分解有毒物质并且泄露至地下水、土壤和空气当中，最终污染人类的食物。

最常用的电池为便携镉电池、铅酸蓄电池、汽车蓄电池、工业电池以及一次性电池。一次性电池被称为"干电池"，不能再充电。一次性电池具有毒性，会增加填埋场污染物的危害。仅在美国，每年丢弃的碱性电池就达到 84000 吨。AA、AAA、C、D 和 9 伏电池用于电子游戏、玩具、便携式音频设备、钟表、烟雾探测器，以及其他家居用品，这些型号的电池产生的有害物质占美国家庭每年有害物质总量的 20%。

许多国家已立法禁止在垃圾填埋场倾倒废电池。2008 年，欧盟的 25 个国家计划制订方案以保护自然免受电池有毒物质的污染。按照规定，欧盟 25 个成员国中的 19 个国家需制订关于收集废电池的方案。奥地利、比利时、德国、法国、荷兰和瑞典已设立相关法律体系。法律禁止使用某些便携式镉电池，并且禁止在垃圾填埋场倾倒电池或焚烧汽车蓄电池和工业电池，多数电池得以回收。这些电池占 86% 的市场份额，欧盟希望确保能够全部回收。到 2012 年，售出的所有电池在用尽后必须有 25% 得到回收。到 2016 年，此目标将上升至 45%。分销商需免费回收废旧电池。相关规定还确定了电池回收后如何循环利用。电池生产商和经销商将承担电池回收利用的大部分成本。

Battery electric vehicle (BEV) 电池电动车（BEV）

电池电动车是一种混合动力汽车，利用储存在充电电池组中的化学能，采用电动机及其控制器取代内燃机。工业领域通常把电动车称为电池电动车，存在一些概念混淆。

混合动力电动车（HEV）同时使用电动机和内燃机，运行时为电量保持模式，因此不属于纯粹的电池电动车。另见：Hybrid electric vehicle 混合动力电动车；Hybrid engine 混合式发动机。

Battery, sugar 糖电池

最新开发的糖电池是一种环保型原型电池，利用糖产生的电力足以运行一个音乐播放器和一对音箱。生物电池外壳采用植物塑料制成。糖电池各边为 3.9 厘米，通过向设备内倒入糖液，经过酶的分解产生电力。目前

的实验表明,糖电池输出量为 50 毫瓦。此项技术目前仍在开发阶段,以便最终投入商业用途。

Beadwall 泡沫珠墙;充入聚苯乙烯颗粒的双层保温墙

将微小的聚苯乙烯颗粒充入两层玻璃窗之间的空隙,形成的可移动的保温层。聚苯乙烯是一种非生物降解塑料。采用植物塑料制成的保温材料会减轻合成聚合物对环境造成的不利影响。

Beam radiation 直射辐射

不被灰尘或水滴分散的太阳辐射。

Beaufort scale 蒲福风级

风速计量标准,等级为 0—12。0级为最小最平静的风速,约 19 千米/小时或更低风速;12 级为最大风速,飓风风速达 118 千米/小时以上(表 1)。

Bedrock 岩床

固结岩石。

BEES 建筑经济和环境稳定性评估软件(缩写)

另见:Building for Economic and environmental Stability 建筑经济和环境稳定性评估软件。

Beijing Agreement 《北京协议》

1999 年的《蒙特利尔议定书》北京修正案。另见:Montreal Protocol on Substances that Deplete the Ozone Layer 《关于消耗臭氧层物质的蒙特利尔议定书》。

蒲福风级 表1

蒲福风级	风速		描述	海面浪高		海面征象	陆面征象
	km/h	mph		m	ft		
0	<1	<1	无风	0	0	平静如镜	静
1	1-5	1-3	软风	0.1	0.33	涟波,无浪	能表示风向
2	6-11	3-7	轻风	0.2	0.66	极弱波	树叶微摇
3	12-19	7-10	微风	0.6	2.0	弱浪	树叶摇动
4	20-28	13-17	和风	1.0	3.3	小浪	小树枝摇动
5	29-38	18-24	清风	2.0	6.6	中浪	小树摇摆
6	39-49	34-40	强风	3.0	9.9	大浪,起白沫	大树枝摇摆
7	50-61	31-38	疾风,大风	4.0	13.1	海浪突涌堆叠	全树摇动
8	62-74	39-46	劲风	5.5	18.0	浪峰碎成浪花	小枝折断
9	75-88	47-54	烈风	7.0	23.0	高浪	大树枝折断
10	89-102	55-63	狂风	9.0	29.5	巨浪	大树连根拔起
11	103-117	64-72	暴风	11.5	37.7	非常巨浪	大范围损坏
12	>118	>73	飓风	>14	>46	极巨浪	大范围损坏

Benthic   水底的

水体底部或水体底部附近的。

Benthic organisms   海底生物，底栖生物

也称为水底生物。生活在淡水和海洋生态系统底部的生物体，包括蠕虫、蛤蜊和甲壳动物。

Bentonite   膨润土

膨润土是富含钠元素的火山灰，可用于替代普通水泥，含有氯化物并会排放碳元素。膨润土湿润后膨胀，吸水后重量为干重的数倍。用于油气井钻探业进行泥浆钻探，也可用作废核燃料密封剂以防金属污染物进入地下水，还可作为垃圾填埋场和槽壁的地基底衬。膨润土具有防水特性，适宜用于地面以下的墙体以及其他不透水隔层。

Benzene (C_6H_6)   苯（C_6H_6）

主要土壤污染物和有毒化学物质。有芳香气味的无色液体，可快速蒸发到空气中，易溶于水。苯非常易燃，在自然过程和人为活动中均可产生。在美国化学物质产量中排名前20。苯可用于制作塑料、树脂、尼龙织品和人造纤维，也可用于生产某些橡胶、润滑剂、染料、清洁剂和杀虫剂。

工业生产过程是环境中苯的主要来源。苯可以从水和土壤中进入空气，被雨雪吸附，回落到地面。苯在水和土壤中分解较为缓慢，可穿过土壤进入地下水。苯不会在植物和动物中形成。研究表明，植物可去除空气中的苯、甲醛以及空气传播的微生物。

苯的自然来源包括火山爆发、森林火灾。苯还是原油、汽油和香烟烟雾的自然成分。另见：Soil contaminants   土壤污染物；Toxic chemicals   有毒化学物质。

Berm   护堤，滩肩，滩脊

通常为人工制造的长形土桩，用于控制引导地表径流。护堤也可用来防风保温、阻挡噪声、遮蔽施工现场。生态设计之中，植被护堤可用来培育建筑物两侧的植被。

Beryllium (Be)   铍（Be）

对人体健康有害的金属，通常从陶瓷厂、推进剂厂、铸造厂和机械加工车间排放出来。

Best available control technology（BACT）   最佳现有控制技术（BACT）

最初按照美国《清洁空气法案》强制执行的污染控制标准。随后被美国各州政府采纳使用。美国环保局决定采用空气污染控制技术，从而将特定污染物控制在指定限度内。最佳现有控制技术的决定因素包括能源消耗、源排放总量、区域环境影响，以及经济成本。最佳现有控制技术适用于产生排放物的农业、化工、机械加工业。这是美国环保局针对所有污染源的现行标准，是在多项案例研究的基础上确定的。

Best management practices   最佳管理实践

在许多专业领域，"最佳管理实践"一词用于描述最有效的组织、策

略、规划、运营和管理。例如，控制污染的最佳管理实践就是能够把对环境的危害降到最低程度而设计的最有效、最实用的方法。

Beta radiation β辐射

许多 β 放射性不稳定核素在放射性衰变过程中发出 β 辐射。纯 β 发射体包括放射性核素锶 -90，半衰期为 27.7 年；氚，半衰期为 12.3 年。β 粒子为电子，当原子核的中子转变成质子时就会发射出 β 粒子。眼镜或厚衣服通常不足以阻挡 β 辐射。皮肤无保护措施并且暴露在非常强的 β 辐射时，可能因受到过多辐射而导致烧伤。吸入或随食物摄入 β 辐射所导致的伤害最大。另见：Ionizing radiation 电离辐射。

BEV 电池电动车（缩写）

见：Battery electric vehicle 电池电动车。

Bi-fuel vehicle 两燃料汽车

见：Dual-fuel vehicle 双燃料汽车。

BIFP 建筑与食品生产一体化（缩写）

见：Building integrated food production 建筑与食品生产一体化。

BIM 建筑信息模型（缩写）

见：Building information modeling 建筑信息模型。

Bin method Bin 法

用不同室外干球温度条件下的瞬时负荷乘以各温度的小时数，以此来预测供暖负荷或制冷负荷的方法。

Binary cycle geothermal power 双汽循环地热发电

一种替代能源技术。三项主要地热发电技术有：干蒸汽地热发电，闪蒸汽地热发电和双汽循环地热发电，双汽循环地热发电技术为其中之一。高温地热流体流经换热器的一侧，加热相邻独立管道内的工作流体。工作流体通常为低沸点有机化合物，如异丁烷或异戊烷，受热后蒸发并经过涡轮机，产生电力。双汽循环地热发电系统可使工作流体在低于水温的条件下沸腾，因此温度较低的蓄水池也可用来发电。双汽循环系统为独立系统，运行时几乎没有排放物。地热能是一种替代能源，可利用地热直接供暖，或进行发电。另见：Dry steam geothermal power 干蒸汽地热发电；Flash steam geothermal power 闪蒸汽地热发电；Geothermal power technology 地热发电技术。

BIPV 光伏建筑一体化，光伏一体化建筑（缩写）

见：Building integrated photovoltaics 光伏一体化建筑。

Bioaccumulation 生物性积累

化学物质（如聚氯联苯和二氯二苯三氯乙烷）被动植物保留，并且浓度随着时间增大的过程。依据动植物积累有毒化学物质的能力，一个区域的生物多样性可能下降，从而改变生态系统平衡。

Biochemical oxygen demand (BOD) 生化需氧量（BOD）

1. 也称为生物需氧量。生化需氧量（BOD）用于衡量有机物氧化过程中微生物（如好氧菌）消耗的氧气量。有机物的天然来源包括植物腐烂和落叶。人类活动导致营养素和阳光过盛时，植物生长与衰落的过程可能会加速。城市径流冲走街道和人行道上的宠物粪便、草坪肥料的营养素、居民区的树叶、草屑和纸屑，这些都会提高需氧量。分解过程消耗的氧气必然会占用其他水生生物维持生命所需的氧气。能够在低溶氧水平条件下生存的有机物可能取代多种更为敏感的有机物。

2. BOD 是一个化学过程，用于确定生物有机物耗尽水体中的氧气所需要的时间。常用于水质管理和评估、生态学、环境科学。尽管生化需氧量可作为衡量水源质量的一项指标，但并不是精确的量化测试指标。

Bioclimatic design　生物气候设计

见：Passive mode design　被动式设计。

Bioclimatology　生物气候学

气候学分支，着重研究物理环境在较长时间内对生命有机体的影响；研究气候条件对生命有机体的影响。

Bioconversion　生物转化，生物能转换

生物质转化为乙醇、甲醇或甲烷。植物和微生物转化为能量。

Biodegradable　可生物降解的

物质可被生命有机体分解为简单化合物（如二氧化碳和水）的特性。

Biodegradable material　可降解材料，可生物降解材料

可以被生物体分解转换为简单化合物的材料；通常动植物等有机物质，来自生命有机体的其他物质，或者与动植物有机物质非常相似的人造材料均可被微生物降解。

生态设计之中，提倡采用有益的可生物降解材料（如可降解包装材料），使建成环境中使用的材料重返自然环境。这个过程将使生态系统的整个运作模式转变为闭路循环模式。在生态拟态方面，一个生物体产生的废弃物将成为另一生物体的食物。

可降解材料范例及其生物降解所需时间：

香蕉皮	2—10 天
甘蔗浆产品	1—2 个月
破布	1—5 个月
纸	2—5 个月
绳	3—14 个月
橙皮	6 个月
羊毛袜	1—5 年
香烟滤嘴	1—12 年
利乐包（塑性复合材料奶瓶用纸板）	5 年
塑料袋	10—12 年
皮鞋	25—40 年
尼龙织品	30—40 年
锡罐	50—100 年
铝罐	80—100 年
六罐拉手塑料环	450 年
尿布和卫生棉	500—800 年
塑料瓶	不可生物降解
泡沫聚苯乙烯杯	不可生物降解

另见：Ecomimicry　生态拟态。

Biodegradable plastics　生物降解塑料，可降解塑料

利用暴露于微生物时可分解的植物材料制成的塑料。例如，植物材料共聚物，如小麦和玉米淀粉；淀粉、纤维素与聚苯乙烯聚合形成的合成聚合物。这种新型塑料最终可取代不可再生矿石燃料制成的传统的合成聚合物塑料。另见：Plastics　塑料制品。

Biodegradation　生物降解，生物降解作用

生命有机体分解有机物质的过程。该术语常用于生态学、废物管理、环境修复（生物修复），因塑料材料寿命期长，也常用来描述塑料材料。有机材料可在有氧条件下利用氧进行降解；也可以在无氧条件下进行厌氧降解。与生物降解相关的术语是"生物矿化"——将有机物转变为矿物质的过程。另见：Biomineralization　生物矿化。

Biodiesel　生物柴油

可以从大豆或油菜籽油、动物脂肪、回收的烹饪油或微藻油中提取生产的可再生燃料。生物柴油安全、可生物降解，并且能够减少颗粒物、一氧化碳、碳氢化合物和空气毒素等空气污染物的排放。生物柴油是通过酯交换反应生产的。反应过程中，有机油在催化剂的作用下与乙醇或甲醇结合，形成乙酯或甲酯。乙酯或甲酯可与普通柴油机燃料混合，也可单独使用。

Biodiversity　生物多样性，生物多样化

也称为生物的多样性，指生物和生态系统的多样性及其发生的各类变化。生物多样性可从四个层面考虑：1）物种多样性；2）栖息地多样性，生态系统中各类有机体生存的不同物理环境的数量；3）生态位多样性，生物体与生境之间关系的种类；4）遗传多样性，本质上就是基因库。提高生物多样性是生态设计中的主要因素。另见：Williams alpha diversity index　威廉姆斯 α 多样性指数。

Bioenergy　生物能

1. 可再生能源，例如植物和动物废物（即生物质）存储的太阳能。生物质燃料源的补给速度比矿石燃料源快得多，因此被认为是可再生的。

2. 利用生物质资源生产能源相关产品，例如电力；液体燃料、固体燃料和气体燃料；热量、化学物质及其他材料。另见：Biomass fuel　生物质燃料；Biomass electricity　生物质发电。

Bioengineering　生物工程学

所有生物技术应用的基础科学，通常指的是基因工程。另见：Biotechnology　生物技术。

Bioenhancing plastics　生物强化塑料

含有植物生长刺激添加剂的塑料材料，在干旱气候条件下可防止风化侵蚀，植物生长刺激剂内可埋入植物种子。

Bioethanol　生物乙醇

见：ethanol　乙醇。

Biofilter　生物过滤器，生物滤池

用作过滤器的室内植被，通过消

除甲醛、苯、空气传播的微生物，吸收二氧化碳并释放氧气，从而提高室内空气质量（IAQ）。最适合进行生物过滤的植物有槟榔黄金葛、橡胶树、常春藤、吊兰和波士顿蕨。另见：Bamboo　竹。

Biofue　生物质燃料
见：biomass fuel　生物质燃料。

Biogas　沼气，生物气体
在垃圾填埋场内，有机物质的无氧分解过程中产生的可燃气体。主要有甲烷、二氧化碳、硫化氢。另见：Biomass fuel　生物质燃料。

Biogasification　生物气制造，生物气化
利用厌氧菌分解生物质并产生沼气的过程。

Biogenic　生物源的
生命有机体作用产生的。

Biogenic hydrocarbons　天然源碳氢化合物，生物源碳氢化合物
天然产生的化合物，包括树和植被释放的挥发性有机化合物（VOCs）。大量释放 VOC 的树种（如桉树）对烟雾的形成影响很大。特定物种的生物源排放率可能影响大规模植树时树种的选择，尤其是在臭氧浓度高的区域。

Biogeochemical cycle　生物地球化学循环
生命必不可少的主要化学成分（碳、氮、氧、磷）在地球系统（大气圈、水圈、岩石圈、生物圈）中流动的过程。

Biogeofilter system　生物地质滤床系统
既可处理废水又可以处理污水的实验系统。该系统经过化粪池处理后可保留氮和磷，将其用作培养植物的水耕液。植物吸收分解的氮和磷，从而清洁受污染的水。另见：Hydroponic　水耕法的。

Biogeographical area　生物地理区域
具有独特生物、水体和地质特点的区域或生态系统。

Biohazard　生物危害
威胁人体健康的生物体或微生物，例如细菌和病毒。医疗废弃物，例如毒素，也可能对人类和动物的健康造成不利影响。

Biointegration　生物整合，生物结合
生态设计的基本原则，以生物完整性概念为基础。其基本前提是通过设计将建成环境很好地与自然环境结合，其中包括与生态圈的结合。

Biological aerated filter (BAF)　曝气生物滤池（BAF）
利用有氧环境中固定媒介上的活性生物质去除污染物的废水处理过程。

Biological contaminants　生物污染物
又被称为"微生物材料"或"微生物"。其产生的生命有机体或活性因子可被人体吸入，可能造成许多健康问题。

Biological integrity　生物完整性
环境可使生物体群落保持平衡和

完整的平衡生态系统。

Biological oxygen demand　生物需氧量

见：Biochemical oxygen demand 生化需氧量（BOD）。

Biological toilet　生物厕所

见：Composting toilet　堆肥式厕所。

Biomarker　生物标志物

1. 用于确定单个生物体毒性作用的度量标准；也可用于辨别物种。

2. 生物系统状态或环境条件的指标，或衡量曝光度、影响或感受性所采用的样本。

Biomass　生物质

可再生或可循环的有机物，尤其是纤维素物质或木质纤维素物质，包括树木、植物、纸浆和废纸残余、植物纤维、农林业废弃物、城市木材废料、垃圾填埋场废物以及动物粪便。生物质资源还包括作为能源用途而专门种植的陆生和水生作物，称为"能源作物"。生态拟态设计中，模仿或创建的生态系统应包括生物部分和非生物部分，才能形成平衡完整的生态系统。另见：Ecomimicry　生态拟态；Energy crops　能源作物。

Biomass electricity　生物质发电

利用有机生物质为原料或燃料源进行发电。利用生物质发电的方法有很多：1）直燃式或普通蒸汽；2）热解；3）共燃；4）生物质气化；5）厌氧消化；6）填埋场气体收集；7）模块化系统。

- 直燃式或普通蒸汽锅炉　直接燃烧生物能原料产生蒸汽进而发电的过程。

- 热解　生物质在高温下燃烧并且在无氧条件下分解的过程。另见：Pyrolysis　高温分解。

- 共燃　生物质与煤共同燃烧产生能量的过程。在此过程中常用的生物质有木本植物和草本植物，如杨树、柳树或柳枝稷。

- 生物质气化　固体生物质通过热转换过程转化为易燃气体（合成气）的过程。可用于联合循环燃气轮机或其他电力转换技术，如燃煤电厂。生物气体经过清洁和过滤可去除有问题的化合物；生物气体也可用于联合循环发电系统，该系统结合燃气轮机和蒸汽轮机进行发电。另见：Biomass gasification　生物质气化；Gasification　气化。

- 厌氧消化　通过细菌和古生菌相互作用释放出甲烷，继而收集甲烷并用于产生能量的生物过程。另见：Anaerobic decomposition　无氧分解。

- 填埋气　固体废物分解过程中产生的副产品。填埋气的构成包括甲烷 50%，二氧化碳 45% 和氮 4%；所用技术原理类似于通过厌氧消化发电。

- 模块化系统　所用的一些技术与上述方法相同，但更适于在较小范围内使用，比如村庄、农场、小型工业。由于发展中国家有着丰富的生物质资源，而供电却不足，模块化系统在发展中国家有巨大的发展潜力。

Biomass feedstock　生物质原料

生物质原料指的是大量生物质来源。

Biomass fuel   生物质燃料

有机材料（生物质）被转化为液态或气态燃料，如乙醇、甲醇、甲烷和氢。燃烧生物质燃料是为了将其转化为能量。生物质燃料的来源包括农业残渣、纸浆/造纸厂残渣、城市废木材、森林残渣、能源作物、填埋场甲烷和动物废物。植物（生物质）燃烧时，植物所含的糖分——"六碳糖聚合物"分解、放热并释放能量，同时产生二氧化碳、热量和蒸汽。反应过程中产生的副产品可收集起来并用于发电，称为生物发电（或生物质发电）。生物质燃料也可以产生热量和蒸汽。燃料可由生物质来源转化而来，转化的方法有直燃式锅炉和蒸汽轮机、厌氧消化、共燃、气化和热解等。采用共燃法时，生物质和煤炭需混合在一起燃烧。

生物质是一种可再生的能源，在地球表面分布较为均匀，并且很少需要资本密集型技术。在可再生一次能源产量排名中，生物质位居第二，仅次于水力。另见：Biomass　生物质；Biomass electricity　生物质发电；Biopower　生物发电。

Biomass gasification   生物质气化

生物质转化为沼气或热解气化的过程，生物质在高温气化和低温热解的过程中均会产生氢。另见：Biomass electricity　生物质发电；Gasification 气化。

Biomass power   生物发电

见：Biomass electricity　生物质发电；Biomass fuel　生物质燃料；Biopower

生物发电。

Biomass pyramid   生物量金字塔

生物体按照各营养总水平的整体分布情况（图8）。

图8　生物量金字塔

Biome   生物群落

有着独特的气候与环境，能够影响当地生命有机体和植被的地理区域。一个地区的气候和地形决定了可以在该地区生存的生物群落类型。主要的生物群落有沙漠、森林、草原、冻原和几种水生环境。各生物群落均由多个生态系统构成，所有群落都适应了生物群落内微小的气候和环境差异。所有生命体都与其生活的环境息息相关。环境的某个部分发生任何改变（如动物或植物的物种数量增加或减少）都会通过环境的其他部分引起连锁反应（图9）。

Biomimicry   生物模拟，仿生学

也被称为仿生技术。以自然为模型进行模仿的技术。大自然为人类提供了无穷无尽的模仿对象和创造依据。一种理论认为生态拟态是生态设

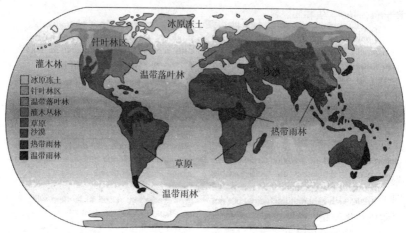

图9　全球主要生物群落

计的基本设计策略。人类社会可以利用的自然过程有很多,比如通过利用光合作用或创造人工光合作用来利用太阳能;废物的循环利用,以及能源效率提高。另见: Bionics　仿生学; Ecomimicry　生态拟态。

Biomineralization　生物矿化

生命有机体产生矿物质的过程,通常是为了硬化或加固现有组织。例如海藻和硅藻所含的硅酸盐,无脊椎动物的碳酸盐,脊椎动物的磷酸钙和碳酸盐。这些矿物质通常来自海洋贝壳动物的结构,以及哺乳动物和鸟类的骨骼。其他例子包括含有细菌的铜、铁、金沉积物。另见: Biodegradation　生物降解。

Bionics　仿生学

又被称为"仿生创造工程学"。在建成环境的现代技术、工程和系统设计中,运用自然界中存在的系统和方法。另见: Biomimicry　生物模拟。

Biophilia　生物自卫,亲生命性

人类对自然(尤其是植物)作出积极反应的遗传倾向。在生态设计中,这对于植物在建成环境内部和外部的应用影响较大。研究表明,人类对自然和植物有积极反应:例如,如果医院有良好的自然风景和植物环境,住院患者痊愈的速度较快,住院时间较短,所需药物治疗也较少。

Bioplastics　生物塑料

与传统的石化塑料不同,生物塑料是用可再生原料制成的可生物降解、可腐化的塑料。可再生原料包括淀粉(包括但不限于玉米、马铃薯和木薯淀粉)、纤维素、豆油、乳酸和大麻籽油。生物塑料在生产过程中没有任何危害,被丢弃后分解为二氧化碳、水和生物质,最终回到环境中。目前,玉米淀粉是制造生物塑料树脂的主要原材料。制造过程较少依赖矿石燃料,并且产生的温室气体排放量较少,被视为可持续的过程。另见: Biodegradable plastics　生物降解塑料；Bioenhancing plastics　生物强化塑料；Bioregenerative plastics　生物再生塑料。

Biopolymer　生物聚合物

生物聚合物是可生物降解的聚合物。生物聚合物的生产材料以农作物或畜产品为基础，可以是可再生材料或合成材料。生物聚合物主要分为四类，分别以淀粉、糖、纤维素、合成材料为基础。

Biopower　生物发电

又被称为"生物质发电"。生产的电力为燃烧生物质燃料的副产品。生物发电的方法有：直燃、共燃、气化、热解和厌氧消化。另见：Biomass electricity　生物质发电；Biomass fuel 生物质燃料。

Bioregenerative plastics　生物再生塑料

可以在三个月内完全生物降解的聚己酸内酯膜，并且不产生任何残留物。聚己酸内酯膜具有防水性，可用于纸制品；也有潜力用于多种液体容器。另见：Bioplastics　生物塑料；Biodegradable plastics　生物降解塑料。

Bioregion　生物区

生物圈的一个子集。各生物区包含已适应该区域气候、土壤和地形条件的典型动植物群，并且各生物区有自身的生态系统。下列区域均为生物区：热带雨林、开阔林地、热带草原、冻原地区、高山地区、沙漠。

Bioremediation　生物修复，生物除污

与植物修复技术结合使用。利用生物过程去除受污染环境中的污染物，例如树木和植被去除雨水污染物的能力。通过生物过程的应用，绿色屋顶和绿荫树木可减少城市径流，减轻非点源氮污染和磷污染。另见：Phytoremediation　植物修复。

Biosphere　生物圈，生态圈

地球上以各种形式存在的生命；大气、陆地、海洋中的所有生态系统和生命有机体，还包括由此产生的无生命有机物，如垃圾、土壤有机质和海洋腐屑。

biosphere2　生物圈2号

"生物圈2号"是位于美国亚利桑那州图森市的一座封闭结构，占地3.14英亩，最早由空间生物圈风险投资公司（Space Biosphere Ventures）投资建造的人造封闭生态系统。该结构于1987—1991年建造，目的是研究生态系统。"生物圈2号"在不破坏外部环境的前提下研究了生物圈的操作方式，是有史以来规模最大的封闭生态系统。由于结构封闭的特点，科学家可以监测内部空气、水、土壤不断变化的化学过程。

"生物圈2号"内设有珊瑚礁海洋 $850m^2$、红树林湿地 $450m^2$、大草原 $1900m^2$、雾漠 $1400m^2$、农业系统 $2500m^2$，还有包含住宅区和办公区的人类栖息地，以及地下技术设施。供暖和制冷用水通过独立的管道系统循环流动，天然气能源中心通过气密的穿透孔洞提供电力。

Bioswales　生态调节沟

坡度较缓（小于6%）的沼泽地排

水线路，设有植物、堆肥或碎石。水流路径沿着宽而浅的水沟设置，从而最大限度延长水在调节沟内停留的时间，有助于收集地表径流中的污染物和淤泥。在生态设计和生态总体规划中，生态调节沟常用于可持续排水系统，使降雨返回地面的同时防止洪水发生。调节沟通常设置在停车场附近，使得汽车污染物得以收集并且用雨水冲洗。生态调节沟或其他生物过滤池通常设置在停车场周边，可以将地表径流处理之后再排入集水区或雨水管（图 10）。

Biotechnology (biotech)　生物技术

以生物学为基础的技术，尤其是用于农业、食品科学、医学领域时，《联合国生物多样性公约》对生物技术的定义为："人们利用生物系统、生命有机体及其衍生物加工或改造产品或程序从而实现特定用途的技术运用。"

生物技术通常指的是 21 世纪的基因工程技术，该术语对于人类根据需求改造生物有机体的涵盖范围更广，历史更为悠久，可回溯到最初通过人工选配和杂交将原生植物改良为高级粮食作物的时期。生物工程学是所有生物技术应用的基础科学。随着新方法和现代技术的发展，传统的生物技术产业能够进一步提高产品质量和系统生产力。1971 年以前，"生物技术"一词主要用于食品加工业和农业。20 世纪 70 年代以来，西方科研机构开始用"生物技术"指代生物研究中以实验为基础开发的技术，比如 DNA 重组或组织培养技术，或活体植物的水平基因转移，利用土壤杆菌等载体将 DNA 转移到宿主生物体。

该术语还有更广泛的意义，可用来描述为达到食品生产需求而操作和改变有机材料而采用的所有方法，古老的和现代的技术方法均包括在内。生物技术结合了多个学科，包括遗传学、分子生物学、生物化学、胚胎学和细胞生物学，并且与化学工程、信息技术和机器人工程学等实用学科相关联。病原体生物技术描述了病原体或病原体衍生化合物有益的开发利用。

Biotic　生物的

指的是生命有机体。

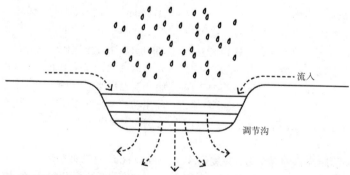

流入

调节沟

图 10　生态调节沟在场地水管理中的应用

Biotic integrity 生物完整性

特定区域支持和维护自然栖息地的功能性平衡、完整的能力。

Bipolar plates 双极板

燃料电池组的导电板，同时用作一个电池的正极和相邻电池的负极。另见：Fuel cells 燃料电池。

Black body 黑体

理论上可以吸收 100% 辐射的物体。因此，黑体没有反射，呈正黑色。与反射率 100% 的物体正好相反。

Black water 黑水

家庭排放的不可回收利用的废水，尤其是厕所废水。如果黑水包含粪便和尿液，则含有大量病原体和有机物质，需要经过分解后才能在建成环境中重复利用，或安全地排放到环境中。另见：Gray water 灰水。

BLAST 建筑负荷分析及系统热力学（缩写）

建筑负荷分析及系统热力学，美国国防部在 20 世纪 70 年代开发的建筑能源模拟程序。

Blowdown 锅炉排污

循环水的通过最低限度的排放，以保证杂质排出，其浓度不超过最佳管理实践要求的限额。

BMS 建筑管理系统

见：Building automation management system 建筑自动化管理系统。

BOD 生化需氧量（缩写）

见：Biochemical oxygen demand 生化需氧量。

Body burden 人体负荷

人体组织内可保持的各种污染物的数量。

Bog 沼泽地，泥塘

见：Wetlands 湿地。

Bone (oven) dry 烘干；烤干；绝干

固体生物质燃料（例如木材）完全没有水分的状态。

Borlaug, Norman （人名）

"绿色革命"的功臣。20 世纪 40 年代，美国的 N. Borlaug 博士参与了一个由洛克菲勒基金会、福特基金会及其他机构投资的项目，他作为一名植物病理学家和遗传学家在墨西哥开展研究工作，致力于高产小麦的开发。他的试验非常成功，之后又对玉米和大米展开后续研究。N. Borlaug 博士于 1970 年获得诺贝尔和平奖。另见：Green Revolution 绿色革命。

Boron (B) 硼（B）

常用作光伏设备或电池材料掺杂剂的化学元素。另见：Photovoltaic（PV）光伏 (PV) 和相关词条；附录 4：光伏。

BOS 系统平衡（缩写）

见：Balance of system 系统平衡。

Bottle bill 《退瓶法》

规定使用回收饮料容器的法案，

旨在鼓励材料的循环回收利用。

Box culvert　箱形暗渠，盒形排水渠

防止道路发生洪水的机制。在道路下方设置沟渠或引水道，引导水或其他流出物从道路一侧流至另一侧，避免道路表面发生洪水。箱形暗渠可保护道路免受冲刷和风化，通常采用金属管或混凝土建造。另见：Culvert　涵洞。

Bread box system　面包盒系统

见：Batch heater　分批加热器。

Breathing wall　呼吸墙

呼吸墙是完全用植被构成的立面。不同于水平的绿色屋顶，呼吸墙采用垂直绿化，利用水耕法培养介质形成稳定的植物和微生物群落，从而改善室内空气质量。研究表明，生态系统越多样化，吸收二氧化碳和氮的能力越强

（图11）。另见：Green roof　绿色屋顶。

BREEAM　英国建筑研究院环境评估方法（缩写）

见：Building Research Establishment Environmental Assessment Method 英国建筑研究院环境评估方法。

Brightness ratio　亮度比

某物体的亮度（光度）与相邻空间或物体的亮度之比；亮度比描述了不同的舒适水平。

British thermal unit (Btu)　英热单位（Btu）

1磅水温度升高1℉所需的热量；等于252卡路里。

Brown belt　褐带

见：Heterotrophic layer　异养层。

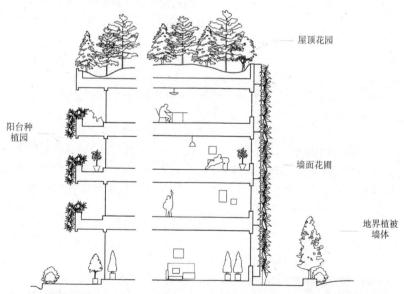

图11　绿墙系统范例

（图中标注：屋顶花园；阳台种植园；墙面花圃；地界植被墙体）

Brownfield site　棕地

废弃、闲置或未充分利用的工商业设施和场地，其环境受到污染并且通常对人体有害，又被称为"棕色地块"。由于存在（或可能存在）有害物质、污染物，棕地的扩建、改建或再利用十分复杂。棕地可能位于城市、乡村或郊区。在生态总体规划中，城市的棕地经过修复可用于城市扩展和开发，从而保留现有耕地和植被作为绿地不受损害。另见：Greenfield site 绿地。

Brundtland Report　《布伦特兰报告》

1987 年发布《布伦特兰报告》，官方名称为《联合国报告——我们共同的未来》，让全世界了解到不耗尽自然资源或破坏环境的同时确保经济可持续发展的紧迫性。《布伦特兰报告》强调了可持续发展的三个基本部分：环境、经济和社会。另见：World Commission on Environment and Development　世界环境与发展委员会。

Btu　英热单位

见：British thermal unit　英热单位。

BTX　苯 – 甲苯 – 二甲苯混合物（缩写）

化学术语，指的是芳香族碳氢化合物：苯（benzene）、甲苯（toluene）、二甲苯（xylene）。苯是一种已知的致癌物质。另见：Aromatics　芳香族化合物。

Bubble approach　气泡法

控制空气污染物排放的方法，工厂可将多个来源的排放物作为一种整体排放物来考虑。

Buffer zone　缓冲区

中立区，用作分离两股冲突力量的防护屏障。例如，河口沿岸、湿地边缘或河岸相邻的区域，该区域内会发生一系列生态过程并发挥水污染控制功能。

Buffering capacity　缓冲能力，缓冲量

水或土壤 pH 值（酸度）变化的阻力。特定区域对 pH 值变化的包容度决定了该地区动植物在生态系统继续维持生存的能力。另见：Carrying capacity　承载能力。

Building automation management system (BAS)　建筑自动化管理系统（BAS）

在英国又被称为"建筑管理系统（BMS）"，亦称为"能源管理系统"、"能源管理控制系统"、"建筑自动化管理系统"或"能源管理控制系统"。该系统可以控制建筑内的能耗设备，使建筑效率更高的同时保持环境的舒适性。通过一些改善气流和能源利用的方法和步骤，BAS 能够达到更高的能源效率。该系统不仅能节约能源，还能降低建筑整体维护的成本。该系统还有其他特点，比如维护计划、消防安全、人身安全以及安保安防。建筑自动化管理系统由传感器、控制器、致动器和软件构成。操作人员通过中央工作站来操作系统（图 12）。

Building configuration using passive mode design　被动式设计的建筑结构

被动式建筑设计着重研究通过空间布置和布局将周围环境的能量

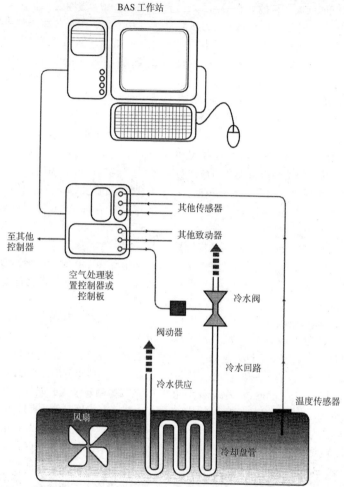

BAS 工作站

其他传感器

其他致动器

至其他
控制器

空气处理装
置控制器或
控制板

冷水阀

阀动器

冷水回路

冷水供应

温度传感器

风扇

冷却盘管

图12   建筑自动化管理系统

最大化。重点在于让建筑形式符合其所处纬度的太阳运行轨道和风向，从而降低能耗。另见：Passive mode design   被动式设计。

Building envelope   建筑围护结构

建筑物中用于封闭内部空间的外部构件，包括：地基、屋顶、墙壁、窗户、门、地板。围护结构的主要功能是遮蔽、安全保障、太阳能和热量控制、湿度控制、内部空气质量控制、日光接受和外景观赏、防火、隔声、保持成本效益、保障美观效果。建筑围护结构不仅能够保护居住者，还在室内环境调控中发挥主要作用。围护结构的设计和性能是生态设计的重要方面。另见：Insulation   保温层；Active façade 主动立面。

Building for Economic and Environmental Stability (BEES) 建筑经济和环境稳定性评估软件（BEES）

美国国家标准与技术研究所下属的建筑和火灾研究实验室开发的一款评估软件。用于评估建筑结构的全寿命周期（LCA）。分析共有两大类：经济分析和环境分析。建筑结构的全寿命周期分析共有 12 个标准。在确定和比较某项标准的重要性时，使用者的评估方式具有一定灵活性。软件包 BEES 综合考虑经济和环境因素，与其他同类软件一样，可提高建成环境内的可持续性。BEES 4.0 版免费使用（图 13）。另见：Life-cycle assessment 全生命周期评估。

Building information modeling (BIM) 建筑信息模型（BIM）

2002 年，美国欧特克电脑软件公司提出建筑信息模型（BIM），指的是在建筑项目设计中创造和利用协调、持续的计算信息——设计决策需要的信息、形成高质量施工文件、性能估测、成本预算、施工计划以及设备管理和运行的相关信息。后续模型可能考虑生态设计因素。

Building integrated food production (BIFP) 建筑与食品生产一体化，食品生产一体化建筑（BIFP）

食品生产技术与建筑结构（如屋顶、阳台和立面）相结合的设计，以及水培法的利用。在建筑物内生产食物能够更好地实现营养自给自足，也是生态设计的重要部分。

Building integrated photovoltaics (BIPV) 光伏建筑一体化，光伏一体化建筑（BIPV）

光伏技术与建筑围护结构相结合

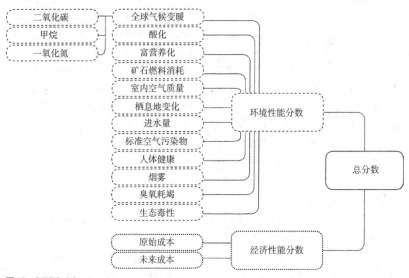

图 13　BEES 4.0

资料来源：美国国家标准与技术研究所

的设计,可取代普通建筑材料。光伏建筑一体化可用于:1)垂直立面,取代景观玻璃、拱肩玻璃或其他立面材料;2)半透明天窗系统;3)屋顶系统,取代传统屋顶材料;4)窗户上方的遮阳棚;5)其他建筑围护结构。另见:光伏(PV)和相关词条;附录4:光伏。

Building mass, passive mode 建筑热质量,被动式

一种生态设计方法,利用建筑材料蓄热体来吸收热量,在建筑没有从太阳或其他热源主动获取热量期间,将热量释放回建筑内部空间。另见:Passive mode design 被动式设计;Trombe wall 特隆布墙。

Building Research Establishment Environmental Assessment method (BREEAM) 英国建筑研究院环境评估方法 (BREEAM)

英国于1990年制定的建筑物环境评估方法。英国建筑研究院环境评估方法(BREEAM)制定了可持续发展标准和标准实现情况衡量方法。英国政府已正式将其作为衡量建筑环境性能的标准。BREEAM 为最大程度减轻建筑对全球和局部环境的不良影响提出了指导方针。其目的是降低建筑施工和管理的能耗量,为终端用户创造健康舒适的室内环境。BREEAM 评估了建筑在以下方面的性能:

• 管理——总管理政策、调试现场管理,承包商及流程问题管理。

• 能源消耗 ——运行过程中能源和二氧化碳的问题;高效节能的供暖和制冷,以及受控测量。

• 健康舒适——影响用户健康舒适的内部和外部问题。例如新风供给、通风、照明、照明控制、局部温度供应、消除军团病风险。

• 污染——空气污染和水污染问题。例如致冷剂回收,关于建造过程中不使用含氯氟烃和氢氯氟烃材料的规定,以及低排放锅炉。

• 交通——交通引起的 CO_2 排放和与地理位置相关的因素。例如为骑行者提供安全设施,与当地公共交通系统协调,考虑国家公共交通系统。

• 土地利用——棕地利用而非绿地利用;受污染土地的处理 / 覆盖。

• 生态——保护生态价值,提高场地价值。在条件允许的情况下,利用低生态价值区域。通过环境和生态评估提出场地改进意见,如当地生境建设。

• 材料——考虑建筑材料的环境影响,包括全生命周期影响。例如规定使用可再生和受管理资源获取的木材,确保存储材料空间以便循环利用,规定不得使用含有石棉的材料等。

• 水——水资源消耗和用水效率。例如安装用水量低的厕所,安装具有渗漏检测功能的水系统,用水量监测,灰水回收利用。

见:Comprehensive Assessment System for Building Environmental Efficiency 建筑物综合环境性能评价体系(CASBEE);Green building rating systems 绿色建筑评价系统;Green Globes 绿色地球;Leadership in Energy and Environmental Design 能源和环境设计先锋(LEED)。

Built-up roof (BUR)　组合屋面（BUR）

一种低坡度屋面，在沥青或煤焦油沥青层之间有多层加强毡。组合屋面的反射率取决于表层的颜色。表层有四种可选方案,分别为:混凝土骨料、光滑表面、矿质表层和保护涂层。

Butane　丁烷

天然气或原油产生的气体。通常汽油和液化石油气中都含有丁烷。

C

Cadmium (Cd)　镉（Cd）

主要土壤污染物。某些太阳能电池、电池组中采用的化学元素。易在食物链内累积的有毒重金属。另见:Heavy metals　重金属; Soil contaminant 土壤污染物。

CAFE　公司平均燃油经济性（缩写）

见:Corporate Average Fuel Economy 公司平均燃油经济性。

CAI　清洁空气倡议 / 清洁空气计划（缩写）

见: Clean Air Initiative　清洁空气倡议。

Calcination　煅烧

1. 在化学上，煅烧指的是在坩埚内或明火上加热某物质直至其分解为灰烬的过程。

2. 应用于矿石和其他固体材料的热处理过程，会引起热分解、相变，或去除挥发组分。煅烧通常在低于煅烧物熔点的温度条件下进行。煅烧的目的有:1）去除吸收的水分;2）去除二氧化碳、二氧化硫或其他挥发性组分;3）氧化部分或全部材料。例如:1）分解水化矿物，如煅烧铝土矿时以水蒸气的形式去除结晶水；2）分解碳酸盐矿物，如煅烧石灰石时去除二氧化碳;3）分解生石油焦内的易挥发物质。

California low-emission vehicle regulations　加利福尼亚州低排放车辆管理规定

美国加利福尼亚州的汽车排放标准比美国国家标准更为严格。该排放标准主要有两个阶段。第一阶段始于20世纪90年代，到2004年开始实行《低排放汽车标准 II》（LEV II）时结束。除加利福尼亚州之外，还有几个州目前也在施行同样的管理规定，包括: 缅因州、马萨诸塞州、纽约州、俄勒冈州、佛蒙特州和华盛顿州。由于这些规定由加利福尼亚州空气资源委员会（CARB）制定，在论及汽车议题时通常称为 "CARB 各州"。另见: Emissions standards, designations　排放标准制定。

Calorie　卡路里（热量单位）

使 1 克水温度升高 1℃所需的热量。1 卡路里约相当于 4 英热单位。

Cap　覆盖层

封闭的垃圾填埋场顶部覆盖的黏土层或其他防渗材料，可防止雨水渗入或将渗漏程度降到最低。

封存。

Cap and trade　总量管制和排放交易

见：Emissions trading　排放交易。

Capital stock　股本

能源的生产、加工及分配过程中所用的资产、车间和设备。

Carbon black　炭黑

矿石燃料、木材和生物质不完全燃烧的产物。由煤烟、木炭构成，可能还有吸光耐火的有机物质。沉积物、土壤、气溶胶和石墨中也含有炭黑。

Carbon capture and storage　碳捕获和碳封存

见：Geological sequestration　地质

Carbon cycle　碳循环

碳元素通过空气、植物、动物、土壤循环流通的过程。碳元素以气体形态存在于大气圈，以溶解离子形态存在于水圈，也可以固体形态存在。生物体从无生命环境中获取碳元素。生命要延续，碳元素就必须不断循环（图14）。

碳交换主要有四个碳库：大气圈、地球生态圈（包括淡水系统）、海洋以及沉积物（包括矿石燃料）。四个碳库之间通过各种各样的化学、物理、地质和生物过程实现碳交换。海洋包含着地球表面附近最大的碳库，但是多数碳库不会与大气圈进行快速碳交换。致病细菌产生二氧化碳的过程还可能产生多种温室气体。

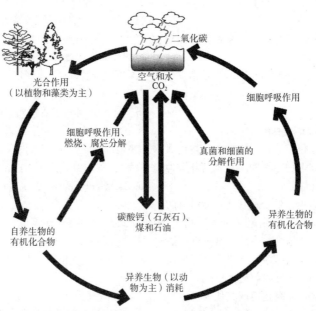

图14　碳循环

资料来源：美国环境保护局

碳在非生物环境中的存在形式有：大气圈中的二氧化碳（CO_2），以及溶解在水中的 CO_2（形成碳酸氢盐 HCO_3）；碳酸盐岩（石灰石、珊瑚和碳酸钙）；生物体死亡后形成的煤炭、石油、天然气沉积；无生命的有机物（比如土壤中的腐殖质）。碳元素通过自养生物的活动进入生物世界：主要是通过光合自养生物（包括植物和藻类），利用光能将二氧化碳转化为有机物；化能自养菌和古生菌在很小程度上也会产生同样的作用，但是需要借助基质分子氧化产生的能量。

通过呼吸（如 CO_2）、燃烧和腐烂分解（在有氧条件下分解产生二氧化碳，无氧条件下产生甲烷），碳元素回到大气和水中。土地利用类型发生变化时会有碳元素被释放出来。在清理和培育森林的过程中，许多储存在树木和土壤中的碳元素被释放到大气中。有的碳元素在燃烧过程中快速排放出来，有的则在死亡植物分解的过程中缓慢释放。清理过的土地上重新长出森林时，树木会吸收大气中的碳元素并且储存在树木和土壤中。释放到大气中的碳元素总量与从大气中吸收的碳元素总量之间有差值，决定了这片土地是大气中碳元素的源还是汇。

研究表明，1850—2000 年间，全球范围内土地利用类型的变化导致约 155 千兆克（1550 亿吨）碳被排放到大气中。每年的碳元素排放量逐渐增加，到 20 世纪 90 年代，每年的平均碳排放量约为 20 亿吨。

Carbon cycle disruption   碳循环中断

改变生物圈中 CO_2 浓度的活动会导致生物圈内的碳循环中断，例如全球普遍存在的矿石燃料燃烧活动（图 15）。

Carbon dioxide (CO_2)   二氧化碳（CO_2）

自然生成的，以及在呼吸、有机物分解、矿石燃料和生物质燃烧、土地利用类型改变和工业生产过程中产生的气体。二氧化碳是人为产生的主要温室气体，影响着地球的辐射平衡（图 16）。二氧化碳是衡量其他温室气体的参照物，全球变暖潜力为 1。被植物吸收进入生物碳循环时，二氧化碳就会离开大气圈（被封存）。

考虑到全球碳等量的其他因素（大气、矿石燃料和海洋），大气中增加的二氧化碳只有一半是矿石燃料消耗和森林燃烧增加所致。研究表明，二氧化碳浓度增加会导致光合自养生物的净产量增加。全球二氧化碳核算中部分项目的显著不平衡现象，主要原因是森林覆盖率提高（尤其是在北美洲），以及海洋中浮游植物数量增加。另见：Carbon cycle   碳循环。

Carbon emission   碳排放

参考二氧化碳（CO_2）。大气、陆地和海洋之间的碳活动（流动）由自然过程主导，比如植物的光合作用。对于人为排入大气中的二氧化碳（按照碳当量进行计算），自然过程每年能够吸收净 62 亿吨（72 亿吨总量减去 10 亿吨的碳汇）。据估计，大气中每年约增加二氧化碳 41 亿吨。温室气体排放与吸收之间的不平衡会导致大气中的温室气体浓度持续上升。另见：Carbon cycle   碳循环；Carbon dioxide 二氧化碳；Carbon footprint   碳足迹。

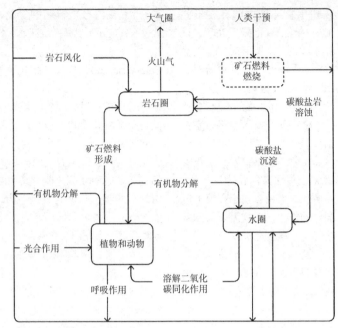

图15　矿石燃料燃烧导致生物圈的碳循环中断

资料来源: 美国环境保护局

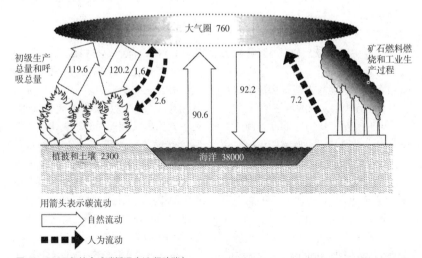

图16　2007 年的全球碳循环（10 亿吨碳）

资料来源: 政府间气候变化专门委员会（2007）,《气候变化 2007: 自然科学基础》（另见图 7）

Carbon footprint   碳足迹

通过矿石燃料燃烧排放的二氧化碳数量的测量方法。环境学家提倡使用替代燃料、可再生燃料和生物质燃料，从而减少 CO_2 排放，并且减轻 CO_2 作为温室气体造成的损害。

Carbon monoxide (CO)   一氧化碳（CO）

常见空气污染物。碳基燃料（包括汽油、石油、木材）燃烧时，由于碳不完全氧化产生的有毒气体或液体。许多自然产物和化合物不完全燃烧也会产生一氧化碳。空气中的一氧化碳浓度过高会对人体健康有害。一氧化碳与太阳辐射及其他化合物发生反应会形成臭氧。另见：Air pollutants 空气污染物；Ozone precursors 臭氧前体物。

Carbon negative   碳负性

利用生物能减少全球变暖和大气污染可能造成的环境恶化。这是新创词汇。

Carbon neutral   碳中和

碳中和指总的碳排放量达到中和（指净排放为零），是碳排放量与吸收或抵消的碳总量平衡的结果。各种利益团体试图用此术语来描述减碳，但减碳显然不是碳中和。该术语通常有两个用途：

• 使矿石燃料燃烧排放到大气中的二氧化碳（CO_2）与产生等量可用能量的可再生能源达到平衡，以此补偿碳排放；另一种方法是，只使用不产生 CO_2 的可再生能源。

• 通过向他人支付用于去除或封存向大气所排放的全部二氧化碳的费用，从而实现碳抵消。实现抵消的方式有：植树，出资建设防止未来温室气体排放的碳工程，或购买碳信用并通过碳交易来去除（或收回）碳排放。这些方法通常可以并用，配合节能措施，使能源消耗量达到最低程度。

Carbon reservoir   碳库

碳是生物地球化学循环的主要元素。全球森林的碳储存量约占陆地植被碳储存总量的80%。生态圈的大量碳存储是生态圈持续碳循环平衡所必需的。

Carbon sequestration   碳封存

碳封存是碳循环的一部分。碳的摄取和储存。树木和植物吸收二氧化碳，释放氧气并储存碳。矿石燃料储存碳直到燃烧。另见：Carbon cycle 碳循环；Carbon reservoir 碳库；Carbon sink 碳汇。

Carbon sink   碳汇

吸收或占据从碳循环另一部分释放出来的碳的储存库。碳元素在碳汇区域内有规则地运动，地球上的碳汇有四种：1）大气圈；2）陆地生物圈（包括淡水系统）；3) 海洋；4) 沉积物（包括矿石燃料）。

Carbon tetrachloride (CCl₄)   四氯化碳（CCl₄）

四氯化碳用于生产含氯氟烃（CFCs）。研究发现四氯化碳可致癌，因此停止在溶剂中使用。

Carcinogen   致癌物质

任何已知的可能引起或加重癌症的物质。

Carrying capacity　承载能力

生态系统中能够支持某一生物体或种群的食物、栖息地、水和其他重要组成部分。前提条件是生态系统内某生物体的数量处于均衡状态。对于人类来说，变量因素更为复杂，例如卫生和医疗有时也被视为必要基础设施的一部分。生态总体规划的一项重要策略是：确保新的建筑形式或人类活动能够适应特定地区生态系统的承载能力和恢复力。另见：Buffering capacity　缓冲能力。

CASBEE　建筑物综合环境性能评价体系（缩写）

见：Comprehensive Assessment System for Building Environmental Efficiency　建筑物综合环境性能评价体系。

Cascading energy　梯级能源

对可回收的废热进行反复持续的运用，每次连续运用都需要更低的温度或更低的质量水平，直到废热不能再利用或不再需要废热。这一过程能够最大限度地利用产生的热量，使废热减少到最低程度。另见：Recoverable waste heat　可回收废热。

Casinghead gas　油田伴生气

地下构造中与原油同时产生的天然气。

Catalyst　催化剂

加快反应速度而不会被消耗的化学物质。在燃料电池内，催化剂会加快氧和氢的反应速度。

Catalytic converter　催化转化器，催化反应器

催化转化器是一种空气污染控制装置，通过化学反应利用催化剂氧化有机污染物，生成二氧化碳和水，从而去除有机污染物。美国出售的所有车辆都必须配备催化转化器，该装置也可用于某些加热装置中。另见：Catalyst　催化剂。

Catalytic hydrocracking　催化加氢裂解

在相对低温和高压的条件下，利用氢和催化剂把中度沸腾物或残留物转化为高辛烷值汽油、转化炉进料、喷气燃料和高级燃油的精炼过程。这一过程可将废弃物或普通材料转化为有用燃料。

Catchment basin　集水盆地

又被称为集水区域、流域或流域盆地。1. 排入某条河流或水库的地理区域。通常是陆地上接受雨水径流的最低点，作为干燥陆地和水体之间的缓冲区域。集水盆地的湿度水平决定了溪流网络的密度，也决定了植被类型对河流或水库生态环境的影响。另见：Watershed　集水区。

2. 政府机构对地下储罐做出规定，要求将渗漏、溢出和腐蚀的程度降至最低，并且要求集水盆地容纳溢出物。在这种情况下，集水盆地又被称作“溢出物围堵检修孔”或“溢出物存储桶”。基本上，集水盆地就像是填充管周围的一个密封桶。盆地的规模应该足以容纳输送管与填充管脱节时的所有溢出物。一根输送管通常能够容纳约14加仑燃料。集水盆地的大小不等，有

的只能容纳几加仑溢出物，有的则要大得多——集水盆地越大，能够容纳的溢出物就越多。

Cathode   阴极

1. 电解电池的阴极或负电极；或电子进入（电流离开）系统的真空管。在电解电池中表示负电极。在燃料电池中，阴极为四个功能性元件之一，分别为：阳极、阴极、电解质和连接件。在燃料电池内，空气沿着阴极流动（又被称为"空气电极"）。当氧分子接触到阴极接口时，从阴极获得4个电子并分解为两个氧离子。氧离子融入电解质材料并转移到电池的另一端，接触阳极（正极）后发生反应，释放水、二氧化碳、热量和电子。电子通过阳极进入外电路，然后回到阴极，为外电路提供有用的电能来源。最常见的电池阴极材料是亚锰酸镧（$LaMnO_3$）。

2. 电池的正极端

见：Anode   阳极；Electrolyte   电解质；Fuel cells   燃料电池；solid oxide fuel cell   固体氧化物燃料电池。

Cation   阳离子，正离子

正电性离子。另见：base cations 碱性阳离子。

CDD   冷却度日（缩写）

冷却度日，另见：Degree day   度日。

Cell barrier   电池障壁

在光伏电池正负界面上的静电荷薄层。电池障壁阻碍电子从一层流动到另一层，因此一侧的高能电子就会优先沿着一个方向扩散并通过障壁，使电池内产生电流并形成电压。电池障壁又被称为"损耗区域"或"空间电荷"。另见：Photovoltaic cell   光伏电池；附录4：光伏。

Cellulose insulation   纤维素保温材料

由废报纸、硬纸板或其他形式的废纸构成的保温材料。利用回收材料从而节约制造新建筑材料所需的资源和能源。

Cellulosic ethanol   纤维素乙醇

利用稻草、木屑或低价值作物（如柳枝稷）等废料中的纤维素制成的乙醇燃料，而不是利用玉米、甘蔗或甜菜等粮食作物的糖分或淀粉制成。另见：Ethanol   乙醇。

Cellulosic technology   纤维素技术

利用细菌将植物纤维素和木质素坚韧的纤维成分转化为淀粉，淀粉经过其他细菌的发酵能够产生乙醇。尽管包括农场废料和专门培育的作物或树木在内的任何材料都能用于此项技术，但是很好的纤维植物来源有两种：柳枝稷和柳树。据估计，美国目前有10亿吨未得到利用的废料可用于生产乙醇。纤维素技术可以生产出非常高效的乙醇，但是目前这项技术的成本太过昂贵，生产乙醇的效益并不高。如果纤维素技术的生产成本可以降低，就可以用于生产乙醇。乙醇是全球广泛应用的燃料，研究人员一直在研究乙醇造成的影响。研究人员考虑的关键因素有：农业土地使用政策和燃料作物的影响，地表径流中氮的增加对水质的影响，缺氧地区的水问题，以及气候变化。

Cement　水泥

将煅烧石灰石和黏土磨成细粉末制成的建筑材料。水泥与水混合时，其中的硅酸盐和铝酸盐会变硬，凝结成不透水的块状物。研究发现，如果在水泥中加入粉煤灰、氧化镁和二氧化氮吸收成分，对环境造成的损害较少。这些成分可以降低传统硅酸盐水泥的污染潜力，而传统的硅酸盐水泥包含并且能够释放二氧化碳、二氧化硫和氮氧化物。研究人员指出，2007年，使用传统材料的水泥厂所排放的 CO_2 占全球 CO_2 总排放量的 5%。工业副产物（如粉煤灰）的利用可以节省自然资源和土地。另见：Bentonite 膨润土；Fly ash cement　粉煤灰水泥；Magnesium oxide cement　氧化镁水泥；Pollution-absorbing cement　污染物吸收水泥；Portland cement　硅酸盐水泥；Sulfur-based cement　硫化水泥。

Central receiver　中央接收器

见：Concentrating solar collector 聚光式太阳能集热器。

Central receiver solar power plant 中央接收器太阳能发电站

见：Power tower　发电塔。

CERCLA 《环境应对、赔偿和责任综合法》（缩写）

见：Comprehensive Environmental Response Compensation and Liability Act 《环境应对、赔偿和责任综合法》。

Cetane　十六烷值

柴油燃料的燃烧性能等级。汽油辛烷值的柴油当量。

CFD　计算流体动力学（缩写）

见：Computational fluid dynamics 计算流体动力学。

Chemicals, toxic　有毒化学物质

见：Toxic chemicals　有毒化学物质。

Chemosynthesis　化学合成

在没有阳光的条件下，某些生物体从环境中提取无机化合物，并将其转化为有机营养物的过程。

Chimney effect　烟囱效应

见：Stack effect　堆积效应。

Chlorinated hydrocarbons　氯化烃

含有氯、碳、氢的化学物质。氯化烃常用于杀虫剂，但是很容易在食物链中累积。许多此类化合物已被禁止使用，如 DDT 和氯丹。

Chlorinated solvent　氯化溶剂

有毒化学物质。氯化溶剂是包含氯原子的有机溶剂，曾经是为了取代碳氢溶剂才发明的。用于喷雾剂容器、高速公路油漆和干洗液中。氯化溶剂包括：1）二氯甲烷（CH_2Cl_2），用于制药、化学加工、喷雾剂、食物提取和表面处理，如脱漆和聚氨酯发泡；2）四氯乙烯（全氯乙烯，C_2Cl_4），用于干洗和金属清洗；3）三氯乙烯（C_2HCl_3），用于金属清洗和专用胶粘剂。三氯乙烯的分解需要 6—8 天，四氯乙烯分解需要 5—6 个月。另见：Toxic chemicals　有毒化学物质。

Chlorinated teratogen (TCDD)　氯化致畸物（TCDD）

剧毒碳氢化合物，通常称作"二噁英"。当燃烧氯化化合物（如乙烯基）时，以及用氯漂白细磨木浆时，氯化致畸物就会产生。二噁英有致癌性。二噁英类包括 75 种化合物。

Chlorination　氯化

将氯加入饮用水、污水或工业废物中，从而对不必要的化合物进行消毒或氧化。

Chlorofluorocarbons (CFCs)　含氯氟烃（CFCs）

空气污染物、有毒化学物质。1987 年《蒙特利尔议定书》中提到的温室气体。含氯氟烃常用于冰箱、空调、包装材料、绝缘材料、溶剂和空气推进剂。含氯氟烃在低层大气不会受到破坏，因此会进入高层大气并在高层大气中分解臭氧。《蒙特利尔议定书》规定禁止使用损害臭氧层的化学物质，其中包括含氯氟烃。含氯氟烃目前正被其他化合物取代，包括氢氟氯碳化物（HCFCs）和氢氟碳化物（HFCs），这两种化合物都是《京都议定书》中提到的温室气体。

被排放至大气中后，含氯氟烃与臭氧（O_3）发生反应并形成游离氯原子（Cl）和分子氧（O_2），从而破坏臭氧层，影响臭氧层保护地球表面免受有害紫外线辐射的能力。臭氧分解过程中产生的游离氯可以与更多臭氧发生反应，因此含氯氟烃对环境的危害特别大。含氯氟烃可在大气中保留 100 年以上。另见：Air pollutants 空气污染物；Montreal Protocol on Substances that Deplete the Ozone Layer《关于消耗臭氧层物质的蒙特利尔议定书》；Toxic chemicals　有毒化学物质。

Chloroform (CHC$_{13}$)　氯仿，三氯甲烷（CHC$_{13}$）

主要土壤污染物。为饮用水、废水和游泳池加氯消毒的过程中会形成三氯甲烷，并释放到空气中。三氯甲烷的其他来源还包括：纸浆和造纸厂、有害废物处理场、卫生填埋场。美国环保局将三氯甲烷归入 B2 组，是一种可致癌物。另见：Soil contaminants 土壤污染物。

Chlorophenoxy　氯代苯氧基

对人体健康有害的一类除草剂。

CHP　热电联供（缩写）

热电联供。另见：cogeneration　热电联合。

Chromium (Cr)　铬（Cr）

在含有其他元素的天然矿石沉积层中存在的金属。铬也存在于植物、土壤、火山灰和天然气中。铬的最大用途是用于金属合金，例如不锈钢；还可用于金属保护涂层、磁带；油漆颜料、水泥、纸张、橡胶、地板等材料。可溶性铬可用于木材防腐剂中。

大气中的铬排放物主要有两大来源：化工制造业，天然气、石油和煤炭的燃烧。铬被排放到土地中时，铬化合物会黏着在土壤上，通常不会进入地下水。水中的铬会成为沉积物而长久保留下来。铬很可能在水生物中不断累积。

铬会损害活的生物体，对人类健康造成不利影响，而且容易在食物链中累积。《美国安全饮用水法案》规定了水的铬含量，法案要求美国环保局确定饮用水中化学物质含量的安全值。

Chronic acidification　慢性酸化

不管水文条件的各种变化，地表水仍会长期持续酸化的现象。水体长期呈现高度酸性状态，可能会影响甚至改变该生态系统中的生物和植物物种。

Circular metabolism model　循环代谢模型

在建成环境的生命周期内，基于物质流和能量流对产品、建筑结构、设施或基础设施进行的设计，整个周期从源头到最终的再利用、循环回收或重整——即从源头开始并且最终又回到源头的循环模式。生态设计的这一原则强调所有的设计都应该符合最终目标，即拆除、再利用、循环回收，最终很好地与自然环境重新整合。另见：Design for disassembly　拆卸设计。

Circulating fluidized bed　循环流化床

通过在流化床内添加粉碎的石灰石，从而减少硫化物排放的一种熔炉或反应器，同时还会降低对烟道气清除设备的需求。经过普通流化床加工后，颗粒物质被收集起来进行再循环，并且借助锅炉在内部冷却降温。硫元素和各种气体（如氧或氟）结合起来会形成有毒化学物质，还可能导致酸雨，因此，减少硫排放可使其对环境造成的不良影响降到最低程度。

Cistern　储水器，水箱

盛放液体（通常为水）的容器。设置储水器通常是为了收集和储存雨水。

CITES　《濒危野生动植物国际贸易公约》（缩写）

见：Convention on International Trade in Endangered Species of Wild Fauna and Flora　《濒危野生动植物国际贸易公约》。

Clean Air Act　《清洁空气法案》

1963 通过的美国《清洁空气法案》最初版，旨在管理和控制空气污染。目前的空气污染控制计划是根据 1970 年的《清洁空气法案》修正案制定的。1990 年的《清洁空气法案修正案》对 1970 年的法案予以修订，包括了移动源和固定源的空气污染排放标准，修正案由美国环保局执行。

欧盟为其成员国也制定了相同的目标、策略和规定。有些欧洲国家就清洁空气问题设定了自己的标准和规定。范例包括但不仅限于德国和英国。另见：Clean Air Initiative　清洁空气倡议。

Clean Air Initiative (CAI)　清洁空气倡议组织（CAI）

通过研究、技术分享和合作改善城市空气质量的国际组织。该组织与亚洲、拉丁美洲、撒哈拉以南的非洲、欧洲和中亚都有地区性合作。

Clean diesel　清洁柴油

正在形成的新概念，指较低排放水平的柴油燃料，其含硫量限制在 0.05%。

Clean energy technology　清洁能源技术

清洁能源技术指的是利用可再生能源——太阳、风、水和植物——来生产电力、热量和运输燃料。

Clean fuels　清洁燃料

能够替代普通汽油的低污染燃料。通常又被称为"替代燃料"，包括酒精汽油（酒精－汽油混合燃料）、天然气和液化石油气。

Clean Water Act　《清洁水法案》

1972 年美国国会通过《联邦水污染控制法案》，旨在控制水污染。1977 年，该法案经修订，成为众所周知的《清洁水法案》。该法使美国建立了向水中排放污染物的基本管理框架，赋予美国环保局执行污染控制计划的权力，比如制定工业废水标准。《清洁水法案》还进一步要求为地表水的所有污染物设定水质量标准。法案规定，在未经法律允许的情况下，任何人从点源向通航水道排放任何污染物都是违法的；并规定资助那些按照建设奖励计划投资建造的污水处理厂，承认需要对非点源污染造成的重要问题提出解决方案。

世界各国几乎都有保护水资源消费者的管理条例。这些条例基于联合国世界卫生组织（WHO）的建议。世界卫生组织的目标是见证世界各国的整体健康水平逐步提升。

Cleanup　清除

"清除"一词指的是在排放或有可能排放对人体和环境有害的危险物之后所做的补救行动。描述此类行动的术语还有：补救行动、清除行动、应对行动、矫正行动。另见：Brownfield site　棕地。

Clearcut　净切割

一次性将所有树木或森林砍伐完，只留下大片裸露的空地。这种行为会导致土壤受到侵蚀，土壤流入溪流和水体，导致沉淀物累积，引发洪水，致使生活在该生物区的物种混乱。

Cleavage of lateral epitaxial films for transfer(CLEFT)　传光横向外延膜解理（CLEFT）

制造价格低廉的砷化镓（GaAs）光伏电池的工艺。砷化镓薄膜在厚厚的单晶砷化镓基质上生成，然后脱离基质与电池结合；基质可重复利用，生成更多的砷化镓薄膜。砷化镓是一种高效率，低成本的太阳能电池和半导体材料。

CLEFT 传光横向外延膜解理（缩写）

见：Cleavage of lateral epitaxial films for transfer　传光横向外延膜解理。

Climate　气候

1. 地球某个位置接近地球表面的大气层的特点。气候是该地区持续时间较长的天气特征，包括该地区天气条件、季节的总体情况，也包括极端天气情况，比如飓风、干旱或雨季。决定某地区气候情况的最重要因素有两个：气温和降水。

2. 某地区较长时间内（通常 70 年以上）盛行的天气条件。

全球的生物群落取决于气候。某区域的气候条件将决定在那里生存的植物和动物。气候、植物、动物这三大部分构成了一个生物群落。

生物气候或被动式设计的基础是了解该区域的气候情况。生态设计之中应采用所有的被动式策略，然后再考虑其他低能耗设计（图17）。

Climate change 气候变化

气候变化指的是所有气候不一致的现象，尤其是一种盛行气候转变为另一种气候时发生的显著变化。有时与"全球变暖"作为同义词使用。然而，科学家所说的气候变化具有更广泛的含义，既包括气候的自然变化，也包括气候变冷。

Climate feedback 气候反馈

气候系统中各进程之间的相互作用。初始进程引起第二个进程发生变化，第二个进程又会反过来影响初始进程。积极反馈可以强化初始进程，消极反馈则会弱化初始进程。

Climate system (Earth system) 气候系统（地面系统）

对气候和各种气候变化起关键作用的五个部分：大气圈、水圈、冰冻圈、岩石圈和生物圈。

Closed-circuit system design strategy 闭路系统设计策略

对建筑物及其服务系统内的材料和能量进行管理的四大设计策略之一。该系统对周围生态体系的影响是最小的，因为建成环境内的大部分进程会尽可能地循环和回收。另见：Combined open-circuit system design strategy 联合开路系统设计策略；Once-through system design strategy 一次性直流系统设计策略；Open-circuit system design strategy 开路系统设计策略。

Closed-loop active system 闭路主动系统

太阳热能传输系统。该系统用泵

图17 全球主要气候区
资料来源: 政府间气候变化专门委员会（IPCC）

抽取传热流体（如乙二醇和水防冻剂），使其流经太阳能集热器。换热器将传热流体的热量传输给水箱中储存的水。概念与"闭环地源热泵系统"相似。

Closed-loop biomass 闭路生物质

美国《1992 年全国综合性能源法案》对该术语的定义为：专为生产能源而种植的植物产生的有机物质。闭路生物质不包括木材、农业废料和立木。

Closed-loop geothermal heat pump systems 闭环地源热泵系统

也被称为"间接系统"。水和防冻剂溶液在一系列封闭的管道内循环流动的地热系统。热量一旦被传入或传出溶液，溶液就会再次循环。循环管道可以水平或垂直地安装在地下，也可以设置在水体（例如池塘）中。

Closed-loop recycling 闭环再循环

回收废旧物品并再次用于制造同类物品，从而实现重复利用的过程。例如：将旧铝罐变为新铝罐，旧玻璃瓶变为新玻璃瓶，旧报纸变为新报纸，旧塑料袋变为新塑料袋。

CNG 压缩天然气（缩写）

见：Compressed natural gas 压缩天然气。

Coastal wetland 滨海湿地

陆地从河口向沿海岸线延伸分布的地带，一年多数时期或全年都被咸水覆盖。

Coastal zone 海岸带

从高潮线到大陆架边缘水深较浅的海洋区域。

Coefficient of performance(COP) 性能系数（COP）

供暖或制冷设备的供暖量或制冷量与该系统能耗量之间的效率比。性能系数可用来衡量供暖、制冷和冷藏装置的稳态性能或能效。COP 越高，该系统的效率越高。例如：电热供暖的 COP 为 1.0。

Coevolution 共同进化

两个或多个物种相互影响彼此的进化，并且形成新的特征或行为的过程。共同进化是应对生态系统变化的自然过程，有助于保护生物多样性。例如：某种植物的形态进化可能会影响食用这种植物的食草动物的形态，转而又会影响这一植物的进化，进而影响该食草动物的进化。

如果不同物种之间有密切的生态关系，往往会形成共同进化。上述生态关系包括：捕食者和被捕食者、寄生虫和宿主、竞争物种、互惠物种。植物和昆虫就是共同进化的典型例子，它们之间通常是互惠共生的关系，也存在其他的生态关系。许多植物及其传粉者之间相互依赖的程度很高，它们之间的关系非常独特，以至生物学家完全有理由认为二者之间如此"匹配"是共同进化过程的结果。

Co-firing electricity 共燃发电

见：Biomass electricity 生物质发电。

Cogeneration   热电联合

也被称为"热电联供"（CHP）。利用热机或发电站同时产生电能和有效热量。几乎所有的热电联合都会采用热空气和热蒸汽作为加工流体。从热力学角度来看，热电联合能够更加有效地利用燃料：热电联合的燃料利用率为70%，而普通设备只有35%。热电联合将副产物热量收集起来，用于家庭或工业供热，如产生蒸汽、热水、冷却水或压缩空气。这意味着热电联合能够以较少的燃料产生等量的有用能源。在供热需求较大的地方，比如大城镇、医院、监狱、炼油厂、造纸厂、污水处理厂和工厂，区域供暖系统通常会采用热电联合设备。

常见的热电联合设备有：1) 燃气轮机，利用燃气轮机烟道气的废热；2）为实现热电联供改装的联合循环发电设备；3) 热电联供汽轮机发电设备，利用汽轮机蒸汽中的废热；4）熔融碳酸盐燃料电池。

Collector efficiency   集热器效率

对于太阳能热系统，集热器效率是集热器收集到的太阳辐射与传入集热器（传热）流体的太阳辐射之比；也可以指入射太阳辐射（能量）与能量输出之比。

Collector, flat-plate   平板式集热器

见：flat-plate solar thermal/ heating collector   平板式太阳能集热器。

Collector, solar   太阳能集热器

见：solar collector   太阳能集热器。

Combined heat and power system (CHP)   热电联供系统（CHP）

见：Cogeneration   热电联合。

Combined open-circuit system design strategy   联合开路系统设计策略

对建筑物及其服务系统内的材料和能量进行管理的四大设计策略之一。开路和闭路系统结合，由此产生的排放物都能被生态系统吸收，从而减轻直流系统造成的环境影响。另见：Closed-circuit system design strategy   闭路系统设计策略；Once-through system design strategy   一次性直流系统设计策略；Open-circuit system design strategy   开路系统设计策略。

Commensalism   偏利共栖

生物圈中不同物种之间相互作用的一种形式。偏利共栖描述了人类与其他物种之间的关系。偏利共栖的关系中，一个物种可以受益，而对其他物种既无益也无害。另见：Amensalism   偏害共栖；Commensalism   偏利共栖；Mutualism   互利共生；Parasitism   寄生；Symbiosis   共生。

Commercial waste   商业废弃物

商业、贸易、体育、消遣、教育或娱乐等处所产生的废弃物。商业废物不包括家庭、农业和工业产生的废弃物。回收、再利用可以减少废弃物。

Commissioning   调试

建筑物的初始运行，包括测试、调整暖通空调系统、电力系统、水管设施和其他系统，以确保一切功能正

常并符合设计标准。调试还包括在建筑系统使用过程中建筑事务沟通代表人的指导内容。

Committee on the Environment (COTE) 环境事务委员会（COTE）

美国建筑师研究所委员会，致力于向业界、建筑业、学者界以及公共设计项目提出、传播和倡导将建成系统和自然系统整合，提高建成环境的设计质量和环境性能。

Complete mix digester　完全混合消化池

配有机械混合系统的一种厌氧消化池，池内温度和容量可以控制，从而最大限度利用厌氧消化过程来处理生物废料、产生沼气并控制臭气。该设施会加速有机分解和腐殖质的产生。

Composite　复合材料

通过大规模结合多种成分或形式不同的材料而制成的材料，从而形成独特的性质和特点。生态设计之中，复合材料的使用会不利于材料回收利用。

Composite mode　复合模式

综合利用适用于各个季节的不同低能耗设计方案。复合模式通常是结合了被动模式、混合模式、完全模式和生产模式，这些模式可作为低能耗设计同时发挥作用。在设计方面，复合模式取决于建成结构或基础设施内的可操作性组件，以便在特定气候条件下使用不同的系统和模式（图 18）。

Compost　堆肥

有机物有氧分解后的残留物。堆肥可以使土壤更肥沃，常用于园艺和农业中；还可以用于侵蚀防治、土地 / 溪流恢复、湿地建造以及填埋场覆盖。

Compost pile　堆肥

有机物质分解为腐殖质。

Compost system　堆肥系统

堆肥系统可以把堆肥限制在通风的区域内，经机械混合或磨碎后接触空气，还可以创造适宜堆肥分解为腐殖质的温度条件。

Composting　堆肥

微生物在有氧条件下将有机物降

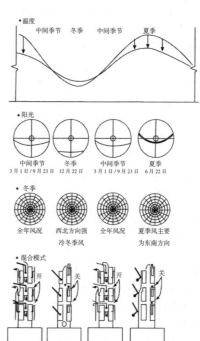

复合模式（随季节变化做出不同调整）

图 18　复合模式（随季节变化做出不同调整）

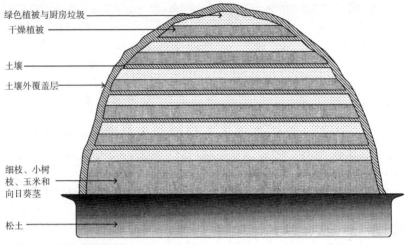

绿色植被与厨房垃圾

干燥植被

土壤

土壤外覆盖层

细枝、小树枝、玉米和向日葵茎

松土

图19　集中式生物堆肥

解的过程。堆肥是一个自然生物过程，能够减少废液的产生，并可形成有土壤改良剂作用的产物。堆肥已成为管理院子/花园废物的方法之一（图19）。

Composting toilet　堆肥式厕所

利用有氧分解过程将排泄物分解为腐殖质和无臭气体的自容式厕所。

Compound paraboloid collector　复合抛物面集热器

不追踪太阳轨迹的非成像聚光式太阳能集热器。

Comprehensive Assessment System for Building Environmental Efficiency (CASBEE)　建筑物综合环境性能评价体系（CASBEE）

日本衡量建筑物环境性能的评估工具。另见：Building Research Establishment Environmental Assessment Method　英国建筑研究院环境评估方法（BREEAM）；

Green building rating systems　绿色建筑评级系统；Green Globes　绿色地球；Leadership in Energy and Environmental Design　能源和环境设计先锋（LEED）。

Comprehensive Environmental Response Compensation and Liability Act (CERCLA)　《环境应对、赔偿和责任综合法》（CERCLA）

美国于1980年颁布的联邦法律，又在1986年进行了修订，是关于管理危险、有毒和放射性物质的清除活动的法案。依据该法案创立了基金会，被称为"超级基金"，旨在为调查和清除有害物质的排放提供资金支持。

Compressed natural gas (CNG)　压缩天然气（CNG）

可替代汽油和柴油燃料，是替代传统燃料的环保"清洁"能源。压缩天然气是将天然气进行压缩形成的，主要成分是甲烷（CH_4），比例达到70%—

98%。压缩天然气储存在结实的容器中。目前，压缩天然气用于轻型客运车、小货车、中型厢式送货车、邮政卡车、街道清洁车、公交车和校车。压缩天然气必须在 25500 千帕的高压下储存在车辆的容器内。依据每加仑汽油当量(GGE)，以压缩天然气为动力的车辆与普通燃油车辆的燃料经济性基本相等。由于储存燃料的需求，CNG 车辆所需的空间大于普通燃油车辆。CNG 是压缩气体而不是像汽油一样的液体，压缩天然气达到每加仑汽油当量需要占据更多空间。因此，体型较小的 CNG 汽车的设计很难兼顾外观和性能。

美国能源部的能量效率与可再生能源办公室（EERE）研究得出，利用天然气为汽车燃料可使非甲烷碳氢化合物的排放量减少 50%—75%，一氧化碳排放量减少 90%—97%，二氧化碳排放量减少 25%，氮氧化物排放量减少 35%—60%。

人们通常会混淆压缩天然气和液化天然气（LNG）。两者都以天然气的形态储存，主要区别在于，压缩天然气是压缩的形式，而液化天然气是液化形态。压缩天然气不需要昂贵的冷却过程和低温储罐，因此其生产和储存成本低于液化天然气。储存等量的天然气时，压缩天然气需要更大空间，还需利用超高压：20670—27500 千帕；另见：Gasoline gallon equivalent　汽油加仑当量；Liquefied natural gas　液化天然气。

Computational fluid dynamics (CFD) 计算流体动力学（CFD）

用于计算影响内部舒适条件的通风和风流动性能的分析工具。

Concentrating solar collector　聚光式太阳能集热器

又被称为"聚光器"。太阳能集热器利用反射面将阳光集中在小范围内，太阳能被吸收并转化为热量；若在太阳能光伏（PV）设备中，则被转化为电能。聚光式集热器的类型主要有：复合抛物面集热器、抛物面槽式集热器、固定反射器移动接收器、固定接收器移动反射器、菲涅耳透镜和中央接收器。聚光式光伏组件必须追踪太阳的运动轨迹，而且只能运用直射太阳光，因为散射部分无法聚焦在光伏电池上。

Concentrating solar power system (CPS)　聚光式太阳能发电系统(CPS)

收集并集中阳光中的太阳能来产生电力的太阳能发电设备。这种设备由两部分组成：一部分利用镜面集中太阳能，并将其转化为热量；另一部分将热能转化为电力。聚光式太阳能发电系统共有三种类型。另见：Dish/engine system　碟式 / 发动机系统；Parabolic trough　抛物面槽式集热器；Power tower　发电塔。

Concentrator solar cell　聚光型太阳能电池

新一代太阳能电池。聚光型太阳能电池使用棱镜－透镜系统，可在太阳能电池上集中更高强度的光线。这些系统可以追踪太阳的运行轨迹，总是利用直接辐射。抛物面槽式集热器使用反射率高的表面。另见：Parabolic trough　抛物面槽式集热器。

Conduction, thermal　热传导

相邻分子间的热量流动过程。分

子可以是同一物质内部的分子，也可以直接接触的两个物质的分子。温度较高的分子将部分能量传递给温度较低的分子，形成热传导。

Conductivity, thermal　导热系数，导热率

一段时间内由分子间直接作用引起的热传递的度量标准，导热系数受材料的弹性、区域、导热率和温差的影响。如果建成结构中使用蓄热体，蓄热体在阳光充足时吸收并储存热量，在需要时释放热量。蓄热体储存热量的能力取决于材料的导热性和传热性。

Confined aquifer　承压含水层

又被称为"自流含水层"。坚硬岩石或泥土层下的地下水层，为不透水层。通过不透水层的水井称为承压井。不透水层可以保护水源，减轻污染物渗入含水层造成污染的可能性。另见：Aquifer　含水层；Unconfined aquifer　非承压含水层。

Conservation　保护；节能

1. 维持和保护特定生态系统内的资源和环境质量。

2. 在环境方面，指的是对特定生物圈进行恰当的管理。

3. 用于描述有效的能源利用、生产或分配，能够以较低的能耗量提供相等水平的服务。

环境保护是可持续性和生态设计的基础。

Conservation easement　保护地役权

应用和实施自然资源保护的行为。

例如：土地所有者会将某一块土地的使用权等权利赋予接受者。获得地役权的接受者有权采取限制措施，但是不具备土地所有权。例如，野生生物管理机构可从私人土地所有者那里获得泛滥平原林的地役权，有助于管理野生生物和鱼类。

Conservation tillage farming　水土保持耕作法

最小限度地耕种土地以防土壤侵蚀的耕作方式。

Consumer　消费者

在环境方面，消费者是指以有生命或无生命的有机物质为食的生物体。消费者分两类：一类是大型消费者，如大型动物；另一类为小型消费者，如细菌和真菌。

Contaminant　污染物

任何对空气、水或土壤有不良影响的物理、化学、生物或放射性物质、材料。

Contaminated ecosystem　受污染生态系统

根据生态系统特点和特征来衡量的设计生境类型，受污染生态系统为棕地。另见：Brownfield site　棕地；Ecodesign site type　生态设计生境类型。

Contaminated sediment　受污染沉积物

美国环保局将受污染沉积物列为主要水污染物。沉积物主要有下列5种污染物：

• 营养物，包括含磷和含氮化合物，如氨。

- 含磷量升高，促使藻类植物大量滋生。藻类植物死亡或分解时会导致水中氧气含量减少。
- 高浓度氨，对海底生物有毒。
- 大分子有机物——碳氢化合物的一个类别，包含油脂在内。卤代烃或持久性有机物很难分解。DDT 和多氯联苯（PCBs）就属于这类化合物。多环芳烃（PAHs）包括几种石油产品和副产品。
- 金属，如铁、锰、铅、镉、锌、汞；非金属，如砷和硒。

另见：Water pollutants 水污染物。

Contamination 污染

微生物、化学物质、有毒物质、废弃物或废水进入水、空气或土壤中，这些污染物的浓度导致这些介质不适宜原来设计的用途。还适用于物体、建筑物、各种家用产品和农产品的表面。

Continuous flow energy resources 连续流动能源

连续流动能源既有直接形式也有间接形式：直接形式包括降水水流、水的潮汐效应、地热、风能、气候能源；间接形式包括光合作用能源、生物质、用作燃料的废弃产品。

Contributory value 贡献价值

捕食者－被捕食者物种给生态系统带来的间接利益。捕食者－被捕食者关系有利于保持物种的种群稳定和物种多样性。任何物种的损失都意味着生态系统总体利用价值的下降。

Convection 对流

与气体或液体等流体有关的热量流动过程。流体受热后从一个地方移动到其他地方。

Convention on International Trade in Endangered Species of Wild Fauna and Flora (CITES) 《濒危野生动植物国际贸易公约》(CITES)

20 世纪 60 年代制定的国际公约。该公约起草于 1973 年，旨在通过控制国际贸易来保护野生动植物。世界自然保护联盟的 80 个成员国签署了这项公约。《濒危野生动植物国际贸易公约》于 1975 年生效，现在已有 136 个成员国。各成员国禁止对达成共识的濒危物种进行国际商业贸易，并且对其他有可能濒危的物种的贸易进行监管。

Convergent evolution 趋同进化

不同起源的物种在相似的环境条件下生活，形成具有相似功能、外表和特性的物种的进化过程。不同物种对相似环境条件做出适应，导致它们具有相似性。这种进化保证了物种的生存和生物多样性。例如，不同种类的鱼（一种生活在南极，另一种生活在北极）拥有独特的抗冻蛋白，但是经过进化，它们的功能却相似；更显著的例子包括翅膀（蝙蝠和小鸟的翅膀）和眼睛的多样化起源。

Conversion 转换

见：Downcycling 降级回收。

Cool roof 冷屋面

太阳反照率高的屋面材料。这种材料会反射大量太阳能。冷屋顶的热辐射率也高，因此会将吸收的大部分热量释放出去。因此，屋面材料能够保持较低温度，有助于减轻热岛效应。冷屋顶有两种类型：一种用于缓坡建筑或平顶建筑（以商业建筑为主）；另一种用于陡坡建筑（以住宅为主）。多数缓坡建筑采用的冷屋顶具有光滑、明亮的白色表面，可以反射太阳辐射，减少向室内传递的热量，并且降低了夏季期间使用空调的需求。多数陡坡建筑采用的冷屋顶具有多种多样的色彩，还可以用特殊的颜料来反射太阳能。在烈日炎炎的夏日，传统屋面材料的最高温度可达到88℃。相比之下，冷屋顶可达到的最高温度仅为49℃。另见：Green roof 绿色屋顶。

Cooling pond 冷却池

用来冷却发电设备内的循环水的水体。

Cooling tower 冷却塔

用来冷却发电站用水的建筑结构。水被泵送到管状塔顶部，喷射出来落入塔中心，在下降过程中蒸发冷却，最终在发电站内回收或被排放出去。

COP 性能系数（缩写）

见：Coefficient of performance 性能系数。

Copenhagen Agreement 哥本哈根协议

1992年对《蒙特利尔议定书》的修订。另见：Montreal Protocol on Substances that Deplete the Ozone Layer《关于消耗臭氧层物质的蒙特利尔议定书》。

Cork 软木

生长在西班牙西部和葡萄牙的一种栎树（栓皮栎）的树皮。这些林区的软木产量占全球总量的80%以上。栎树林中每年可以收获软木的时间只有两个月。根据法律规定，每棵树的树皮每9年才能收割一次。一棵栎树可以活150—250年，在其生命周期内至少可收割15次。栎树可以重新生长出树皮，像竹子一样是可再生材料。软木被视为硬木地板的绿色替代方案，是一种耐用的可持续材料。

软木有独特的细胞结构和有机特点，因此踩上去柔软舒适，而且还具有抗灰、驱虫、防霉特性，还是很好的隔热、隔声材料。软木具有较高耐火性，常用于火箭技术。在建筑物中，软木可发挥其防风、吸热、隔声的特性。软木还可用于密封圈、垫圈、伸缩接头和膨胀带；甚至可以用于建筑外表面。软木颗粒可与混凝土混合。软木颗粒和水泥的混合物具有低导热率、低密度的特性，并且吸收能量的性能好。另见：Bamboo 竹。

Corn 玉米

也被称为玉蜀黍。玉米是用来生产生物质燃料（主要是乙醇）的能源作物。利用纤维素物质生产的乙醇在燃烧时排放的污染物含量低于矿石燃料。乙醇的好处之一是减少了CO_2等温室气体的排放。研究人员发现，广泛种植用于生产生物质燃料的玉米会对水造成负面影响，这是因为种植玉米需要多施氮肥并造成径流中的氮元素增加。水的含氮量高会形成缺氧区，还可能导致河流、湖泊、溪流富营养化。

玉米从粮食作物转变为生物质燃料原料可能导致全球食物短缺。研究人员建议，其他作物（如油菜籽和大豆）和纤维素植物（如柳枝稷和柳树）也可作为生物质燃料原料。

Corporate Average Fuel Economy (CAFE) 公司平均燃料经济性（CAFE）

美国国会于 1975 年制定的美国汽车燃料效率标准，平均燃料经济性以英里每加仑（MPG）为单位，是美国生产待售的轿车或轻型卡车（车辆毛重定额等于或低于 8500 磅）的加权平均值。公司平均燃料经济性是受 1973 年的阿拉伯石油禁运的影响而出现的，最初是为了提高美国出售的轿车和轻型卡车（卡车、货车、运动型多用途车）的平均燃料经济性。目标是到 1985 年底使新汽车的燃料经济性翻一番。

美国是全世界（包括中国）燃料经济性标准最低的国家。欧盟和日本的燃料经济性标准几乎是美国标准的两倍。美国国会表明，公司平均燃料经济性标准的设定必须达到"最高可行性"，包括：1）技术可行性；2）经济实用性；3）燃料经济性其他标准的影响；4）国家节能的需求。另见：Fuel economy, automobile　汽车燃料经济性；Fuel economy regulations，automobile 汽车燃料经济性法规。

Corrective action 矫正行动

见：Cleanup 清除。

COTE 环境事务委员会（缩写）

见：committee on the environment 环境事务委员会。

Cover crops 覆盖作物

为防止土壤侵蚀，收获后马上就种植的作物，常见的覆盖作物有黑麦、三叶草和苜蓿。

CPS 聚光式太阳能发电系统（缩写）

见：Concentrating solar power system 聚光式太阳能发电系统。

Cradle to cradle 从摇篮到摇篮

反思人类生活、工作、旅行、设计、建设和消费的方式，以便在高效生产的同时将废物降到最少的过程。20 世纪 70 年代，这个词由 Walter R. Stahel 创造，后因 2002 年由 William McDonough 和 Michael Braungart 出版的同名书籍而普及。在"从摇篮到摇篮"的生产活动中，所有输入和输出的材料都被视为技术或生物营养物。技术营养物可以回收再利用，且质量不受损；生物营养物可以经过堆肥分解或消耗。与之相比，"从摇篮到坟墓"是指一家公司有责任处理自己生产的产品，但是没有必要重复利用产品的组分。

Cradle-to-grave-analysis 从摇篮到坟墓分析

见：Life-cycle assessment 全生命周期评估。

Criteria air pollutants 基准空气污染物

美国环保局依据健康和环境影响规定的一组常见空气污染物。这些污染物对人体有害或有可能对人体有害。基准污染物包括：一氧化碳、铅、二氧化氮、臭氧、颗粒物质和二氧化硫。大量化合物已列为危险污染物，称作"毒性空气污染物"。另见：Air pollutants 空气污染物。

Crossdrain 横向沟渠

横穿道路建造的沟或渠，用来拦截并转移地表径流，以免达到侵蚀径流量和强度。

Cryosphere 冰雪圈

水冻结形成雪、永久冻土、浮冰和冰川。冰雪圈体积的变化会导致海平面发生变化，从而直接影响大气圈和生物圈。另见：Arctic tundra 北极冻原。

Crystalline silicon 晶体硅

一种光伏电池材料；由一片单晶硅或多晶硅制成。

Cube law 立方定律

就风能而论，在任意给定的瞬间，风中可用能量与风速的立方成正比；如果风速提高一倍，可用风能增加 8 倍。这一计算法则十分重要，对于风能的产生和影响海洋和北极冰面运动的自然风的预测都具有重要意义。立方定律忽略了实际系统因风摩擦造成的损失。根据系统的不同，指数范围在 2.7—2.8 左右。

Culvert 暗渠；涵洞

用来运载或转移下水道径流的波纹金属管或混凝土管，通常设置在道路下方，以防冲刷和侵蚀。另见：Box culvert 箱形暗渠。

Cyanide, organic and inorganic 有机氰化物和无机氰化物

化学污染物和土壤污染物。氰化物是一种碳氮化学制品，结合了许多有机化合物和无机化合物。最常用的形式是氰化氢，主要用于生成制造尼龙、其他合成纤维和树脂所需的化合物。其他氰化物用作除草剂。多数氰化物的排放来自钢厂和金属热处理厂。研究表明，氰化物可能对人体有害。另见：Soil contaminants 土壤污染物。

D

Darrieus wind turbine 达里厄风力机

用于发电的一种垂直轴式风力涡轮机。具有翼型叶片，垂直安装在转轴或骨架上。其由法国航空工程师乔治·达里厄（George Darrieus）发明，并于 1931 年获得专利。

理论上，如果风速恒定，则其效率应该与螺旋桨型风力机相当。然而在实践中，由于实际设计和风速变化所致的物理应力和局限性，其效率有所下降。如何使其免受极限风天气的损坏，如何实现自启动，我们在这些方面还面临着许多困难。另见：Horizontal-axis wind turbine 水平轴式风力机。

Daylighting 采光，日光照明

用日光代替人造光（需消耗电能）的被动式和主动式生态设计策略。在被动模式下，门窗布局可为空间内增加漫射光，通常需采用悬架及其他结构构件来阻挡阳光直射，同时允许漫射光进入空间。光架、光导管和全息玻璃可改善进入内部空间的光照水平。在主动模式下，采用人工照明，在照明设施上添加自动控制设备，例如设置两路开关，从而提高或降低照明设施的亮度，使特定区域维持预设的亮度水平。采光可采用垂直门窗设计，天窗、管状光导管、光架、以及多种扩散方法。另见：Light pipe 光管；Light shelf 光架；Tubular skylight 管状天窗。

DCE 二氯乙烯（缩写）

见：Dichloroethylene 二氯乙烯。

DDC 直接数字控制（缩写）

见：Direct digital controls 直接数字控制。

DDT 二氯二苯三氯乙烷，双对氯苯基三氯乙烷，滴滴涕（缩写）

见：Dichloro-diphenyl-trichloroethane 二氯二苯三氯乙烷。

Debris flow 泥石流

土壤、岩石、有机碎屑与水的混合物快速下移到陡峭的河道。

Debt-for-nature swap 以债务替换自然资源

促进环境保护的方法。替换过程由一个组织（通常为非政府组织）购买欠发达国家的外债。交易过程中，该国使用环境基金制定环境保护方案。1984年，世界野生动物基金会创建了"以债务替换自然资源"的方案，目的是应对发展中国家的环境开发。中美洲最先开始执行该方案。目前，中美洲、南美洲、非洲都有此类项目。

Decibel (dB) 分贝（dB）

声音强度的度量单位。按照分贝标度，可听见的最小声音（接近完全安静）为0dB。强度增加10倍的声音为10dB。强度比完全安静增加100倍的声音为20dB。强度比完全安静增加1000倍的声音为30dB。

分贝等级（dB）：

接近完全安静	0
耳语	15
树叶沙沙声	40
正常交谈	60
城市交通，汽车	70
真空吸尘器	80
剪草器，摩托车经过	90
雷声，电锯声	100
汽车喇叭声	110
摇滚音乐会，喷气式发动机	120
枪击声，爆竹	140

另见：Noise pollution 噪声污染。

Deciduous 脱落性的；非永久性的；落叶的；落叶植物

植物或动物每年脱落的部分，如树木或植物的叶子或鹿角。北美洲、南美洲、欧洲、亚洲、澳洲、非洲都存在落叶树和落叶林。落叶林定义为在主要生长季末期多数树种会脱落树叶的树林。落叶林具有独特的生态系

统，林下生长和土壤动力学。

全球有两大类落叶树和落叶林。1）美洲、亚洲和欧洲的温带落叶林生物群落。这类落叶林的生长气候条件中季节性温度变化很大，树木在温暖的夏季生长，秋季落叶，在寒冷的冬季休眠。这些季节性群落有多种多样的生命形式，并且受气候季变性（主要是温度和降雨率）影响。这些生态条件不断变化并且具有区域性差异，会使不同区域形成独特的森林植物群落；2）南美洲、非洲和亚洲的热带、亚热带纬度地区存在热带和亚热带落叶阔叶林生物群落。这类落叶林的生长应对的是季节性降雨模式，而非季节性温度变化。在长期干旱的时期，落叶是为了节约水分，防止植物因干旱而死亡。在温带气候中，落叶并不取决于季节，而是可以在一年中的任何时间发生，并且在世界各地均有不同。

Decompose　分解

在生态系统中，"分解"指的是通过细菌或真菌活动分解有机物的过程。生态设计之中，在一定的现在条件下，"分解"这一概念可用于封闭材料的循环过程，使其通过生物整合回到自然环境中。

Decomposer　分解体

将死亡的有机分子分解成更简单有机分子的生物体。细菌和真菌都是分解体。生态设计之中，分解体可封闭生态系统的循环。

Deconstruction　拆解

一项生态设计策略，按照此策略设计的新建筑结构或产品可以在其使用寿命结束时进行拆解或选择性拆除。拆解包括建筑结构或产品各部分的再利用、再制造和循环再造。生态设计之中，拆解是指拆卸设计。

Dedicated natural gas vehicle　单燃料天然气车

仅以天然气为燃料维持运行的车辆。不仅可以减少排放量，还可以延长发动机使用寿命。

Deep ocean sequestration　深海储存，深海隔离

减少对环境有不利影响的碳排放的一种方法。将捕获的二氧化碳（CO_2）注入深海中，使之与大气隔离数百年。这项技术可将 CO_2 直接注入海洋深处，研究人员还需研究该技术与海洋生态系统之间的相互作用，及其带来的生物、物理、化学影响。

Deep plan　深度规划

对位于核心区域且远离外窗的建筑结构进行的建筑设计。与浅度规划建筑相比，深度规划建筑的采暖成本可降低 50%，但其房屋进深较深处接收的自然采光较少。一般来说，平面布局中两窗之间的距离应不超过 15 米，这样室内空间最深处也能够获得自然采光。空调负荷最低的核心类型为双核心配置，其中，开窗方向是自北向南，核心走向是自东向西。

Deep saline aquifer　深度咸水层

透水性材料构成的深度地下岩层构造，含有很高盐分的流体。

Deforestation　森林砍伐

导致林业用地转换为非林业用途的活动或过程，通常包括成熟生态系统的瓦解和破坏。研究人员认为，森林砍伐将通过两个途径增加温室效应：1）木材的燃烧或分解释放二氧化碳（CO_2）；2）可去除大气中 CO_2 的树木不复存在。生态设计之中，只有在不具有生态敏感性的陆地上才会进行森林砍伐。

Degasification system　除气系统

健康安全措施。去除煤层甲烷的一种方法，煤层甲烷无法采用标准通气机去除，容易对煤矿工人的健康造成重大危害。除气系统应运用于采矿活动之前或期间。甲烷回收还可减少大气中温室气体的形成。

Degradable plastics　可降解塑料

见：Biodegradable plastics　生物降解塑料。

Degree day　度日

"度日"一词用于表示设备的供暖负荷或制冷负荷。当一天的室外温度比参考值（通常为65℉）低1℉时就是一个热度日（HDD）。日常热度日可累计一年，即一年的总热度日。冷度日（CDDs）可通过同样的方法确定。常用于表示某地理区域全年的供暖或制冷需求量。

Delineation of designed system's boundary　设计系统边界划定

在场地相关设计中，设计边界不仅仅意味着法律界限——场地本身的土地所有权边界。生态设计和生态规划边界是指其生态系统所处的自然范围，道路、公用设施以及各种建筑物的设计都在此范围内进行。

生态设计的关键因素是这些结构对生态群落的影响，例如沉积物区域、营养和能源。

Delta　三角洲

河口处形成的泥沙沉积。

Demography　人口统计学

按照不同类别研究人口的学科，例如人口密度、人口规模、增长、年龄分布、社会经济特征。另见：Human population　人口。

Dense nonaqueous-phase liquid (DNAPL)　重非水相液体（DNAPL）

比重大于1.0的非水相液体，如氯化烃溶剂或石油分馏物，液体将渗透水柱直至抵达隔水层。由于重非水相液体位于蓄水层底部，而不是浮在水平面上，所以它的存在很难探测到。

脱脂作业、地下处理和地下贮油罐泄漏均可造成 DNAPL 污染物。DNAPL 污染物转移到水平面时可能影响地下水质量。另见：Light nonaqueous-phase liquid　轻非水相液体；Nonaqueous - phase liquid　非水相液体。

Department of Energy　能源部

美国1977年8月4日由卡特总统立法成立的内阁部门，其职责是统一制定、管理和调节美国的能源政策。

Depletion zone　损耗区域

见：Cell barrier　电池障壁。

Deposition　沉降，沉积，沉淀

大气沉淀是较重的化学成分在大气中沉积下来并落在地球表面的过程。包括降水（湿沉降，例如雨、雪、雾）、微粒和气体沉淀（干沉降）。大气中的一些化学物质成为酸雨成分。

Depuration　净化

利用可控的水生环境为处理过程，减少水生有壳类动物内可能存在的致病生物体数量的过程。

DER　分布式能源（缩写）

见：Distributed energy resources 分布式能源。

Derived-from rule　衍生规律

指的是有害废物的存储、处理过程中产生的废物同样具有有害性。

Desertification　荒漠化，沙漠化

因气候变迁和人类活动等因素导致干旱、半干旱、半湿润干旱地区土地退化。《联合国防治荒漠化公约》（UNCCD）对土地退化的定义为：干旱、半干旱、半湿润干旱地区的生态或经济生产率下降，雨灌农田、灌溉农田、牧场、森林、林地的复杂性下降，原因可能是土地利用以及某个或多个进程，包括人类活动和栖息地变迁的过程，例如：1）风或水导致的土壤侵蚀；2）土壤的物理、化学、生物或经济特性退化；3）长期缺失自然植被。

Desiccant　干燥剂，去湿

用于使空气干燥或脱水的材料。

Desiccant cooling　除湿制冷，干燥剂制冷

利用干燥材料，例如硅胶和某些盐类除湿。除湿制冷系统既能除湿又能降低空气温度。另见：Solar cooling 太阳能制冷。

Design for disassembly (DFD)　拆卸设计（DFD）

通过设计使结构组件允许并便于拆卸、拆除，以便在其使用寿命期结束时继续重复使用、回收和重整。生态设计之中，拆卸设计可能使建成环境中材料使用的循环过程封闭。模块协调和预装建筑构件的材料采用的是机械连接而非化学键接，促进了拆卸设计的应用。

Designer bugs　设计菌

常用于指代由专业人员培养的微生物群，用来在有毒废料堆或地下水等源头处降解特定的有毒化学物质。

Detention basin　滞洪区

滞洪区是用于收集地表径流而在土地上挖掘的区域，目的是让排水区域的流出量保持稳定。滞洪区是小型贮水塘，可使暴雨径流减速，防止地面泛流，还可以使地表水返回地下水。为实现可持续排水设定的生态设计总平面设计策略，为施工场地提供水利基础设施。另见：Bioswales　生态调节沟。

Dew point temperature　露点温度

空气中的水分开始凝结的温度。

DFD 拆卸设计（缩写）

见：Design for disassembly 拆卸设计。

Diazinon 二嗪农（杀虫剂）

美国环保局于 1986 年提出禁止使用的杀虫剂。二嗪农具有毒性，因此不能在草地、高尔夫球场等开放区域使用，但其农业、家庭或商业用途尚未受到禁止。

Dibenzofurans 二苯并呋喃

见：furans 呋喃。

Dichloro-diphenyl-trichloroethane (DDT) 二氯二苯三氯乙烷，滴滴涕（DDT）

DDT 具有毒性，在环境中具有持久性，并且能够在食物链中积累。美国环保局于 1972 年提出禁止使用这种杀虫剂。其半化期长达 15 年，并且易在一些动物的脂肪组织内累积。

Dichloroethylene (DCE) 二氯乙烯（DCE）

有毒化学污染物；不会在环境中自然生成的工业化学制品。又被称为 1，1-二氯乙烯。DCE 通常作为有机化学物质合成的中间体，用于生产聚氯乙烯（PVC）共聚物。DCE 常用于制造某种塑料，如软质薄膜食品包装及包装材料；也可用作纤维和地毯垫面的阻燃涂层。DCE 可能导致呼吸道问题，损害神经系统、肝脏和肺。生态设计中应避免使用该物质。另见：Toxic chemicals 有毒化学物质。

Diffuse solar radiation 漫射太阳辐射

通常来自多个表面反射形成的光线。太阳辐射强度降低为 R^2 的倒数，其中 R 表示与太阳之间的距离。另见：Direct solar radiation 直接太阳辐射；Solar radiation 太阳辐射。

Diode 二极管

允许电流以相同方向流动（正向偏压）并抑制其以相反方向流动（反向偏压）的电子设备。多数二极管由半导体 p-n 结构成。p-n 二极管中，普通电流从 p 型端（阳极）流向 n 型端（阴极），若反向流动则较为困难。另一种半导体二极管——Schottky 二极管，由金属和半导体连接形成，而不是由 p-n 结构成。当反向偏压达到指定电压时，雪崩二极管和稳压二极管可以反向偏压方向导电。另见：Avalanche diode 雪崩二极管；Schottky diode Schottky 二极管；Zener diode 稳压二极管。

Dioxin 二噁英

四氯二苯并对二噁英。通常在燃烧、氯漂及其他化学制造过程中产生的人为毒素。是毒性较强的人造化合物之一，对人体健康和环境有害。有 75 种化合物归入二噁英的类别。另见：Toxic chemicals 有毒化学物质。

Direct carbon fuel cell 直接碳燃料电池

基于直接碳转换过程的新型燃料电池。碳末颗粒通过电化学反应与氧分子结合生成二氧化碳和电。碳燃料来源广泛，可以是任何类型的碳氢化合物，包括煤、褐煤、天然气、石油、焦炭、生物质。直接碳燃料电池以碳为燃料，而不是氢。氢作为电池反应的副产物被排放出去，并且可能被收集起来用于单独的氢燃料电池。效率可高达64%。碳燃料微粒可通过碳氢化合物热解产生；炭黑通过热分解法产生，用于制造轮胎、墨水及制造业其他用途。由于直接碳燃料电池为高温电池，最佳用途是固定型应用，尤其是与热电联供相结合，废热能源也可以得到有效利用。

直接碳燃料电池技术由美国Lawrence Livermore 国家实验室开发。这项技术采用极为细微的碳末微粒，微粒直径为10—1000纳米，在750—850℃高温下分布在熔化的锂、钠或碳酸钾混合物中。总电池效率预计可达到70%—80%，供电值为1千瓦/米^2，足以满足实际应用。另见：Fuel cells 燃料电池。

Direct cooling　直接冷却

通过各种方法和设备进行冷却的过程，例如：避免直接太阳能得热，从而将热量隔离在外面；采用遮阳屋顶和悬架；利用翼墙和植被；通风；地下构造；蒸发冷却。

Direct current (DC)　直流电 (DC)

直流电为通过下列途径生产的电力：1）电池，静电和闪电；2）高压电。

1. 直流电最常用于低电压用途，尤其是利用电池或太阳能系统供电的情况（两者均只产生直流电）。多数汽车采用直流电，尽管发电机是交流设备，需利用整流器生产直流电。多数电子电路需采用直流电源。燃料电池的用途中，将氢和氧混合并添加催化剂来生产电力，水为副产物，生产的电力仅为直流电。在低电压用途中，电压会生产并储存直到电路连接。电流方向一致时，电流以特定的恒定电压流动。例如，直流电通常为下列设备供电：手电筒、小型收音机、便携式CD播放机，以及任何类型的便携式或电池供电设备。车用蓄电池电压是人们常用的较高的直流电压，约为12伏。

2. 高压直流电（HVDC）常用于远距离点对点电力输送和海底电缆，电压为数千伏至一兆伏。因此，尽管交流电（AC）系统更为常见，但是传输大量电力通常采用直流电力输送系统，而不是交流电系统。高压输电可减少电线电阻造成的能源和功率损失。电路的功率和电流成正比，电线上以热量形式流失的功率与电流的平方成正比。功率也与电压成正比，如果给定功率等级，较高电压可抵消较低电流。因此电压越高，功率损失越小。通过降低电阻也可减少功率损失，然而常用的方式是增大导体直径，这样也会增加导体重量和成本。高压电不可轻易用于照明和发动机，因此传输电压必须降低至与终端能耗设备兼容的电压值。仅以交流电维持运作的变压器是改变电压最有效的方法。高压直流电的优点是能够远距离运输大量电力，并且其投资成本较低，传输损失也低于交流电。根据电压等级和结构细节，大约每1000千米损失3%。高压直流输电可有效利用远离负荷中心的能源。高压直流电的每根导线可承载更多电力，按照给定的额定功率，直流线路恒压低于交流线路峰值电压。

阿根廷和巴林岛既使用交流电也使用直流电；印度、马得拉岛和南非的某些地区使用直流电。除上述国家以外，其他所有国家的家庭和企业仅采用交流电。另见：Alternating current 交流电。

Direct digital controls (DDC)　直接数字控制（DDC）

通过程序来控制供暖和制冷功能的计算机软件。这些程序可提高机械系统效率。例如，直接数字控制系统可以经过编辑，从而在入住率低的情况下减少空气流动。

Direct-fired or conventional steam electricity　直燃式或传统蒸汽发电

见：Biomass electricity　生物质发电。

Direct gain　直接得热

阳光不受拦截直接进入空间时产生直接得热。温室、太阳能地板／墙壁系统和天窗都存在直接得热。

Direct heat pump system　直接热泵系统

见：open-loop geothermal heat pump system　开环地源热泵系统。

Direct irrigation　直接灌溉

利用植物附近的排放器释放少量水分进行灌溉的地表洒水系统。

Direct methanol fuel cell (DMFC)　直接甲醇燃料电池（DMFC）

一种燃料电池。直接甲醇燃料电池生产电力时无须任何活动部件，不需要任何燃料，不发生燃烧，也不产生废料或有害污染物，却能够显著提高发电效率。直接甲醇燃料电池利用纯甲醇发电，混合蒸汽，直接向燃料电池阳极供电。虽然直接甲醇燃料电池的能量密度低于汽油或柴油，但是甲醇的能量级高于氢，与采用氢的燃料电池相比，DMFCs没有过多的燃料储存问题。DMFCs与可逆式质子交换膜燃料电池相似，均采用聚合物膜为电解质。然而，DMFC的阳极催化剂本身就会吸取液态甲醇中的氢，无需使用燃料转化炉。此类燃料电池通常在49—88℃温度条件下运行，效率预计约为40%。温度越高，可能达到的效率也越高。

与利用纯氧发电的其他燃料电池相比，DMFCs是较为新颖的电池类型。潜在用途包括交通运输、手机和笔记本电脑的便携式电源，仪表设备和车辆的辅助电源，作战人员和战场的电池更换。另外，与传统内燃机相比较时会发现，燃料电池系统效率提高会减少燃料消耗，减少标准污染物和一氧化碳（导致全球气候变暖的重要因素）的排放。另见：Fuel cells　燃料电池。

Direct radiation　直接辐射

以直线轨迹从太阳照射到地球表面，并且散射量最小的光线。

Direct solar gain　直接太阳能得热

也称为太阳辐射得热或被动太阳能得热。是指由于太阳辐射导致空间、物体或结构的温度升高。太阳能得热量随着受太阳暴晒程度的增加而增加。

利用太阳能得热进行被动式或主动式
太阳能供暖,从而减少对煤、石油等
不可再生能源的依赖。

Direct solar radiation　直接太阳辐射

太阳直接发出的阳光,材料吸收
太阳辐射后会导致温度升高。经物质
吸收后,辐射会以较长红外波长的
形式再次形成热辐射。另见: Diffuse
solar radiation　漫射太阳辐射; Solar
radiation　太阳辐射。

Dish/engine system　碟式 / 发动机系统

一种聚光式太阳能发电系统,以阳
光为燃料生产电力的发电机,而不是以
天然气或煤为燃料。该系统的主要部件
有: 1) 太阳能聚光器,收集来自太阳的
直射光束能量,将能量聚集在接收碟的
一个点上; 2) 电源转换器,由热接收器
和发动机 / 发电机组成。热接收器吸收
集中的太阳光束,将其转化为热量,并
将热量传递给发动机 / 转换器。

Disinfection by-products　消毒副产物

美国环保局列出的主要水污染物
之一。为防止致病菌污染饮用水,自
来水公司通常会添加消毒剂,例如氯。
然而,某些致病菌对传统消毒方法具
有很高的抵抗力,如隐孢子虫。消毒
剂本身会与水中自然产生的物质发生
化学反应,形成可能危害健康的副
产物,如三卤甲烷和卤乙酸。另见:
Water pollutants　水污染物。

Disposable　一次性使用的

使用后即可丢弃的物品,很少或
根本不需考虑回收或与生态系统重整。

生态设计之中,"一次性用品"是指建
成环境现有物料流的一部分物料经提
取、处理加工后使用以及寿命结束后
即被丢弃。一次性用品和一次性材料
增加导致填埋物、废物和污染物增加。
生态设计的目标之一是避免使用一次
性材料,力图回收利用所有材料,使
其重新融入自然环境。

Dissolved oxygen　溶解氧

水中存在的氧气,对鱼类和水生
生物至关重要。溶解氧的含量是衡量
水体维持水生生物生存的能力的一项
指标。

Distillate fuel　馏分燃料

通常指的是常规蒸馏作业中产生
的石油组分。主要用于室内供暖、柴
油机燃料(包括铁路柴油机和农业机
械设备所需燃料)和发电。常用的产
品型号有: 1 号、2 号、4 号燃料油; 1 号、
2 号、4 号柴油。

Distributed energy resources (DER)　分布式能源(DER)

可与能源管理和存储系统结合的
各种小型模块化发电技术,不论是否
与电网相连,均可提高电力输送系统
的工作性能。

District heating　集中供暖, 区域供暖

通过管道将蒸汽或热水从中央锅
炉房或供电 / 供热装置运输给建筑群,
以便用于室内供暖或热水供应的一种
供暖系统。普遍认为,集中供暖系统
比独立供暖系统更能有效地利用能源。
另见: Cogeneration　热电联合。

Diurnal shifts　每日变化

昼夜温度之间的差值。

Diversion power plant　引水式水电站

水力发电站的三种类型之一。另见：Hydroelectric power plant　水力发电站；Impoundment power plant　蓄水堤发电站；Pumped storage plant　抽水蓄能电站。

Diversity　多样性

见：Biodiversity　生物多样性。

DMFC　直接甲醇燃料电池（缩写）

见：Direct methanol fuel cell　直接甲醇燃料电池。

DNAPL　重非水相液体（缩写）

见：Dense nonaqueous-phase liquid　重非水相液体。

Dobson unit　Dobson 单位

大气中臭氧含量的度量单位。

DOE-2 computer simulation model　DOE-2 计算机模拟软件

美国能源部（DOE）开发的计算机模拟软件，用来模拟建筑每小时的能源消耗量。自 20 世纪 70 年代发行以来，DOE-2 已成为全球计算机模拟的主要软件。最新研发的模拟分析软件 Energy Plus 是继 DOE-2 以来的又一次成功。另见：Energy Plus（软件名）。

Dopant　掺杂剂，掺杂物

在纯半导体材料中添加的少量化学元素（杂质），以改变该材料的电力性能。n 型掺杂剂带有电子；p 型掺杂剂可创造电子空位（空穴）。

Doping　加入掺杂剂

为半导体添加掺杂剂的过程。有意为高纯半导体（有时也称为固有半导体）添加杂质的过程，目的是改变其电力性能。杂质取决于半导体类型。另见：Semiconductor　半导体。

Dose-response function　剂量响应函数

对生物体或系统的影响（生物体或系统的反应）与生物体 / 系统接触的材料量（剂量）之间的关系。常用于污染控制。

Double envelope　双层外墙

为节能设计的构造。将房屋六个外部面中的四个（北墙、南墙、屋面和地板）用空气间层包围处理。利用所谓外壳包围空气间层，这里的外壳是指建造屋顶、北墙、南墙的材料和地板下方暴露的土地。东墙和西墙为单层墙。另见：Building envelope　建筑围护结构；Thermal envelope house　热围护结构住宅。

Double-layered façade system　双层立面系统

生态设计中常用的混合模式，部分使用机械和电气系统，部分使用可再生能源。双层立面系统覆盖着双层玻璃——在防风雨膜外设置双层玻璃幕墙。这样可以收集暖空气，从而降低能耗量；在温和的天气里，使微风进入室内；在无风天气里，可产生自

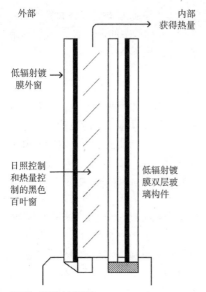

外部　　　　　　　　内部
　　　　　　　　　　获得热量

低辐射镀
膜外窗

日照控制
和热量控
制的黑色
百叶窗

低辐射镀
膜双层玻
璃构件

图20　双层立面系统

引风作用和虹吸作用，实现通风目的。透风的双层玻璃还设置了中间遮阳设备，使大部分入射太阳辐射穿过外层玻璃，折回室外空间。吸收的太阳辐射转化为"显热"，经辐射后回到内外玻璃层之间的夹层（图20）。另见：Mixed-mode design　混合模式设计；Stack effect　堆积作用。

Downcycling　降级回收

一种材料经回收利用成为另一种质量较差的材料。例如某个等级的塑料经回收利用后成为较低等级塑料制品；或混凝土经回收利用成为较低等级骨料。William McDonough 和 Michael Braungart 所著《从摇篮到摇篮：重塑我们的生产方式》（2002）使这一术语得到广泛应用。Pilz GmbH 公司的 Reiner Pilz 和 Salvo Llp 公司的 Thornton Kay 于 1993 年首次使用

术语"降级回收"，同期提出术语"升级回收"。在生态系统的材料循环流动中，降级回收是指某个生物体的废弃物成为另一生物体的食物。另见：Upcycling　升级回收。

Drainage basin　流域盆地

见：Catchment basin　集水盆地。

Drainback system　回流系统

一种主动式太阳能热水系统。回流系统利用水为传热流体，是在常压下工作的闭环系统（图21）。该系统利用泵使水在集热器内循环。当泵停止工作时，集热器环路中的水排入储水箱，因而，即使在较为寒冷的气候条件下，该系统也能运作良好。

Dredged material　疏浚弃土

主要水污染物。疏浚工程是清除湖泊、河流、港口和其他水体底部物料的工程。多数疏浚工程的目的是保持航道、锚地和停泊区畅通，保障过往船只通行安全。污染区的疏浚是为了减少人类和海洋生物接触污染物，同时避免污染物扩散到水体的其他区域。城市和工业区域内部及其周边的沉积物往往受多种污染物污染。这些污染物从点污染源（比如合流下水道溢出，市政和工业排放与泄漏）或非点污染源（比如地表径流和大气沉积物）进入水道。另见：Water pollutants　水污染物。

Drinking water standards　饮用水标准

管理机构为保护公众健康设立的标准。饮用水的度量标准包括水中的

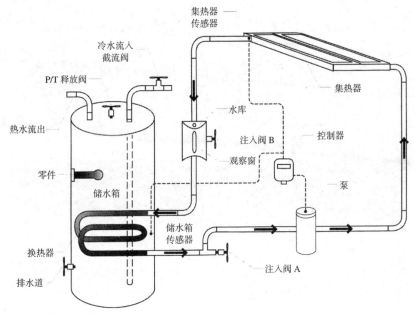

图 21　回流闭环系统

悬浮微粒含量、水的透明度、味道，对健康有害的微生物含量限度。

Drip irrigation　滴灌

也称为微灌。利用塑料管道网在低压条件下向植物输送小流量水流的技术。所供水流比喷灌速度慢得多，水量也小得多。该系统可使土壤中的空气和水保持平衡，为植物根部提供水分。滴灌法可使农作物和建筑内的花盆有效获取水分。生态设计之中，滴灌可将用水量降至最低，而使用水效率达到最高。非常适用于自动洒水装置。

Dry bulb temperature　干球温度

用标准温度计测量的气温。测量的准确性和清晰度取决于确定温度的传感器。

Dry cell　干电池

有圈闭电解质的电池。干电池组可用于收音机、计算器、玩具、手表、起搏器、助听器等。由于一次电池不能充电，干电池没电后往往被丢弃。干电池的化学和金属部件会污染并破坏垃圾填埋场以及其他废弃物储存库。

Dry deposition　干沉降

酸雨的一种形式，由含有酸性化学物质的粉尘或烟气组成，天气干燥时降落至地面。干沉降的气体和颗粒物粘在地面、建筑、住宅、汽车、树木和街道上，可能经雨水冲刷进入径流，也可能被风吹走。

Dry rock geothermal energy　干岩型地热能

通过抽取流经高温岩石的水来提

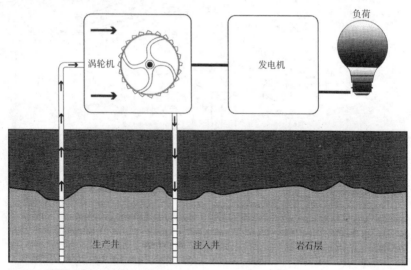

图 22a　干蒸汽发电设备原理图
资料来源: 美国国家可再生能源实验室

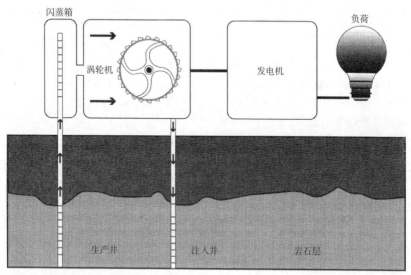

图 22b　闪蒸汽发电设备原理图
资料来源: 美国国家可再生能源实验室

取地热。

Dry scrubber 干式洗涤器

空气污染控制装置。

1. 过滤并收集气流中的颗粒物质的砾石层。

2. 在二氧化硫中加入化学物质，形成可被收集和清除的固体颗粒物，从而去除二氧化硫的过程。另见：Scrubbers 洗涤器。

Dry steam geothermal power 干蒸汽地热发电

三项主要地热发电技术之一。干蒸汽发电设备（图 22a）利用温度非常高 (>235℃) 的蒸汽进行发电。蒸汽直接通过管道进入涡轮机，带动发电机旋转发电。期间会有少量二氧化碳、氧化氮和硫排放出来。干蒸汽发电设备是最早的地热发电设备，于 1904 年在意大利首次投入使用（如图 22a 和图 22b）。另见：Binary cycle geothermal power 双汽循环地热发电；Flash steam geothermal power 闪蒸汽地热发电；Geothermal power technology 地热发电技术。

Dry toilet 干厕，旱厕

见：Eco-toilet 生态厕所。

Dual-fuel vehicle 双燃料汽车

也被称为"两用燃料汽车"或"灵活燃料汽车"。结合使用替代燃料和普通燃料维持运行的汽车。在同一燃料箱中装有汽油或柴油与替代燃料混合物的汽车是双燃料汽车。既能使用替代燃料又能使用普通燃料的汽车，或同时使用两种燃料系统的汽车都是双燃料汽车。另见：Hybrid engine 混合式发动机。

Dust-to-dust energy cost 全生命能源成本

见：Life-cycle Assessment 全生命周期评估。

E

E10

一种替代燃料——酒精 - 汽油混合燃料，由 10% 酒精和 90% 无铅汽油构成的酒精混合物。

E85

一种替代燃料，变性燃料乙醇与汽油或其他碳氢化合物的混合物含量通常多达 85% 的燃料混合物。如果乙醇不变性，乙醇 / 汽油混合物的含量为 70%—83%，汽油 15%。E85 燃料在巴西和瑞典得到广泛使用，在美国也越来越普遍，尤其是在中西部地区，因为中西部地区的主要农作物玉米是生产乙醇燃料的主要源材料。爱尔兰 Maxol chain 的多数地区也采用 E85。

E93

含有 93% 变性乙醇和 5% 汽油的

乙醇混合物。

EAHE (EAHX) Earth-air heat exchanger。 土壤–空气换热器（缩写）

Earth berm   预留土堤
见：berm   护堤。

Earth cooling tube   土壤冷却管
收集土壤热量或向土壤释放热量的地下换热器回路。土壤冷却管利用土壤接近恒定的地下温度来加热或冷却空气或其他流体，常用于住宅、农业或工业用途。

土壤冷却管是较长的地下金属管或塑料管，空气可以经过此类管道抽取出去。空气经过管道时，部分热量流失到土壤中，最终进入室内的空气温度较低。利用流动空气为制冷机制的方法可以降低对空调等大型机电制冷系统的需求。土壤冷却管是对常规集中供暖或空调系统的补充，要使空气流动仅需提供鼓风机即可。在温暖湿润的地区，湿气可能在管道中凝结，形成霉菌容易滋生的环境。

建筑内的空气被吹入换热器以便进行热回收通风，在欧洲被称为"埋地管道"（又名"土壤冷却管"或"土壤供暖管"）；在北美洲被称为"土壤-空气换热器"（EAHE 或 EAHX）。此类系统还有其他名字，包括：空气-土壤换热器、土壤管道、土渠、土壤空气隧道系统、地面管式换热器、火坑式供暖、地基土换热器和地下通风管。另见：Earth tube   埋地管道。

Earth-coupled ground-source heat pump   土壤耦合地源热泵
一种地源热泵，利用埋在地下的密封水平管或垂直管为换热器，使得流体在管道内循环流动从而传递热量。能源研究表明，地源热泵可使效率显著提高：供暖模式下效率提高 50% 以上，制冷模式下效率提高 20% 以上。

Earth sheltered design   覆土设计，掩土设计
利用土壤为建筑热系统主要部件的设计方案。利用土壤来调节温度的方法主要有三种，直接系统、间接系统和独立系统：1）直接系统中，建筑围护结构与地面相接，通过建筑构件（主要为墙体和地板）传导热量，从而调节内部温度；2）间接系统中，使空气流经土壤（例如采用埋地管道）从而调节建筑内部的温度；3）独立系统利用土壤温度来调节冷凝盘管温度，从而提高热泵效率。地源热泵就是独立系统的范例。覆土住宅通常采用混凝土建造，具有高热质量。冬季期间，被动式太阳能可以使热质量升温，从而维持舒适水平。覆土住宅的维护和运营成本通常较低。另见：Earth tempering   土壤调温；Underground home   地下住宅。

Earth tempering   土壤调温
将土壤作为结构能源系统的一部分。另见：Earth sheltered design   覆土设计。

Earth tube   埋地管道
将空气引入覆土住宅的方法。地

温较低，通过埋置在地下的管道可将引入室内的空气温度降低。室外空气被风机或经过自然对流而引入管道。在温暖湿润的地区，湿气可能在管道中凝结，形成霉菌滋生的环境。另见：Earth cooling tube　土壤冷却管。

Ecocell　生态细胞，生态透水砖

按照一定间隔嵌入建成结构的插槽和开口组成的建筑生态设计元素，贯通所有楼层，使得建筑的生态学特性从最高层面到最低层面实现垂直整合。插槽和开口形成细胞状空隙。这些细胞状空隙形成螺旋式溜槽，将日光引入建成结构内部，同时可以收集并重复使用雨水，让植被通过建成结构最顶层屋面进入内部，为建成结构内部提供自然通风，还为回收利用系统提供空间。建成结构内可以有一系列生态细胞，可贯穿从屋顶平台到地下室的所有楼层。生态细胞还可以在水平方向进行整合（图 23）。

Ecodesign　生态设计

也被称为"可持续设计"、"人类建成环境生态设计"、"绿色建筑设计"、"绿色设计"。通过生态拟态对生态系统的进程和不可再生资源进行综合管理应用。生态设计的主要目标有：将指定地区的建成结构和基础设施与当地的生态系统特点和进程实现物理和机械整合；防止能源、水、原材料资源枯竭；防止设备和基础设施导致环境恶化；使建成环境和自然环境实现生物整合。通过与自然环境的生命进程实现物理、系统和时间的整合，使设计成果对环境造成的破坏性最小的设计都属于生态设计。生态设计有六项重要原则。

• 将设计系统的无机物质与生物质整合，以此平衡生态系统的生物组分和非生物组分。

• 通过利用生物气候设计、采光、自然通风、被动式太阳能系统、主动墙、互动墙以及屋顶花园，降低对非可再生能源的依赖性并且提高能源利用效率。建筑物内的自动化系统可以提高建筑环境系统的能源效率。

• 通过使用可以回收利用的并且能够重新融入自然的材料，使资源消耗量和废弃物产量达到最低限度。

• 通过选址和规划，利用生态走

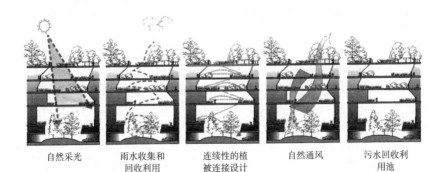

自然采光　　雨水收集和　　连续性的植　　自然通风　　污水回收利回收利用　　被连接设计　　　　　　　　　用池

图 23　生态细胞

廊、陆桥、圆顶地下室及其他水平整合措施和绿色基本设施，保护现有的生态系统与生物多样性。确定人类活动、建设活动的形式和类型与当地的生态环境和恢复力之间的兼容性。

• 利用建筑和发展中的紧凑空间，减轻热岛效应和城市微气候的影响，减少生态系统栖息地片段化。

• 通过排水基础设施进行水管理，包括利用生态调节沟、滞水池、滤水暗管、渗滤设备以及透水面来管理降雨和径流；这将减少污染和洪水发生率，建立湿地生境缓冲带，通过收集实现水的净化和回收利用。

利用生态设计理念来支持设计过程各阶段的决策，将会降低对环境和居住者健康造成的消极影响，同时不会触及其他底线要求。生态设计是鼓励合作与平衡的综合性方法。这种方法对建筑全生命周期的各个阶段都会产生积极影响，包括设计、建造、运行和停运。另见：Ecomimicry 生态拟态；Interactions matrix 互动矩阵。

Ecodesign site types 生态设计生境类型

依据生态系统特点、特征对生境类型进行的分类。生境类型分类中，生物多样性最高并且受人类活动影响最小的生境是所有类型中层次最高的。

生境类型分类是生态设计的基础：

• 成熟生境
• 非成熟生境
• 简单生境
• 人工混合生境
• 单一植被生境
• 无植被生境

• 受污染生境

另见：Ecologically mature ecosystem 成熟生态系统；Ecologically immature ecosystem 非成熟生态系统；Ecologically simplified ecosystem 简单生态系统；Mixed artificial ecosystem 人工混合生态系统；Monoculture ecosystem 单一植被生态系统；Zero culture ecosystem 无植被生态系统；Conta-minated ecosystem 受污染生态系统。

Eco-efficiency 生态效率

1992年里约地球峰会提出的术语。利用较少能源、材料和资源开展更多活动，并且对生态系统的破坏性较小。自1992年以来，"生态效率"这一概念已受到国际广泛认可，是公认的促进社会可持续发展的方法。

Ecogadget 生态设备

生态设备指的是为建筑物设置的太阳能集热器、风力发电机、光伏设备、生物消化器等设备。生态总体规划中，"灰色"基础设施基本上由这些生态工程系统构成。

Ecological corridor 生态走廊

现有植被片段之间的连接设施，以便形成空间互连的大规模连续绿道、公园、开放空间，作为绿色基础设施或自然基础设施。生态设计策略在区域范围内连接绿色走廊，可以修复栖息地碎片；可以跨越不透水地面，如道路；可以促进物种跨区域范围的互动和转移；可以形成更大规模的栖息地，有更多机会在生态系统内共享资源。建造走廊所用的设备包括景观桥和圆顶地下室。

Ecological diversity　生态多样性

生态系统的多样性共有三类：1）构成多样性，比如物种、基因、群落和生态系统的多样性；2）功能多样性，包括物种之间通过竞争、捕食、共生建立的生态相互作用，还包括生态功能和偶发自然干扰；3）结构多样性，植物和动物通过物种、栖息地和群落的大小、形态和分布有效占据空间。另见：Biodiversity　生物多样性。

Ecological flow management　生态流管理

综合生态设计方案，内容涉及选址，材料和能源的利用，依据建筑的生命周期考虑材料再生，目的是把对生态系统造成的不利影响降至最低限度。

Ecological footprint　生态足迹

维持人类生存方式所必需的生产性用地。

Ecological health　生态健康

见：Ecological integrity　生态完整性。

Ecological indicator　生态指标

与特定生态系统的生态结构、生物和非生物变量的功能相关的量化信息，是可以测量的。这些测量数据可以指示生态系统的健康和可持续性，可用作生态设计总体规划的指标。

Ecological integrity　生态完整性

又被称为"生态健康"或"生态承载力"。生态完整性描述生态系统受到持续的损害后继续存在并保持活力的能力。可能危害到生态完整性的损害有：废弃物增加、重要物种减少、捕食、迁徙、疾病。

Ecological monitoring　生态监测

对人类活动（如森林砍伐、土地破坏和房屋建造）引起的生态系统变化进行评估。评估结果的监测可采用生物传感器、空中卫星监测或地面监测等途径来实现。生态设计需要对敏感地区在开发建设后长期进行生态监测，以确定建筑系统运营对自然环境造成的后果。

Ecological niche　生态位

生态位用于描述一系列物种在生物群落中发挥的作用，或决定物种分布的一系列环境因素。

Ecological processes　生态过程

生态系统的代谢功能——能量流、元素循环、有机物的生产、消耗和分解。

Ecological resilience　生态承载力，生态弹性度

另见：Ecological integrity　生态完整性。

Ecological risk assessment　生态风险评估

为评估人类活动对自然资源造成的影响，并解析这些影响的意义而制定的分析或模型。包含最初的危险鉴定、暴露反应和剂量反应评估以及其他风险。

Ecological succession　生态演替；生态接续

生物体占据某区域，并且通过改变

土壤、绿荫、庇护所或增加湿度，从而
逐步改变环境条件的过程。这些变化使
整个生态系统不断发展变迁。从先锋群
落到顶级群落，一个生态系统内随着时
间产生的变化是有序并可预见的。最终
顶级群落是稳定的，如果没有重大灾
难性自然事件或人为影响，可以维持
自身发展并且物种的生物多样性变化
极小。生态设计之中，应当在开发建
设前对所选地区的生态系统演替状态
进行评估。

Ecologically immature ecosystem 非成熟生态系统

生态设计生境类型之一。非成熟
生态系统是重建过程中对受损土地进
行修复后形成的生境。此类生境的规
划和生态设计取决于所选地区的环境
条件、特点、特征。生态设计生境类型。

Ecologically mature ecosystem 成熟生态系统

生态设计生境类型之一。生物多
样性水平高的生态系统；原始的或长
期不受人类干扰的生态系统。另见：
Ecodesign site types 生态设计生境类型。

Ecologically simplified ecosystem 简单生态系统

生态设计生境类型之一。因放牧、
燃烧、伐木、生物成分缺失而受到极端
严重破坏的生态系统。另见：Ecodesign
site types 生态设计生境类型。

EcoLogo 环保标志

加拿大联邦政府于1988年提出
"环保标志"，是环保产品、服务的标志。

它为120多类产品设定了评估标准并
进行了认证。"环保标志"是北美洲最
早的环境标准和认证机制。

Ecology 生态学

研究大自然的结构与功能，以及
生物体与环境相互关系的学科。

Ecomasterplanning 生态总体规划

基于生态理念进行的总体规划，使
下列设施达到非常好的生物整合并对
环境无害：1）绿色（生态）基础设施；
2）工程基础设施；3）水资源管理基础
设施；4）建筑和外围结构基础设施。

Ecomimesis 生态拟态

通过设计对生态系统进行的模拟。
生态拟态对生态设计原则来说非常重
要。另见：Biomimicry 生物模拟。

Ecomimicry 生态仿生学

模仿自然生态系统对人类群
落和建成环境进行的设计。另见：
Ecodesign 生态设计。

Ecosystem 生态系统

生物群落（生物）与非生物周边
环境（非生物）之间相互作用的系统。
生态系统是一个地理区域，其中包括
所有的生命有机体（人类、植物、动
物、微生物），物理环境（土壤、水、
空气、栖息地），以及维持其发展的自
然循环。通过环境规划可对生态系统
加以保护，解决影响该区域生态系统
的所有因素，包括自然因素和人为因
素。集水区法是保护生态系统的例子
之一，为修复和维持健康的生态系统，

相关发展策略均需考虑集水区内所有的污染源和栖息地条件。为了保护植物、动物、水生生物赖以生存的生态系统，国家法规和联邦法规整合了管理项目和自愿项目，这些项目旨在减少进入环境的污染物数量（图24）。

Ecosystem equilibrium　生态系统平衡

也被称为"恒稳态"。营养没有大量损失的条件下，能量和物质达到理想的平衡状态。人造建成环境是生态系统平衡的一部分。

Eco-toilet　生态厕所

也称为"干式厕所"。生态厕所是一种无水污水处理系统，采用特别设计的容器收集尿液和粪便，分别转移到单独的容器中，并将粪便烘干消毒以便安全地用作肥料。盛放尿液的容器可直接送至农场，用水稀释后用作肥料。

Ecotone　交错群落，群落过渡区

两个或多个不同生态系统相接的生态带或边界。

Edaphic　土壤的，土壤圈的

与特定地区的土壤养分、温度、水分含量和气候有关。土壤因素是平衡生态养分循环的主要因素。

Efficiency factor　能效系数

输出能量与输入能量的比值。

Effluent　废水，污水

流入大气、地表水、地下水或土壤的废液。

E_h

来自太阳和天空的光线投射在地面没有障碍的平面上的总半球照度的测量单位。

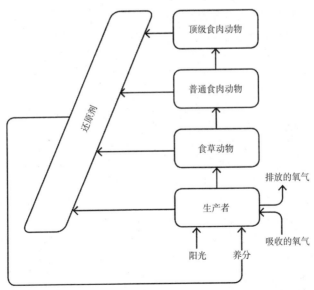

图24　生态系统循环

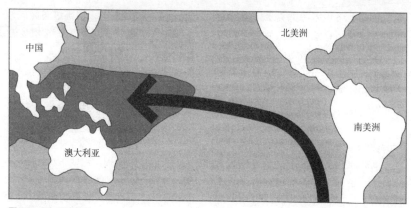

图 25 厄尔尼诺移动
资料来源：国家海洋和大气管理局

El Nino 厄尔尼诺

  厄尔尼诺是男孩常用的西班牙名
字。该术语描述的是周期性海洋暖流，
通常是厄瓜多尔和秘鲁沿岸每年 12 月
左右出现的较弱的暖流。通常持续几
周至一个月甚至更久，但是每 3—7 年
出现一次，极端厄尔尼诺事件可能干
扰热带太平洋的海洋大气圈系统，给
全球造成严重的经济影响，对全球气
候有重要影响（图 25 和图 26）。

  国家海洋和大气管理局认为厄尔
尼诺现象不是全球气候变暖引起的。
多种来源（包括考古研究）的证据表明，
厄尔尼诺现象已经存在成百上千年，
甚至有迹象表明可能已存在数百万年
之久。然而，有研究人员假设全球海
面温度升高会增强厄尔尼诺现象，而
事实上此现象在近几十年确实更为频
繁剧烈。最近的气候模型模拟了 21 世
纪温室气体浓度增加的情况，模拟结
果表明热带太平洋的厄尔尼诺海面温
度模式可能更为持久。

  20 世纪 50 年代末以来，重大厄尔

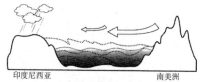

图 26a 平时的（非厄尔尼诺时期）情况
资料来源：国家海洋和大气管理局

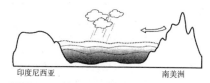

图 26b 厄尔尼诺时期的情况
资料来源：国家海洋和大气管理局

尼诺事件已经发生过 9 次：1957—1958
年，1965 年，1968—1969 年，1972—
1973 年，1976—1977 年，1982—1983
年，1986—1987 年，1991—1992 年，
以及 1994—1995 年。1982—1983 年的
厄尔尼诺现象是 20 世纪最强的一次。
1972—1973 年，苏联、非洲、澳大利
亚和中美洲同时发生旱灾，人类首次
意识到厄尔尼诺和全球气候模式之间

可能有联系。厄尔尼诺和其他全球气候异常现象之间也存在联系。另见：El Nino-Southern Oscillation　厄尔尼诺—南方涛动（ENSO）。

El Nino-Southern Oscillation (ENSO) 厄尔尼诺—南方涛动（ENSO）

海洋与大气圈大规模相互作用导致的全球事件。南方涛动比厄尔尼诺现象发现得更晚，是指东南热带太平洋和澳大利亚—印度尼西亚地区之间的表面气压振荡。当东太平洋的水流不规则变暖（厄尔尼诺事件）时，海平面气压在东太平洋下降，而在西太平洋上升。气压梯度下降还伴随着东部低纬度地区交换的减弱。

Elastomeric roof coatings　屋顶弹性涂料，屋顶弹性涂层

有弹性的涂料，在炎热的夏季可以伸展拉长，之后可恢复原样且不造成损坏。弹性涂料包括丙烯酸材料、硅树脂材料和尿烷材料。

Electric vehicle (EV)　电动车（EV）

以电为动力的车辆，通常用超大直流电池发动机来供电。电池通常为铅酸或镍基电池，可充电。根据地形的不同，电动车在足电条件下平均可行驶 97 千米。电动车不使用矿石燃料，其污染物排放量也非常低。电动车符合零排放车辆（ZEV）类别的条件。另见：Smart fortwo car　微小型汽车。

Electrical generator　发电机

见：generator　发电机。

Electrical grid　电网

综合电力配送系统，通常覆盖面积较大。

Electrochemical cell　电化电池

电化电池设备包含阴极和阳极两个导电电极，由非均质材料（通常为金属）制成，浸于化学溶液（电解质）中，之后由化学溶液将阳离子从阴极传送至阳极，形成电荷。一个或多个电池构成电池组。简单的电化电池可用铜和锌金属与硫酸盐溶液制成。反应过程中，电子通过导电路径从锌转移至铜，形成有效电流（图 27）。

制造电化电池需要将金属电极放入电解质，电解质发生化学反应既可利用电流又可产生电流。产生电流的电化电池被称为"一次电池"或"原电池"，电池组通常由一个或多个原电池组成。其他电化电池中，外部提供的电流用来驱动不能自发产生的化学反应。这种电池称为"电解电池"。干电池就是其中一种，电力一旦耗尽则无法充电只能丢弃，其金属和化学成

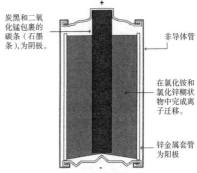

炭黑和二氧化锰包裹的碳条（石墨条），为阴极。

非导体管

在氯化铵和氯化锌糊状物中完成离子迁移。

锌金属套管为阳极

图 27　铜－锌蓄电池，以前最常见的小型电池，现在被碱性蓄电池取代

资料来源：美国能源部

分会增加污染物，导致垃圾填埋场和其他废物处置库的污染加重。

　　铅酸蓄电池可以充电再用，是二次电化电池。车用蓄电池就属于铅酸蓄电池。燃料电池可将燃烧产生的能源直接转化为电能，副产物只有水，因此常用于航天器和非核潜艇。另见：Dry cell　干电池。

Electrochromic windows　电致色变窗户

　　随着电压的应用而使颜色变深或变浅的窗户。小电压用于电致色变窗户会加深窗户颜色；电压加大则会使窗户颜色变浅。窗户最多可由七层材料组成。电致色变层通常为氧化钨（WO_3）。若使窗户颜色变深，施加的电压需经过两层透明的导电氧化层，电压驱动离子离开离子储存层，进入电致色变层。若使窗户颜色变浅，该过程则相反。在生产成本大幅下降之前，电致色变窗户对于普通消费者来说仍将非常昂贵。

Electrode　电极

　　与其他材料之间实现电连接的导体，通常用作电池或燃料电池的一个极点。电子通过电极导体进入或离开电解液。电极为电池和燃料电池的构件，有一个负电极（阳极）和正电极（阴极）。另见：Battery　电池；Fuel cells 燃料电池。

Electrodeposition　电镀，电沉积

　　金属（基质）设有导电涂层并且放置在包含金属离子的液体溶液（电解液）中的电解过程，金属离子包括金、铜、镍等。可设置的膜厚度范围很大。在加热氧化过程中，基质受热至 800—801100℃。*

Electrolysis　电解

　　因电流经过电解液引起物质发生的化学变化。例如，在水中添加电流，分离水中的氢元素和氧元素，从而生产商用氢的过程。燃料电池中也会发生电解。

Electrolyte　电解质，电解液

　　可传导电流的液态或固态物质。在燃料电池中，电解液可用作导电溶液。燃料电池的四大构件有：阳极、阴极、互连和电解液。电解液是传导电流的物质，通过游离的阴阳离子向电极移动实现电流传导。为使离子移动，电解液必须具有高离子传导性且无导电性。电解液在溶液状态中通常由离子构成，电解液又被称为"离子溶液"，但是熔化电解质和固体电解质都可能存在。电解液通常以酸溶液、碱溶液或盐溶液的形式存在。在高温或低压条件下，某些气体也可作为电解质。另见：Anode　阳极；Cathode　阴极；Fuel cells　燃料电池；Solid oxide fuel cell　固体氧化物燃料电池。

Electrolytic cell　电解电池

　　见：Electrochemical cell　电化电池。

Electromagnetic energy　电磁能

　　电流经过电线形成电磁场所产生的能量。

---

* 原文如此。——译者注

Electromagnetic field (EMF)　电磁场（EMF）

电流形成的电磁场，通常为电线。电荷强度（电压）产生的电场，以及电荷运动（电流量）产生的磁场。电磁场对健康的影响现在仍是研究的课题，其中包括罹患癌症的风险增加。

Electromagnetic radiation　电磁辐射

电磁辐射包括多种能量。例如，输电线放射 60 赫兹非电离的电磁辐射。可见光线也是电磁辐射。微波将能量传递给水分子，微波频率以水分子的偶极共振频率产生振动。总的来说，电磁辐射组成电磁波谱。电磁能光谱宽度的范例包括调幅带、航空和海运带、无线电广播、电视、调频广播、微波、雷达、红外线、紫外线、x 射线和 γ 射线，以及能量更高的波。波长越短，能量越强。紫外线和高能量电磁辐射可以是电离的，可打开化学键，从而给活组织的细胞带来损害。

Electrostatic precipitator　静电除尘器

一种颗粒污染物清洁设备，静电除尘器可去除静电表面室内空气中的微粒。通常可用肥皂和水进行清洁，某些部件会产生少量臭氧。静电除尘器无法有效去除气体污染物。多数除尘器为便携式，有些除尘器可安装在炉管道系统和墙体内。也被称为"电子空气净化器"。

Embodied energy　蕴能

为了提取、制造和运输建筑材料，以及组装完成建筑物而从能源中消耗的能量。通常包括将材料运至施工现场后返回起始站的能源成本。由于建筑的能效越来越高，与建筑运营所需的能源相比，建筑物建造过程中所用的能源比例便更大、更重要。对某些材料来说更是如此，比如铝，铝的制造过程中需要消耗大量能源。

EMCON　甲烷产量模型（软件名）

该模型用于评估城市固体垃圾填埋场的甲烷生产情况。澳大利亚的 EMCON 加固混凝土联合有限公司于 1980 年开发了此程序软件，并以名字命名。

EMCS　能源管理与控制系统（缩写）

见：Energy management and control system　能源管理与控制系统。

EMF　电磁场（缩写）

见：Electromagnetic field　电磁场。

Emissions controls　排放控制

减少向空气、水或土壤排放污染物的方法。废水处理厂、工厂固体废弃物和有毒废弃物减排法，以及微粒收集器都是减少排放的途径。在美国，常用来描述减少汽车产生的空气污染物排放所采用的技术。全生命周期排放是汽车制造、维护和处理等相关活动中产生的，包含下列项目：制造过程中采用的挥发性溶剂，合成材料排气，石油、电池和过滤器的维护需求，受污染的润滑剂、轮胎和重金属。另见：Emissions, automobile　汽车排放。

Emissions　排放

污染物从污染源排放至空气中。

Emissions, automobile　汽车排放

车辆产生的排放分为三个基本类型:1)排气管排放,包括碳氢化合物、氮氧化物、一氧化碳、二氧化碳;2)燃料蒸发过程中产生的蒸发排放,燃料经过气罐时因排放和流动造成的损失;3)加燃料时的流失,由于较重的分子在贴近地面处停留,可导致城市烟雾形成。机动车辆产生的污染物主要有三种:碳氢化合物(饱和碳氢化合物通式:C_nH_{2n+2});氮氧化物(NO_x);一氧化碳(CO)。在有阳光以及温度升高的情况下,碳氢化合物与氮氧化物发生化学反应,形成地面臭氧。可能导致眼睛不适、咳嗽、气喘、呼吸困难,甚至对肺部造成永久性伤害。氮氧化物还有助于臭氧形成,还可形成酸雨,造成水质问题。CO是一种无色无味可以致命的气体,可减少血液中的氧气流量,损害心理机能和视觉感知。在市区,机动车辆向空气排放的CO占总量的90%。机动车辆还可排放大量二氧化碳,有吸收地面热量甚至导致全球气候变暖的潜力。另见:Emissions standards, automobile　汽车排放标准。

Emissions, control of nonroad engines 非道路移动源排放控制

"非道路设备"一词包括多种发动机、设备和车辆。也称为"非公路设备",包括户外电力设备、旅游车、农用设备、建筑施工设备、船只和机车。多数非道路设备和车辆由发动机驱动,发动机需燃烧汽油或柴油燃料。发动机造成的污染来自燃烧过程产生的副产物(排气);对于以汽油为燃料的发动机,燃料自身的蒸发也会造成污染。美国环保局估计非道路移动源产生的排放物占美国城市有害污染物的15%—20%。非道路源产生的污染物包括碳氢化合物、氮氧化物(NO_x)、颗粒物质、一氧化碳(CO)和二氧化碳(CO_2)。个别国家和国际组织已针对非道路移动源排放物颁布了相应标准和法规。

美国于1990年制定的《清洁空气法案》特别指出,如获得授权,美国环保局需研究并控制非道路移动源对于城市空气污染的影响。自那时起,美国环保局用文件证明许多发动机和设备的排放水平高于预期,又于2007年修订了排放标准,目的是减少以下物质的排放:氮氧化物、碳氢化合物、柴油机燃料的硫,以及颗粒物质。该法规适用于小型火花点火草坪设备和花园设备,以柴油为燃料的农场和建筑设备,商业船只,汽油燃料私人船只,火花引燃休闲车,比如雪地摩托、沙滩车、越野摩托车、卡丁车、机车等。此外,美国环保局2005年为新型商用飞机制定了氮氧化物排放控制提议,符合联合国国际民用航空组织的标准和国际标准,还对商用飞机所用的新型发动机制定排放控制标准。商用飞机包括小型支线喷气飞机、单通道飞机、双通道飞机、747飞机和大型飞机。

欧盟于1997年设立了非道路移动源排放标准,并分别于2002年和2004年进行修订。标准中规定了CO、HC、NO_x等气体排放以及颗粒状物的排放标准。执行委员会(欧洲委员会)为非道路移动源的气体和微粒排放修

订了排放标准，可与美国环保局制定的标准相匹敌。提议还涵盖内河船舶与自推进轨道车所用的发动机，而不涉及美国典型的大型柴油电机车或大型远洋船舶。

联合国经济及社会理事会于2005年修订了有关非道路移动源排气污染试验和标准的《1998全球协定》。其中多项规定旨在解决排放问题，比如《联合国欧洲经济委员会（UNECE）第96号法规》。96号法规为农林业拖拉机所用的压燃式发动机制定了排放限值。

日本于1991年设立了非道路排放标准，并于2004年予以修订。

减少非道路柴油机的NO_x和PM排放将带来巨大的公共卫生效益。

Emissions standard　排放标准

法律允许的单一来源产生的最大限度空气污染排放量，移动源或固定源均可。

Emissions standards, automobile　汽车排放标准

州政府、联邦政府或国际组织已制定了汽车污染物排放标准。《京都议定书》设定的目标是：2008—2012年各经济领域的排放量比1990年减少8%。研究表明，美国轿车的二氧化碳（CO_2）排放量占全国交通总排放量的一半以上，占欧盟总排放量的一半，而空运产生的CO_2排放量在美国和欧盟总排放量的比例均低于20%。例如，美国CAFE排放限值是强制性的；按照ACEA协议，欧盟会员国新售车辆的废气排放限值是自愿性的。排放标准经过一系列标准的限定而更加清晰，规定了氮氧化物（NO_x）、碳氢化合物、一氧化碳（CO）、颗粒物的排放标准。受调控的车辆包括轿车、卡车、火车、拖拉机及其他机械设备和驳船，但不包括远洋船和飞机。2006年底，欧洲委员会宣布了一项提议，为汽车的CO_2排放设定一项具有法律约束力的限制标准。此外，欧洲交通部长会议和经济合作与发展组织监控车辆排放物和空气质量，以确保CO_2水平继续下降。

清洁空气倡议组织（CAI）在亚洲、拉丁美洲、撒哈拉以南非洲、欧洲和中亚地区积极开展行动，监控空气质量，着重通过改善燃料质量、排放控制技术以及替代燃料来实现减排的目的。虽然这些地区包含发展中国家，但是仍然适用于相同的排放规定。俄罗斯、中国、印度和日本，除了上述CAI活动以外还制定了适合自己国家的车辆排放标准。另见：ACEA agreement　ACEA协议；Clean Air Initiative　清洁空气倡议组织；Corporate Average Fuel Economy（CAFE）　公司平均燃油经济性（CAFE）；Kyoto Protocol《京都议定书》。

Emissions standards, designations 排放标准名称

加利福尼亚州空气资源委员会发起，美国联邦政府同意的低排放标准名称为：1）固有的低排放车辆（ILEV）；2）部分零排放车辆（PZEV）；3）低排放车辆（SULEV）；4）超低排放车辆（ULEV）；5）零排放车辆（ZEV）。

Emissions trading　排放交易

也被称为"总量管制和排放交易"或"抵消配额"。这种方法是通过经济激励来实现污染物减排。排放交易通常由政府机构管理，排放交易方案中为可能排放的特定污染物的数量设定限额或总量管制。政府机构为个别公司或其他团体指定排污信用额度或配额，最高值不超过规定的限值。信用总额度不能超过该机构设定的最大排放量。如果某个公司的排污量超过限额，就必须向排污量低于限额的公司购买信用额度，或者面临重罚。这种信用额度的转让被称为交易。在经济方面，买方为污染行为买单，而卖方可以减少排放。目前，超大规模交易系统已有数个，其中欧盟最为显著。碳市场是污染物交易的主要项目。

Emissivity　发射率，辐射系数

发射率反映了某个表面通过辐射释放热量，并且让热量以辐射能的形式离开的能力。发射率越低，材料的辐射屏障质量越好。发射率度量幅度为0—1，其中1表示发射率为100%。例如，高度抛光的铝发射率小于0.1；黑色非金属表面的发射率超过0.9。在建成环境温度条件下，多数非金属不透明材料的发射率值为0.85—0.955。多数箔式辐射屏障的发射率为0.05或0.05以下，这意味着95%的辐射热受到阻止。贮热能力或最小热损失降低了对机电供暖系统的依赖性。

Encapsulation　密封，封装

利用一种材料将某物质封闭在防护外壳内的方法。例如，液体常作为保护涂层，用于保护含有石棉的材料和纤维，有助于避免向大气排放石棉。

Endangered species　濒于灭绝的物种，濒危物种

由于人类活动或环境自然变化而受到灭绝威胁的动物、鸟类、鱼类、植物或其他生命有机体。

Endemism　局部性，地方性生长

物种被限制在某一区域的地理位置。

Endocrine disruptors　内分泌干扰物

有毒化学物质——人工合成的化学物质，可模仿或干扰激素，一旦被吸入体内会破坏人体的正常功能。通过改变正常激素水平，抑制或促进激素产生，改变激素在体内的运动轨迹均可造成干扰，从而影响激素功能。目前已知的人体内分泌干扰物包括下列化学制品：己烯雌酚、二噁英、多氯联苯（PCBs）、DDT，及其他杀虫剂。由于动物研究实验有限，许多化学制品（特别是杀虫剂和增塑剂）被疑为内分泌干扰物。另见：Toxic chemicals　有毒化学物质。

Endothermic　吸热的

吸热反应，或有热量需求的反应。

Energetics　能量学，力能学

生态领域中，能量学是研究生态系统的能量交换和新陈代谢或利用率的一门科学。能量学可以将生态系统的生物质转化为能量单位。

Energy　能量

做功的能力。能量形式多种多样，

包括热能、光能、声能、势能、化学能、动能、电能。这些能量都会流入或流出建筑物。

Energy cost　能源成本，能量价值

生产能量所耗费的货币成本，如千瓦时。

Energy crops　能源作物

为实现燃料价值而专门种植的作物。其中包括粮食作物如玉米、甘蔗，也包括非粮食作物如白杨树、柳枝稷。目前有两种能源作物处于开发阶段：一种是短期轮作木本作物，通常是快速成长的阔叶树，收获期为5—8年；另一种是草本能源作物，比如多年生牧草，经过2—3年达到最高生产率后，每年可收获一次。大麦、油菜籽、糖用甜菜、高粱、小麦均为能源作物。

Energy intensity　能源强度

能源消耗量与服务需求量的比值，例如总占地面积，建筑物数量或雇员数量。

Energy management and control system (EMCS)　能源管理与控制系统（EMCS）

设有传感器、致动器的计算机系统，设计该程序的目的是节约建筑物所需耗费的能源。启动和停止设备的能源管理程序，对复杂的照明、供暖和制冷设备进行能源优化。现有的通信协议有多种，包括开放协议和专有协议，使计算机系统能够采集数据并远程操作设备。生态设计之中，使用这些设备可使建筑物节约使用不可再

生能源，是生态设计全模式系统的一部分。另见：Full mode design　全模式设计。

Energy Plus　Energy Plus（软件名）

美国能源部继DOE-2之后开发的一款能耗模拟分析软件。Energy Plus软件模拟建筑物内的供暖、制冷、照明、通风、能量流和水的条件。Energy Plus最初以BLAST和DOE-2的特点和功能为基础，添加了一些新的模拟功能，例如小于1小时的时间间隔、模块化系统和装置结合热平衡为基础的区域模拟、多区域空气流、热舒适度、水利用、自然通风以及光伏系统。另见：BLAST；DOE-2。

Energy Policy Act of 1992 (EPAct)《1992年能源政策法案》（EPAct）

美国国会出台的综合性法案，强制执行并鼓励能源效率标准、替代燃料利用和可再生能源技术开发。1992年10月24日公法102—486。该法案还授权联邦能源管理委员会责令输电线路所有者为发电机传输或"调节"电力，输电线路所有者包括电力供应商、联邦电力营销部门和从事批发交易的发电者。

Energy recovery ventilator (ERV)　能量回收新风机（ERV）

换热器与通风系统相结合的一种机械设备，用于为建筑提供可控通风。能量回收新风机具有湿度调控功能，可为进入建成结构的新风去除过量湿气或增加湿气。20世纪80年代，美国、加拿大、欧洲和斯堪的纳维亚最

早引入该设备，作为空气对空气换热器用于较为寒冷的地区。在这些地区，现代建筑气密性良好，呈现出的问题是冬季期间室内空气质量不佳且湿度过大。空气对空气换热器从室外引入新鲜的空气，不仅可以解决上述问题，同时还可以预热新风。这些产品现在被称为"热回收通风机"。另见：Heat recovery ventilator　热回收通风机。

Energy Star　能源之星

美国为推广节能消费品而推行的一项政府计划。

Engine　发动机

将能量转化为机械能的机器。

Engineered controls　工程性控制

通过在污染区域和场地其他空间之间设置屏障，限制污染物的暴露途径，从而管理环境和人类健康风险的方法。

Engineered sheet materials　改造板材

由回收或再造材料制造的板材。回收材料所制板材的原料为回收利用的报纸、农业副产物或废木料。再造材料利用破碎或断落的小直径树木为木材原料。材料经过粘合，使其形状适用于建筑物。其中一些产品包括回收的废旧纸张、工业副产石膏、脱硫石膏、"非商业"树木的木屑，以及每年可再生的农业纤维。材料包括：废木料制成的硬板材料；珍珠岩、石膏和回收废旧报纸制成的墙板；100%回收报纸制成的纤维板；还有稻草制成的纤维板。定向刨花板（OSB）是现在常用的再造材料。另见：Oriented-strand board　定向刨花板。

Engineered siding and trim　改造板墙和装饰

回收材料（改造材料）包括从废物流中打捞出来的物质，例如锯屑、纸、钢、铝。回收装饰是指重复利用建筑物拆除过程中获得的装饰材料。再造和回收的板墙材料可以抵抗开裂以及其他退化作用，使用寿命比木墙板长。例如，纤维水泥材料生命期很长，且展焰性为零。钢、铝墙板材料主要利用再生材料制造而成。尽管材料在刚开始使用时蕴能较高，但其回收时所需能源要少得多，并且用于建筑之后可再次回收使用。生态设计之中，改造板墙和装饰被视为封闭建成系统内循环过程的环节。

Engineered structural materials　改造结构材料

见：wood, structurally engineered 结构加工木材。

Enhanced greenhouse effect　增强温室效应

人为的温室气体排放导致自然温室效应增强。人类活动（如消耗矿石燃料）导致二氧化碳（CO_2）、甲烷（CH_4）、氮氧化物（NO_x）、氯氟烃（CFCs）、氢氟氯碳化物（HCFCs），以及其他重要的光化学气体浓度提高，可吸收更多红外线辐射，形成较温暖的气候条件。

ENSO　厄尔尼诺－南方涛动（缩写）

另见：El Nino—Southern Oscillation 厄尔尼诺－南方涛动。

Enthalpy 焓

热力学计算中使用的数量单位；等于物质的内能加上压力与体积的乘积（$h=u+pv$）。

Entrained bed gasifier 携带床气化炉

可将生物质转化为清洁燃料的一种气化炉，在生态设计中被视为可再生能源。携带床气化炉中，原料（生物质、废料）因气体运动而悬在空中，进而可以在气化炉内移动。根据报告，在不同类型的气化炉当中，携带床反应器可达到最高气化率。此类反应器在极短的停留时间内，在高温高压条件下依靠并流中的燃料爆燃（空气/蒸汽）运行。在高温下，这种气化炉会产生高温气体产物，发热量最低且耗氧量最大。另见：Gasifier 气化炉。

Entropy 熵

用于计算、衡量一个系统中混乱失序的程度。

Environment 环境

生物体赖以生存的整个物理环境和生物环境。对于人类来说，环境还包括社会结构。

Environmental assessment methods and standards for buildings 建筑物环境评估方法和评估标准

见：Green building rating systems 绿色建筑评价系统。

Environmental contamination 环境污染

"环境污染"一词指的是放射性物质、有毒有害物质排入环境。

Environmental cost 环境成本

资源枯竭、污染、栖息地干扰和修复所带来的影响的货币化成本。

Environmental desensitization 环境减敏

为减轻污染物对人类和动植物的影响而设计的机制。例如：退化地区（如垃圾填埋场和居住区）之间的缓冲带；或在气味污染区使用的香味蒸气。环境减敏机制需考虑生态系统的生态承载力。

Environmental impact statement 环境影响评估

评估一项活动对环境的影响，以及可能导致的后果。在美国，重大项目必须做环境影响评估。

Environmental indicator 环境指示物

有特定容许极限的物种，可提供关于其生长环境的信息，例如在强酸性地区生长的植物。环境条件使某些物种可以成功存活下去，生态设计中使用环境指示物是为了评估人类干预和建成系统带来的环境影响。

Environmental integration in design 环境一体化设计

按照建筑的生态影响限制进行的设计。环境一体化设计可使该生态系统达到可能的最高程度生态结合，甚至超过绿色建筑评级系统预设的标准。另见：Green building rating systems 绿色建筑评级系统。

Environmental medium or compartment 环境介质或相

传输污染物的介质。例如空气、水、土壤、生物群。

Environmental Protection Agency, US 美国环境保护局

见：US Environmental Protection Agency 美国环境保护局。

Environmental rehabilitation restoration 环境修复

修复因人类活动或自然灾害而受到破坏的区域和生态系统。

Environmental risk 环境风险

1. 废水、废气、废料或化学制品意外排放造成的环境污染对生命有机体潜在的副作用。

2. 自然资源耗竭。

Environmental sustainability 环境的可持续性

环境、生态系统和自然资源可维持供后代使用的能力。环境的可持续性是生态设计的主要原则。

Environmentally preferable 环境有益

与对比产品和活动相比，对环境破坏性较小的产品和活动。

EPA, US 美国环境保护局（缩写）

见：US Environmental Protection Agency 美国环境保护局。

EPAct 《1992 年能源政策法案》（缩写）

见：Energy Policy Act of 1992

《1992 年能源政策法案》。

Epilimnion 湖面温水层

热分层湖的上层水体。水体日间在某些时候，由于暴露在空气中，可以与大气圈自由交换溶解气体（如 O_2 和 CO_2）。研究表明，全球气温上升会导致温带湖泊分层现象更为显著，这是因为阳光使水体升温，从而导致湖泊层与不完全混合的水层之间形成更大梯度差。在温带地区和亚北极地区，温度每年小幅上升对于湖泊分层的时间和强度有重大影响。如果均温层没有接受大气中的氧，或没有足够的光线穿入湖泊而无法进行光合作用，水下的海藻就不会获得生长所需的养分。因而，混合藻类将发生改变，继而改变湖泊的食物链。

Epiphyte 附生植物；体表寄生菌

完全依靠其生活的林冠所获得的养分和水分维持生存的植物、真菌或微生物，而不是寄生虫。

Episode, pollution 污染事件

导致空气污染或水污染集中的环境事件。

Epoxies 环氧树脂

非生物降解塑料。

Equivalent temperature differential 等效温度差

用于确定不透明墙体的太阳辐射得热的因素。

Ergonomics 人类工程学

调查人类生活的物理环境对人体

健康和舒适度的影响的一门应用科学。

改善汽油排放物质量。

Erosion 风化，侵蚀

由于风或水的侵蚀作用导致土地表面磨损，农业、住宅或工业发展、公路建设或伐木等相关土地开拓活动会使磨损加重。

ERV 能量回收新风机（缩写）

见：Energy recovery ventilator 能量回收新风机。

Estuary 河口，河流入海口

淡水与咸水混合的地方，比如海湾、盐沼；或河水流入海洋的地方。

ETBE 乙基叔丁基醚（缩写）

见：Ethyl tertiary butyl ether 乙基叔丁基醚。

Ethane (C_2H_6) 乙烷（C_2H_6）

可燃气体；与空气混合后容易爆炸。在结构上，乙烷是最简单的碳氢化合物，含有单一的碳－碳键。乙烷是石油冶炼的副产物，也是天然气的第二大成分，可以在石油中溶解。

Ethanol (C_2H_5OH) 乙醇 (C_2H_5OH)

乙醇是一种替代燃料，是转化为单糖的淀粉作物通过发酵和蒸馏产生的醇基燃料。乙醇燃料的原料包括玉米、大麦、小麦、高粱、甜菜、干酪乳清和马铃薯。乙醇还可以采用纤维素生物质（包括树木和草）生产制造，这就是生物乙醇。纤维素原料包括玉米秸、谷物秸秆、稻壳、甘蔗渣、柳枝稷和木屑。乙醇常用来提高辛烷值，

Ether 乙醚

有毒化学物质。1. 轻的可燃液体，易挥发，主要用作溶剂，过去曾用作麻药。含醚溶剂包括二甲醚，喷雾推进剂；二乙醚，低沸点普通溶剂（沸点 34.6℃）；乙二醇二甲醚，高沸点溶剂（沸点 85℃）；二氧杂环乙烷，环醚，高沸点溶剂（沸点 101.1℃）；四氢呋喃，环醚，用作溶剂的最普遍简单醚之一。

2. 氧原子附着于两个碳原子的任意一种有机化合物。另见：Toxic chemicals 有毒化学物质。

Ethyl tertiary butyl ether (ETBE) 乙基叔丁基醚（ETBE）

燃料氧化用作汽油添加剂，以便提高辛烷值，减少发动机爆震。

Ethylbenzene 乙苯

有毒化学物质。乙苯是一种无色液体，存在于多种天然产物当中，例如煤焦油和石油。乙苯也用于一些工业制品中，如汽油、油漆、杀虫剂、墨水；主要用于制作苯乙烯；也可用作燃料溶剂，以及其他化学制品的成分。吸入过多乙苯可导致眩晕，咽喉和眼睛不适。乙苯可排入空气、土壤和水中。另见：Toxic chemicals 有毒化学物质。

Eutrophic 富营养的

与养分浓度高的湖泊或其他水体有关，养分包括硝酸盐、磷酸盐等，可导致海藻大量生长。另见：Mesotrophic 中营养的；Oligotrophic 贫营养的。

Eutrophication 富营养化

1. 水中的溶解氧数量减少。可能导致的后果有：藻华现象增加，水体透明度降低，缺氧，鱼类和贝类健康水平下降，海草床和珊瑚礁减少，食物链发生生态变化，物种向能够适应环境的物种转变。

2. 一个缓慢的老化过程，老化过程中湖泊、河口或海湾沦为沼泽地或湿地，并且最终消失。老化过程末期，由于氮和磷等营养成分含量过高，导致水体被植物堵塞淤滞。

EV 曝光值（缩写）

见：Exposure value 曝光值。

EV 电动车（缩写）

见：Electric vehicle 电动车。

Evacuated-tube collector 真空管太阳能集热器

太阳能热水系统中，利用太阳能加热流体（例如水或稀释防冻液）的装置。真空管集热器由数排平行的透明玻璃管组成。每根玻璃管又包括一根玻璃外管和一根内管，或吸收器。吸收器表面覆盖着选择性涂层，可以很好地吸收太阳能，并且抑制辐射热损失。管道之间的空气被抽取（排空），形成真空条件，从而消除传导热损失和对流热损失。真空管集热器用于主动式太阳能热水系统。

Evaporation 蒸发

液体通常以热量形式转化为蒸气（气体）的过程。

Evaporative cooling 蒸发制冷，蒸发冷却

液体或固体转化为气态的物理过程。过程中，机械设备利用室外空气的热量，使冷却器内部衬垫所含的水分蒸发。通过蒸发制冷过程抽取空气中的热量，冷却后的空气被冷却器风扇吹入室内。另见：Solar cooling 太阳能制冷。

Evapotranspiration 蒸发－蒸腾联合作用，蒸散

为利用和处理废水，将蒸发作用与蒸腾作用联合起来的技术。蒸腾作用是植物通过根系吸收水分，并将其转化为水蒸气的过程，通常在树叶中进行。典型的蒸发-蒸腾联合作用系统包括预清理（清除固体）所需的化粪池，经过预处理后分布在覆盖植被的浅沙层。生态设计之中，灰水（浴缸、淋浴、洗衣房和盥洗室排放的废水）从住宅流出，经过化粪池，最终进入蒸发-蒸腾联合作用层。灰水分布到穿孔管道内。一旦进入浅沙层，灰水就会被植物根系吸收。在浅沙层下面可以设置塑料内衬或不透水土壤，避免灰水渗入地下。黑水（主要为卫生间和洗碗槽排放的废水）流入下水管道或其他处理设施。

Exothermic 放出热量的，放热的

释放热量的化学反应。

Exotic species 外来物种

"外来物种"指的是非某地区本土生长的物种。

Exposure pathway　暴露途径

污染物从来源开始，经过土壤、水、食物，到达人类和其他物种或环境的途径。

Exposure value (Ev)　建筑曝光量（Ev）

来自天空的光线，与地面以及窗口周围物体反射的光线的总和。落在垂直门窗或窗墙，以及与窗外墙体平行但超越建筑的任意障碍物（如悬架和百叶窗）的天空光照。

Extensive green roof　轻型绿色屋顶

土壤较薄（土壤厚度通常为 15 厘米甚至更浅），可种植浅根植物（如草坪或地被植物）并且不需要人工灌溉的屋顶花园。轻型绿色屋顶适于自我维持的植物群落和屋顶花园。另见：Cool roof　冷屋顶；Green roof　绿色屋顶；Intensive green roof　重型绿色屋顶。

Extruded polystyrene (XEPS)　挤塑聚苯乙烯 (XEPS)

用作结构墙板的发泡芯材。和所有的聚苯乙烯材料一样，挤塑聚苯乙烯是由单体苯乙烯制成的聚合物，是化学工业利用石油进行商业化生产制成的液态碳氢化合物。据美国环保局估算，聚苯乙烯分解大约需要 2000 年。另见：Polystyrene　聚苯乙烯。

F

Facultative bacteria　兼性细菌

在有氧和无氧的条件下都能适应生长的细菌。

FCCC　《联合国气候变化框架公约》（缩写）

见：United Nations Framework Convention on Climate Change　《联合国气候变化框架公约》。

Federal Water Pollution Control Act　《联邦水污染控制法》

见：Clean Water Act　《清洁水法案》。

Feedstock　原料

见：Biomass feedstock　生物质原料。

Fen　沼泽，沼池

见：Wetlands　湿地。

Fenestration　门窗布局

建筑物围护结构的开口处：窗户、门、天窗。生态设计之中生物气候方面的重要考虑因素。

Fiber optics　光纤

光纤于 20 世纪 70 年代初期问世，之后光纤的需求量迅速增长。最常用于通信、医药、军事、汽车和工业领域。通信行业所用的光纤直径与人类头发相当，是用纯玻璃制成的长而纤细的线缆。光纤通常被扎成束，称为光缆，可用于远距离传输光信号，是通过以某种传播形式尽可能多地传播光线的方式实现的。近距离通信电缆可利用塑料光纤制造。光纤具有弹性并且可以扎成光缆，可用作通信和网络的媒介。与电缆相比，光纤传导光线的损耗非常小，因此非常适宜远程通信。

光纤可用作测量应变、温度、压力和其他参数的传感器。光纤细小，并且不需要远程地区提供电力，因此在某些用途中，光导纤维传感器比传统的电传感器更具优势。光纤还可用于抗震或声呐用途的水听器。可测量温度和压力的光纤传感器现已用于油井井下测量。光纤传感器非常适宜井下环境，因为它能够在对于半导体传感器来说温度过高的环境下正常工作。光纤的光导管用途目前正在研究阶段。生态设计之中，光纤可用作照明装置，将自然光引入建筑物的大进深处和地下室。

Fill factor　占空系数

占空系数为光伏电池的实际功率与最大电流和最大电压条件下的功率之比，是评估电池性能的重要特性。

Fingerjoint　指形接合

在利用回收/再造木材生产结构工程木的过程中，粘合部件所采用的方法。

Fire ecology　火灾生态学

研究森林、牧场的保护管理措施的科学，通过主动引火以减少腐烂有机物和废弃物累积，防止不受控制的火灾随机发生，从而避免破坏森林和牧场。受控引火可使森林生态系统维持自然平衡。火后许多植物物种及其他进程会在火烧之后再生，维持生态系统健康。火会对环境因素（地形、气候、植被类型）或目前植被的健康状况（昆虫侵犯，燃料载荷积聚）作出不同反应。受控引火通常由专业林业工作者和生态学家执行。

Fischer-Tropsch fuel　费托燃料

采用"费托工艺"以天然气为原料生产的柴油燃料。费托工艺加工过程中将碳氢化合物与其他脂族化合物合成。氢和一氧化碳的混合物与铁或钴催化剂发生反应。费托燃料在环境条件下呈液体，十六烷值较高，不含硫分。费托燃料可在目前的柴油机中使用。

Fixed receiver moving reflector　固定接收器移动反射器

一种聚光式太阳能集热器。另见：Concentrating solar collector　聚光式太阳能集热器。

Fixed reflector moving receiver　固定反射器移动接收器

一种聚光式太阳能集热器。另见：Concentrating solar collector　聚光式太阳能集热器。

Flamespread　火焰蔓延性，展焰性

木材在着火条件下表现出的性能。

Flashpoint　燃点

某物质在特定条件下开始燃烧的最低温度。

Flash steam geothermal power　闪蒸汽地热发电

三项主要地热发电技术有：双汽循环地热发电、干蒸汽地热发电和闪蒸汽地热发电，闪蒸汽地热发电技术为其中之一。热水（>182℃）由泵抽送至发电机，在深处地热储集层的压力作用下释放出来。压力下降导致水汽化为蒸汽，从而带动涡轮机旋转进行发电。期间会有少量二氧化碳、氧化氮和硫排放出来。没有转换为蒸汽的热水通过注入井返回地热储集层（图22b）。另见：Binary cycle geothermal power　双汽循环地热发电；Dry steam geothermal power　干蒸汽地热发电；Geothermal power technology　地热发电技术。

Flat-plate solar photovoltaic module　平板式太阳能光伏组件

安装在坚硬平坦的表面的光伏电池或光伏材料，并且电池暴露在入射阳光下。另见：光伏（PV）和相关词条；附录4：光伏。

Flat-plate solar thermal/heating collector　平板式太阳能集热器

内部有深色金属板的平整的大型箱子，可以吸收太阳能并传递至传热流体，有的设置了玻璃盖板。平板式太阳能集热器是家庭或小型建筑物的太阳能热水系统最常用的集热器类型。

Flexible fuel vehicle　灵活燃料汽车

见：Dual-fuel vehicle　双燃料汽车。

Flocculation　絮凝

通过生物或化学反应，将水或污水聚合物中的固体块分离出来的过程，絮凝是生态设计中的污水处理步骤。

Flood plain　洪泛平原

容易被任意来源的水淹没的陆地区域，通常为溪流、江河、湖泊附近较为平坦的干燥陆地，在洪水发生时易被洪水淹没。生态设计的场地规划中，设计师在设计水管理系统时应考虑洪泛平原与场地自然排水情况之间的关系。

Flue gas　烟道气，废气

燃烧炉内物质燃烧后经过烟囱排放出去的气体。烟道气包括氮氧化物、碳氧化物、水汽、硫氧化物、颗粒物质及多种化学污染物质。

Flue gas desulfurization　烟道气脱硫

在锅炉设备产生的燃烧气体排入大气之前，利用设备——通常为"洗涤器"——去除燃烧气体中的硫氧化物的过程。另见：Scrubbers　洗涤器。

Fluidized bed combustion　流化床燃烧

炉内或反应器内，燃料颗粒物在其内部以流态化状态燃烧的类型。

Fluorinated gases　氟化气体

氢氟碳化物、全氟化碳和六氟化硫是人类在多种工业生产过程中排出的强温室气体。氟化气体有时可用于替代消耗臭氧层物质，比如氯氟烃（CFCs）、氢氟氯碳化物（HCFCs）和哈龙（halon）。氟化气体的排放量通常较小，但却是潜在温室气体，有时也称为全球变暖高潜能气体。

Fluorocarbons　碳氟化合物

通常含有氢、氯或溴等其他元素的碳氟化合物。常见的碳氟化合物有：氯氟烃（CFCs）、氢氟氯碳化物（HCFCs）、氢氟碳化物（HFCs）和全氟化碳（PFCs）。碳氟化合物被列入消耗臭氧层物质。生态设计的目标之一就是避免使用碳氟化合物。

Flush out　清除

通过使建筑物的暖通空调（HVAC）系统在100%室外空气条件下运行一段时间，从而去除建筑物内的挥发性有机化合物（VOCs）的过程。生态设计之中，为了使内部空气质量（IAQ）达到最佳水平，VOC清除过程通常在入住前阶段进行。

Fly ash　粉煤灰，飞灰

煤、油或废弃物燃烧时产生的灰烬和煤烟中的固体小颗粒。上述物质燃烧后，粉煤灰飘浮在烟道气中，需采用污染控制设备进行清除。粉煤灰具有火山灰性质，呈球形，并且相对均匀，因此可用作工程材料。粉煤灰的火山灰性质使其与氢氧化钙和碱发生反应，形成水泥化合物。粉煤灰的回收利用途径包括：用于硅酸盐水泥和灌浆；堤防和结构填充；废物稳定和固化；水泥熟料原料；矿山复垦；软土稳定；道路底基层；骨料；流动性填充，以及沥青混凝土的矿物填料。另见：Pozzolana　火山灰。

Fly ash cement　粉煤灰水泥，飞灰水泥

粉煤灰能够消除普通硅酸盐水泥生产过程中的碳排放。粉煤灰具有火山灰性质，可与氢氧化钙和碱发生反应，形成水泥化合物。粉煤灰水泥可使混凝土含水量维持较低水平并保持早期强度，减少混凝土地面的水汽传递，并且增强抵抗硫酸盐侵蚀的能力。粉煤灰水泥的二氧化碳排放量远远低于常用的全能水泥——硅酸盐水泥，因此使用起来更加环保。如果粉煤灰用于制造混凝土，硅酸盐水泥的需求量就会下降。粉煤灰水泥可以回收，用作骨料及其他产品。另见：Fly ash　粉煤灰；Portland cement　硅酸盐水泥；Pozzolana　火山灰。

Focusing collector　聚焦式集热器

从聚焦在自身上的阳光中收集太阳能的设备。另见：光伏（PV）和相关词条；附录4：光伏。

Food chain　食物链

一个生态群落中不同物种之间的摄食关系；食物消耗的路径。一个生态系统中，物种之间传递物质和能量。生物体与其消耗的生物体相联系。生态设计之中，食物链是研究某地区生态系统的重要因素（表2）。所有食物的来源主要是植物的光合作用，只有植物能够利用无机原材料制造食物，因此植物被称为"生产者"。植物生产的食物可供食草动物摄食，被称为"初级消费者"。以食草动物为食的食肉动物称为"次级消费者"。以其他食肉动物为食的食肉动物称为三级（或更高级）消费者。食物链

		食物链		表2
生物	生物体自养生物	食草动物	食肉动物	分解者
功能:	生产者	初级消费者	次级消费者和三级消费者	废弃物回收

的各级消费水平称为"营养级"。

另见: Food network　食物网络; Food web　食物网。

Food network　食物网络

食物链相互联系的营养级构成食物网络; 生物体、动植物生长的互相依赖关系。另见: Food chain　食物链; Food web　食物网。

Food web　食物网

相互关联的食物链, 使得能量和材料在生态系统内循环。另见: Food chain　食物链; Food network　食物网络。

Footcandle (fc)　英尺烛光（fc）

一烛之光照射于1英尺距离外1平方英尺表面上的直射光定量测量。

Foot lambert (fL)　英尺朗伯（fL）

由于反射、透射, 或一个表面发出一英尺烛光所产生的亮度的定量测量。

Forb　非禾本草本植物

任何草本植物或非禾本植物。

Forced oxidation　强制氧化

废气或排放物中的污染物被迫接触空气或纯氧, 使其转变成稳定形态的化学过程。

Forcing mechanism　强迫机制

改变气候系统能量平衡的过程。强迫机制可改变入射太阳辐射与逸出红外辐射之间的平衡。该机制包括太阳辐照度、火山喷发和温室效应的改变。

Forest fragmentation　森林破碎化

通常由于向农业用地或住宅用地转化, 导致原本健康的植被覆盖区、林地和生态系统分裂为碎片的现象。生态设计总体规划的目标是避免森林破碎化, 修复已经形成的破碎生态系统, 在破碎的土地上建立新的绿色廊道, 将其用作新的生态走廊或生态基础设施。

Formaldehyde (H_2CO)　甲醛（H_2CO）

甲烷（CH_4）及其他碳化合物在氧化或燃烧过程中的媒介气体, 森林火灾产生的烟雾, 汽车的尾气以及烟草的烟雾中都含有甲醛。在大气中, 甲醛是大气甲烷和其他碳氢化合物在阳光和氧气的作用下产生的。因此, 甲醛也是构成烟雾污染的因素。生态设计的目标之一是避免使用甲醛。另见: Urea formaldehyde　脲醛; Phenol formaldehyde　苯酚甲醛。

Fossil fuel　矿石燃料, 矿物燃料, 化石燃料

地球地壳内自然形成的有机燃料, 包括石油、煤、天然气、泥煤及其他碳氢化合物。矿石燃料是古代植物和动物的残留物。一旦取用就无法再生成, 因此被认为是不可再生的能源。

矿石燃料形成的生物过程、化学过程和物理过程都需要非常漫长的时间。矿石燃料燃烧时会排放主要的温室气体——二氧化碳（CO_2）。

Framework Convention on Climate Change (FCCC) 《气候变化框架公约》（FCCC）

见：United Nations Framework Convention on Climate Change《联合国气候变化框架公约》。

Francis turbine   混流式水轮机

James B. Francis 开发的一种水力涡轮机，可将垂直下落的水流转换为机械（旋转）能（图28）。可用于驱动发电机，是最为常用的水轮机。混流式水轮机可服务的水头范围很广，从10米至700米，其电力输出量达到数千瓦至1000兆瓦。混流式水轮机还可用于抽水蓄能，在电力需求低的时期利用涡轮机充当泵来抽水以填满水库，在高峰电力需求时期则反过来利用水轮机进行发电。19世纪，水轮机取代了水车，可与蒸汽机共同完成发电。另见：Water turbine   水轮机；Kaplan turbine   卡普兰水轮机；Pelton turbine   水斗式水轮机。

Free-jet turbine   射流式水轮机，冲击式水轮机

见：Pelton turbine   水斗式水轮机。

Freon   氟利昂

含有碳、氯、氟的混合物种类。氟利昂通常作为发泡剂和溶剂用于气

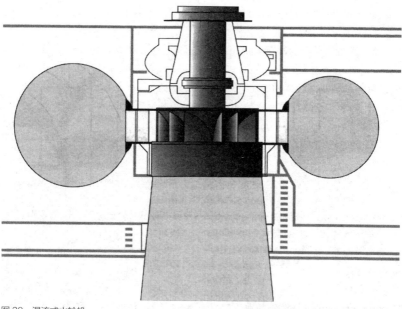

图28   混流式水轮机
资料来源：voith – siemens

溶胶罐，还可以作为传热气体用于冰
箱和空调。《蒙特利尔议定书》及其他
国际协定已经提出逐步停止生产氟利
昂。生态设计之中应当避免该物质。
另见：Hydrochlorofluorocarbons 氢氟
氯碳化物（HCFCs）。

Freshwater systems　淡水系统

　　淡水系统包括河流、溪流、湖泊、
池塘、水库；与河流、溪流、湖泊、
湿地（沼泽地）相连的地下水；淡水
湿地包括森林湿地、灌丛湿地和挺水
植物湿地（沼泽地）、开放的池塘，以
及河岸地区。

Fresnel lens　菲涅耳透镜

　　一种聚光式太阳能集热器。菲涅
耳透镜是一种平面光学透镜，可以像
放大镜一样聚集光线，利用角度略有
不同的同心环使落在任意环上的光线
都聚集到同一点。另见：Concentrating
solar collector　聚光式太阳能集热器。

Fuel　燃料

　　通过燃烧或电化学反应等过程进
行转化，从而产生热量或电力的材料。

Fuel cells　燃料电池

　　不通过燃烧即可将氢与氧的化学
能转化为电能的电动机械"引擎"；水
是唯一的副产物（图 29）。燃料电池
是简单的设备，没有活动部件，仅有
四个功能构件：放置燃料（阳极）和
氧化剂（阴极）的两个催化活性电极；
电解液，在两个电极之间传递离子，
以及连接件。燃料电池可直接将化学
能转化为电能和热量。在燃料电池内，
电子从燃料元件中移出（催化反应），
产生电流。燃料电池的工作没有燃烧
过程，从而可避免形成污染物质，例
如氮氧化物（NO_x）、硫氧化物（SO_x）、
碳氢化合物和颗粒物质，同时还能使
发电效率显著提高。投入的燃料通过
阳极，氧通过阴极并催化分裂为离子
与电子。电子经过外部电路服务电载

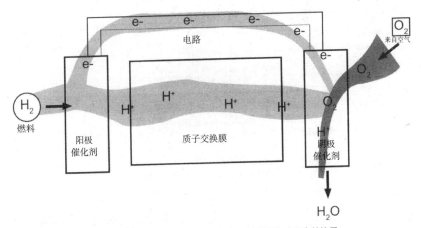

图 29　燃料电池：氢与氧结合发生电化学反应产生能量，副产物仅为水和有效热量
资料来源：燃料电池 2000 / 美国能源部

荷，而离子通过电解液去往相反电荷电极。在电极处，离子结合形成副产物——主要为水和二氧化碳（CO_2）。燃料电池可以固定安装用于发电，也可以为车辆发动机提供动力。

燃料电池有多种类型：碱性燃料电池（AFC）、磷酸燃料电池（PAFC）、熔融碳酸盐燃料电池（MCFC）、固体氧化物燃料电池（SOFC）、质子交换膜燃料电池（PEM）、直接甲醇燃料电池（DMFC），以及直接碳燃料电池。

利用钛壳碳纳米管的新型燃料电池可以储存氢，目前尚处于研究阶段。各大汽车制造商非常关注这种新型燃料电池未来在汽车领域中的应用（表3）。另见：Alkaline fuel cell 碱性燃料电池；Direct carbon fuel cell 直接碳燃料电池；Direct methanol fuel cell 直接甲醇燃料电池；Molten carbonate fuel cell 熔融碳酸盐燃料电池；Phosphoric acid fuel cell 磷酸燃料电池；Proton exchange membrane fuel cell 质子交换膜燃料电池；Regenerative fuel cell 再

不同类型燃料电池的特点   表3

技术	碱性 （AFC）	质子交换膜 （PEM）	直接甲醇 （DMFC）	磷酸 （PAFC）	熔融碳酸盐 （MCFC）	固体氧化物 （SOFC）
电解液	氢氧化钾	聚合物	聚合物膜	磷酸	锂或碳酸钾	陶瓷（钙或氧化锆构成）
工作温度（℃）	50—200	50—100	50—200	160—210	800—800	500—1000
效率（%）（HHV）	45—60（若采用热电联供最高可达70）	35—55	40—50（若采用热电联供最高可达80）	40—50	50—60（若采用热电联供最高可达80）	50—65（若采用热电联供最高可达75）
功率密度（千瓦/米²）	0.7—8.1	3.8—13.5	1—6	0.8—1.9	0.1—1.5	1.5—5.0
燃料源						
燃料	氢气	氢气、重整油	甲醇、乙醇、汽油	氢气、重整油	氢气、一氧化碳、重整油	氢气、二氧化碳、甲烷
重整	外部	外部	不需要	外部	外部或内部	外部或内部
技术开发						
发展阶段	成熟技术	原型	原型	可批量供应	全尺寸示范	原型
材料	铂催化剂	铂催化剂	铂催化剂	铂催化剂	镍催化剂	陶瓷
注意事项	需极少量H_2	少量CO将污染催化剂		若以汽油为燃料，必须去除硫	高温意味着更能抵抗一氧化碳中毒	
用途	航天器	汽车、公交车	小规模热电联供，交通运输，便携	中等规模热电联供，公交车	大规模热电联供	各种规模热电联供

生燃料电池; Solid oxide fuel cell 固体氧化物燃料电池; Solid oxide hybrid fuel cell power system 固体氧化物混合燃料电池动力系统。

Fuel economy, automobile 汽车燃料经济性

汽车行驶一定距离所需的燃料量。衡量汽车燃料经济性最常用的两个方法是:1)千米 / 升;2)每单位距离的燃料量,例如:升 /100 千米。另见:Corporate Average Fuel Economy 公司平均燃料经济性(CAFE)。

Fuel economy regulations,automobile 汽车燃料经济性法规

州、国家或国际司法机构制定的法规,法规要求汽车制造商遵循政府或国家制定的油耗里程或燃料经济性标准。按照燃料经济性法规,许多国家已施行减少二氧化碳(CO_2)排放量的法规和目标。以下为全球主要汽车市场有关燃料经济性与温室气体排放的法规。

在欧盟,ACEA 协议拟定的目标是:到 2008 年,汽车 CO_2 排放量比 1995 年减少 25%。到 2012 年,协议的目标可再增加 10%。2007 年 2 月,欧洲委员会颁布了欧洲委员会主要提案(COM 2007 0019),规定将 2012 年的平均 CO_2 排放量限定在 120 克 CO_2/ 千米。一些小型车辆的规模化制造商已经非常接近目标,而高排放车辆的小规模制造商距离达标还很远。

日本要求到 2010 年汽车 CO_2 排放量比 1995 年减少 23%;到 2015 财政年度,客车的每升油耗行驶里程平均增加 23.5%。

澳大利亚设定了志愿承诺,截至 2010 年将燃料经济性提高 18%。

加拿大提出的目标是到 2010 年将燃料经济性提高 25%。

中国于 2004 年提出新的燃料经济性标准,并在 2005 年和 2008 年启动了基于权重核算的标准。

美国有三套不同的燃料经济性评估标准:1)国家公路交通安全管理局(NHTSA)制定的公司平均燃料经济性(CAFE)指标;2)美国环保局制定的功率计未修正指标;3)美国环保局制定的道路修正指标。CAFE 标准常用于判定制造商是否遵守适用的平均燃料经济性标准。美国环保局的功率计未修正指标是根据测试期间的排放量,利用碳平衡公式计算得出的。美国环保局掌握了燃料中的碳含量,通过计算废气排出的碳化合物从而进一步计算燃料经济性。

另见:ACEA agreement ACEA 协议;Corporate Average Fuel Economy 公司平均燃料经济性(CAFE)。

Fuel, nuclear 核燃料

维持核反应堆的裂变链式反应所需的自然铀、浓缩铀或其他放射性核素。也指整个燃料元件,包括结构材料和覆盖层。也被称为"反应堆燃料"。核能不直接产生温室气体排放物(CO_2,NO_2),但是核燃料循环会间接产生温室气体排放物,其排放率远远低于矿石燃料。核能发电不会直接产生二氧化硫、氮氧化物、汞或与矿石燃料燃烧相关的其他污染物质。

Fugitive emissions 逸散性排放物

进入大气圈不受物理限制的物质。例如土壤侵蚀、露天开采、岩石压碎、建筑物拆除等活动产生的灰尘。这些颗粒物自由进入大气圈，从而可以在空气中传播，并且可能持续飘浮在空气中或落入水体，如果落在陆地上则可能渗入地下水。通常指的是封闭系统逸出的排放物。

Full mode design 全模式设计

全模式是指建筑物中常规的整个暖通空调系统（HVAC），一般而言采用机械和电气系统。针对室内环境、供暖、制冷、照明和通风的全模式供应能够通过能源密集型机械系统进行人为控制。全球消耗的能源中，有一半以上是被全模式建筑消耗的。全模式系统应当与其他模式系统协调使用，从而提高能源利用率。

生态设计策略旨在减少或消除全模式系统对不可再生燃料的依赖性，通过提高系统和设备效率，利用建筑自动化系统、热电联供系统，采用与其他模式相结合的组合策略达到目的，包括被动模式、混合模式和复合模式，从而形成与当地气候适应的能源设计模式。另见：Mixed-mode design 混合模式设计；Passive mode design 被动模式设计；Productive mode design 生产模式设计。

Functional diversity 功能多样性

生态系统多样性的三种主要类型之一。功能多样性是物种之间的生态交互作用，包括捕食作用、互惠共生作用、养分循环和偶发自然干扰等生态功能。另见：Species diversity 物种多样性；Structural diversity 结构多样性。

Fungi 真菌

缺乏叶绿素的低等植物，需要有机物质和水分来维持生长。例如霉菌、霉。

Furans 呋喃

有毒化学物质。"呋喃"一词有时用作环境污染物群"二苯并呋喃"的简称，也是有毒有机氯化合物族（由通过桥连接的两个苯环构成，一个为碳－碳环，一个为碳－氧－碳环）的简称。呋喃从有害废物焚烧炉中排放至空气中。生态设计的目标之一是避免产生呋喃。另见：Toxic chemicals 有毒化学物质。

Fusion energy 聚变能

见：Joint European Torus 欧洲联合环形加速器。

G

Gallium arsenide (GaAs) 砷化镓（GaAs）

镓和砷两种元素的结晶形态，可用于生产高效太阳能电池。

Galvanic cell 原电池

见：Electrochemical cell 电化电池

Gamma radiation　γ辐射，伽马辐射

由高能粒子构成的辐射能形式。
另见：Ionizing radiation　电离辐射。

Gas　燃气

1. 可燃气体，如天然气、未稀释的液化石油气（仅指气相时的液化石油气）、液化石油气与空气的混合物，或上述气体的混合物。燃气燃烧的过程会产生二氧化碳和水。二氧化碳是温室气体形成的主要成分。

2. 生物燃料气体由生物质原料、可再生有机物制成。乙醇和甲醇均为生物燃料。虽然与石油基燃料相比，乙醇是一种较为清洁的燃料，但是仍然会产生温室气体排放。另见：Ethanol　乙醇；Methanol　甲醇。

Gas control and recovery system　气体控制和回收系统

含有透水材料和穿孔管道的一系列直立井或水平渠。气体控制和回收系统的设计是为了收集填埋气，以便进行处理或用作能源。

Gas sorption　气体吸附

使含有气载化合物的空气流经可以吸收气体的材料，从而减少气载化合物含量的过程。

Gasification　气化

也被称为"热解蒸馏"或"热解"。通过在受控制的条件下加热生物质和固体废弃物，从而将这些材料转化为富含能量的燃料的技术。废弃物经过焚烧可转化为能量和灰，而气化过程则是不发生直接燃烧，废弃物的转化过程受到限制。相对应的，废弃物被转化为气体。烧成炭的废弃物与二氧化碳、蒸汽发生反应，产生一氧化碳和氢（$C + H_2O$ 产生 H_2+CO）的过程为气化过程。气化过程可用于气化联合循环系统的燃气轮机，从而进行发电。通过控制气化过程中的氧气量，碳氢化合物可被分解为合成气。另见：Biomass gasification　生物质气化；Pyrolysis　热解；Synthesis gas　合成气。

Gasifier　气化炉

将固体燃料转化为气体燃料的设备。目前有四类气化炉可用于商业用途：向上气流固定床气化炉，向下气流固定床气化炉，流化床炉和喷流床炉。

Gasohol　酒精汽油，酒精－汽油混合燃料

也被称为"E10"或"无铅+"。含有 10% 酒精的汽油。

Gasoline gallon equivalent (GGE)　汽油加仑当量（GGE）

一汽油加仑当量是指在某种燃料中所含能量相当于一加仑汽油所含能量的值。一汽油加仑当量约等于 2.6 千克压缩天然气。另见：Compressed natural　压缩天然气。

GBI　绿色建筑行动（缩写）

见：Green Building Initiative　绿色建筑行动。

General system theory approach　一般系统理论方法

生态设计术语，一般系统理论方

法将设计成果看作人造环境和自然环境中存在的一个系统，可以是设计系统也可以是建成系统。

Generator　发电机

也被称为"电力发生器"，可以把机械动能转化为电能的设备。机械能来源包括穿过涡轮机、内燃机、涡轮蒸汽机的风，流经水车或涡轮机的流水，或任何其他机械能来源，如手摇曲柄。将电能反向转换为机械能需采用发动机。发动机和发电机有很多相似性。

Genetic assimilation　遗传同化

在某个环境或情境中，某个特点通常仅在特定的环境条件下表现出来，而这样的特点成为某种群或物种的固定特点，因此不再需要特定的环境因素也能表现出来。当一个生态系统的平衡发生变化时，遗传同化就可能发生。物种可以适应这些变化，或者与相似物种杂交。C.H. Waddington 所做的 1953 年实验是遗传同化的典型例子，实验中将果蝇胚胎暴露在乙醚中，产生双胸样表型（同源异型变化）。部分果蝇发展出翅型笼头，实验中选择此特点对果蝇进行培养，繁殖 20 代，这样不需要乙醚处理就可以看到这种表型。

遗传同化的结果是原始物种灭绝，生物多样性下降。自然因素和人为因素均可能导致生物群落发生变化。

Geo-exchange system　地热交换系统

见：Ground-source heat pump　地源热泵。

Geological sequestration　地质封存

又被称为"碳捕获和碳封存"。在深层地下地质构造中进行二氧化碳（CO_2）的捕获与封存。地质封存是通过捕获大面积点源（如矿石燃料发电厂）所排放的 CO_2，并储存 CO_2 而不是排入大气，从而减轻全球气候变暖的情况。尽管 CO_2 因各种用途被注入地质构造，但是 CO_2 的长期储存仍是一个未经验证的概念，截至 2007 年，尚没有大型发电厂在运行过程中采用完整的碳捕获与封存系统。

Geomorphologic factors　地貌因素

规划和设计过程中，设计师为保护生态系统、恢复受干扰的或退化的生态系统所考虑的因素。

Geopressurized brines　地压盐水

地压盐水温度很高（149—204℃），加压水包含溶解的甲烷，位于地球表面以下深度为 3048—6096 米的地方。最著名的地压型热储层位于得克萨斯州和路易斯安那州墨西哥湾沿岸。从该地层中至少可以获得三类能源：高温流体蕴含的热能；高压形成的液压能；燃烧溶解沼气产生的化学能。

Geosphere　岩石圈

地壳（包括陆壳以及海底之下的结构）中的土壤、沉积物和岩石层。

Geothermal energy　地热能

地球内部热量所产生的能量。地热的热源包括：热液对流系统、加压水库、干热岩、人造梯度、岩浆。地热能可直接用于供暖或生产电力。地热能是一种替代能源。地热能可通过热传导或熔融的岩浆进入地壳,从而被带到近地表面。地热能既清洁又可持续。

Geothermal heat pump   地热热泵

见:Ground-source heat pump   地源热泵。

Geothermal power technology   地热发电技术

地热发电技术主要有以下三项:干蒸汽地热发电、闪蒸汽地热发电、双汽循环地热发电。干蒸汽地热发电技术利用的是非常热的蒸汽(>235℃)和地热储集层的少量水分。闪蒸汽地热发电技术利用地热储集层的热水(>182℃),释放所抽热水的压力,使其汽化为蒸汽。双汽循环发电技术利用的是中温水(>107℃)。高温地热流体流经换热器的一侧,加热相邻独立管道内的工作流体。工作流体通常为低沸点的有机化合物,汽化后经过涡轮机,从而产生电力。另见:Binary cycle geothermal power   双汽循环地热发电;Dry steam geothermal power   干蒸汽地热发电;Flash steam geothermal power   闪蒸汽地热发电。

GGE   汽油加仑当量(缩写)

见:Gasoline gallon equivalent   汽油加仑当量。

Gigawatt (GW)   千兆瓦,10亿瓦(GW)

电的功率单位,等于10亿瓦、100万千瓦或1000兆瓦。

Glassphalt   玻璃沥青

含有玻璃碎渣作为骨料的沥青。自20世纪60年代以来,玻璃沥青被广泛试验,用来处理剩余废弃玻璃。玻璃沥青用粗碎玻璃取代了5%—40%的岩石或砂骨料,除此以外,基本上与传统的热拌沥青混合料相同。用玻璃替代传统骨料的成本效益在很大程度上取决于当地骨料的位置、质量和成本,以及在循环再利用中的各类价值。最初开发玻璃沥青是为了用于替代废弃玻璃的填埋处理。混拼玻璃多数是通过回收利用过程制造的,因此不适合回收利用来制造新容器。

Glazed thermal walls   玻璃隔热墙

在外墙外侧装配的玻璃结构,通过抑制墙体表面的部分对流热损失和辐射热损失,从而保留经过玻璃传递的太阳辐射。

Glazing   玻璃

允许光线入射并且减少热损失的透明或半透明材料(玻璃或塑料),可用于建筑物的窗户、天窗或温室,或覆盖太阳能集热器的孔洞。

Global warming   全球变暖

地球表面和对流层的大气温度普遍升高,可导致全球气候模式发生变化。全球变暖的原因既有自然因素也有人为因素。按照惯例,全球变暖是指因人类活动产生的温室气体排放量增加而导致的变暖现象。热量离开对流层,流向太空,被水汽、二氧化碳、臭氧及其他气体吸收,滞留在低层大气中,从而使地球的气温升高。另见:

Greenhouse effect　温室效应。

Global warming potential (GWP)　全球变暖潜力（GWP）

用于比较不同气体的相对温室气体作用的指数，无须直接计算大气浓度的变化。全球变暖潜力是固定期限内（如 100 年）排放 1 千克温室气体与排放 1 千克二氧化碳之比。

Graetzel cell　Graetzel 电池

染料敏化新型太阳能电池，瑞士科学家 Michael Graetzel 和 Brian O'Regan 研制出的新一代太阳能电池。染料敏化太阳能电池利用高孔隙度的染料吸附纳米二氧化钛（nc-TiO_2）产生电能。基于光敏阳极和电解液之间的半导体，Graetzel 电池的原料成本低，生产成本低廉。欧盟的光伏路线图表明，到 2010 年，Graetzel 电池将对可再生电能的生产有重大贡献。

Grassed waterway　植草泄水沟

人工种植植被或自然覆盖植被的土地区域，可以让径流或污水进入排污河流，并且不造成侵蚀。

Grassland　草原，草地

以草和相似的草本植物为主的生物群落。由于气候变化导致草地生态系统的土壤生物区多样性发生变化，对植物营养的有效性造成功能影响，可以改变草地与伴生树种的遗传、形态和功能多样性。

Gray water　灰水

洗澡、洗衣服、冲厕所、洗碗产生的废水。灰水灌溉的主要方法是通过地下分配来实现。用灰水进行灌溉需要在室内设置独立的黑水和灰水排水管道（图 30）。另见：Black water 黑水。

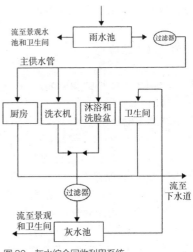

图 30　灰水综合回收利用系统

Green architecture　绿色建筑设计

见：ecodesign　生态设计。

Green belt　绿化带

1. 因森林砍伐、工业化、城市化或不良农业实践活动导致巨大损害后得以恢复的土地区域。放牧过度的农业实践活动和人造肥料的大量应用扰乱了生物地球化学循环。不良农业实践活动已造成土壤流失和土壤侵蚀的问题。

2. 为保护自然栖息地、植被和开放空间而预留的区域，可建设成为所建市区与自然生态系统之间的缓冲地带，以防止城市不规则扩张，例如英国发生的城市不规则扩张现象。

Green Building Council, US (USGBC) 美国绿色建筑委员会（USGBC）

美国的非营利性同行组织，宗旨是提高建筑物的设计、建设和运营过程中的可持续性。最卓越的贡献是开发了能源和环境设计先锋（LEED）评级制度和绿色建筑大会，绿色建筑大会是推动绿色建筑行业的绿色建筑会议，包括环保材料、可持续建筑技术和公共政策。

一些国家也设置了绿色建筑委员会。另见：Leadership in Energy and Environmental Design　能源和环境设计先锋（LEED）。

Green Building Initiative (GBI)　绿色建筑行动组织（GBI）

美国的非营利性组织，旨在通过在住宅和商业建筑领域采用切实可行的绿色建筑方法，促进节能、健康和环境可持续的建筑实践的运用。绿色建筑行动组织采用的是加拿大绿色地球绿色评级系统。另见：Green Globes 绿色地球。

Green building rating systems　绿色建筑评级系统

又被称为"建筑物环境评估方法和标准"。绿色建筑评级系统可以通过运用绿色建筑材料、降低能耗、减少废弃物、更好的土地利用以及生态可持续发展实践，从而促进可持续发展的标准。绿色建筑评级系统可以衡量建筑物的环保性能。许多国家制定了自己的标准来衡量建筑的能源效率。在此无法列出所有国家的相关标准，下面列出一些正在使用的建筑环境评估工具。

- 澳大利亚：全国建成环境评价系统（NABERS）；"绿色之星"
- 巴西：AQUA；巴西能源和环境设计先锋（LEED）
- 加拿大：加拿大能源和环境设计先锋；绿色地球
- 中国：绿色建筑评估体系（GBAS）；绿色奥运建筑评估体系（GOBAS）
- 芬兰：Promise
- 法国：法国高环境品质评价体系(HQE)
- 德国：德国可持续建筑委员会
- 香港：香港建筑环境评审法（HKBEAM）
- 印度：印度能源和环境设计先锋；生境综合评估绿色评级（Terri GRIHA）
- 意大利：Protocollo Itaca
- 日本：建筑物综合环境性能评价体系（CASBEE）
- 墨西哥：墨西哥能源和环境设计先锋
- Netherlands 荷兰：荷兰建筑研究院环境评估方法（BREEAM）
- 新西兰：绿色之星 NZ
- 葡萄牙：Lider A
- 新加坡：新加坡建设局的绿色标志计划
- 南非：南非绿色之星（Green Star SA）
- 西班牙：VERDE
- 阿拉伯联合酋长国：酋长国绿色建筑委员会
- 英国：英国建筑研究院环境评估方法（BREEAM）

- 美国: 能源和环境设计先锋 (LEED); 生态建筑挑战; 绿色地球

另 见: Building Research Establishment Environmental Assessment Method 英国建筑研究院环境评估方法 (BREEAM); Green Globes 绿色地球; Leadership in Energy and Environmental Design 能源和环境设计先锋 (LEED)。

Green certificates 绿色证书

也被称为"绿色标签"、"可再生能源证书",或"新能源证书"。绿色证书可以表示可再生资源发电的环境价值。通常,一个证书代表1兆瓦时电力。绿色证书是一种可交易的商品,证明利用可再生能源(包括生物质、地热、太阳能、波浪和风)产生的电力。证书交易可与能量生产分离开来。一些国家利用绿色证书使绿色发电更贴近市场经济。波兰、瑞典、英国、意大利、比利时和美国的一些州现已展开全国绿色证书交易。将电力价值与环境价值分开,清洁能源发电机就能够以具有竞争力的市场价值将其生产的电力出售给电力供应商。出售绿色证书还会带来额外收入,如上文所述的——与可再生能源发电相关的市场成本。

Green design 绿色设计

见: ecodesign 生态设计。

Green façade 绿色立面

通过控制和调整对阳光、热量和空气的通透性实现能源节约的外墙,使得建筑物可以应对不断变化的气候条件。变化因素包括遮阳、眩光保护、临时热防护、可调节的自然通风设置。绿色立面必须是多功能的。

Green Globes 绿色地球

众多国际组织和专家研究开发的加拿大环境评估和评级系统。该系统基于英国建筑研究院环境评估方法(BREEAM),1996年由加拿大与ECD Energy and Environment公司合作引入加拿大。从那时起,加拿大不断拓展完善评估方法和评估标准。绿色地球评估系统也在美国得到使用,主要是通过绿色建筑行动方面展开。另见: Building Research Establishment Environmental Assessment Method 英国建筑研究院环境评估方法(BREEAM); Green Building Initiative 绿色建筑行动; Green building rating systems 绿色建筑评级系统。

Green manure 绿肥

耕地时将修剪掉的或正在生长的绿色植被混入土壤,从而增加有助于作物生长的有机物和腐殖质。

Green power 绿色电力,绿色动力

常用于表述清洁能源、可再生能源产生的能量。

Green pricing 绿色定价

一些监管部门采取的做法,清洁能源和可再生资源生产的电力售价高于矿石燃料或核电站所生产的电力。前提条件是: 购买者愿意支付清洁电力的额外费用。

Green Revolution　绿色革命

绿色革命主要是指 20 世纪 60 年代末许多发展中国家改良农作物基因和增加主要谷物产量的活动。第一次使用"绿色革命"一词是在 1968 年，美国国际开发署前署长 William Gaud 指出了新技术的拓展趋势，他说，"农业领域的种种改进蕴含了一场新的革命"。从 20 世纪 40 年代中期开始，洛克菲勒基金会、福特基金会和其他机构资助了作物遗传学的研究，使得全球农业领域发生巨大变化，农业产量大幅增加。植物遗传学家 Norman Borlaug 协助开发抗病小麦品种，提高了墨西哥的小麦产量，避免了印度和巴基斯坦的饥荒。BoHaug 博士的巨大贡献使他赢得了 1970 年诺贝尔和平奖。玉米和水稻的产量也获得显著改善。1992 年，研究网络包括 18 所研究中心，多数位于发展中国家，研究队伍由全球各地的科学家组成，获得财团、各国政府和国际机构的广泛支持。

近期的研究对如下非难做出了回应，例如"绿色革命"取决于化肥、灌溉以及贫困农民无法负担的其他因素，甚至还有一些对生态有害的因素；再如"绿色革命"促进单种栽培，会导致基因多样性的缺失。为满足不断增长的人口的需求，欠发达国家的作物产量大幅提高，同时也对环境造成了不利影响。国际食品政策研究所等组织机构监测了作物产量增长的过程，并且指出作物产量的增长速度有所下降，面临世界人口增长过快的现状，粮食产量仍显不足。集约农业经营已经导致土壤退化和腐蚀，增加了杀虫剂的利用率（如 DDT 和狄氏剂），而

这次杀虫剂无法在环境中分解，而是在食物链中累积并传播至整个生态系统。杀虫剂被农场工人吸入体内会损害身体健康，还会通过径流污染水源。另外，单种栽培作物会降低生态系统的生物多样性；水源枯竭成为严峻问题；单一作物对新型致病菌较为敏感，而这些新型致病菌可能消除这些作物固有的遗传特性。

Green roof　绿色屋顶，绿化屋顶

也被称为"屋顶花园"。可取代传统屋面材料，绿色屋顶可降低屋顶和建筑温度，过滤污染，缓解污水处理系统的压力，减轻热岛效应。建造绿色屋顶的目的是形成自维持植物群落。轻型绿色屋顶的铺设包括：防根防水膜之上设置排水系统，一层轻型生长基质，一层 15 厘米或更薄的土壤层，以及无须灌溉系统的植被（如草皮、草坪及其他地被植物）。

绿色屋顶包括重型和轻型（如图 31）。另见：Extensive green roof　轻型绿色屋顶；Intensive green roof　重型绿色屋顶。

Green tags　绿色标签

见：Green certificates　绿色证书。

Green wall system　绿墙系统，垂直绿化系统

见：Breathing wall　呼吸墙。

Greenfield site　绿色地带，未开发土地

尚未被开发用于建设建筑结构的土地。另见：Brownfield site　棕地。

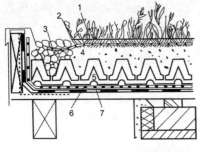

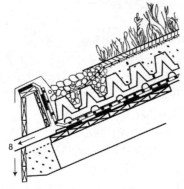

1. 植物
2. 有机物质层
3. 网眼麻黄网上设置的抗侵蚀板材
（屋顶斜度超过 15° 或多风地区）
4. Zincolit 基质
5. 异形排水构件
6. 防潮垫
7. 耐根穿刺防水层
8. 出水口

图 31　屋顶边缘绿化细节

Greenhouse effect　温室效应

　　大气圈下部对流层热量的获取和积聚。部分热量离开地球并返回太空，被水汽、二氧化碳（CO_2）、臭氧以及大气圈的其他气体吸收。这些气体释放的下行热量被称为温室效应。吸收的热量被再次辐射回到地球表面，并且被地表吸收。部分能量经过再次辐射，导致地表温度高于没有空气时的温度。如果大气中的温室气体浓度提高，低层大气的平均温度将逐渐升高。大气中的温室气体浓度受全球的温室气体总量影响，排放至大气和从大气中去除的温室气体都包括在内。图 32 给出全球各种气体的温室气体排放情况。

　　图 33 给出自工业革命至 2002 年以来，全球主要的二氧化碳排放源数据。

　　世界资源研究所的气候分析指标工具（CAIT）可以按照年份、国家、来源和温室气体，提供当前温室气体总排放量的相关数据资料。另外，政府间气候变化专门委员会综合了现有的科学数据，在评估报告中汇总了全球温室气体的排放量和去除量。报告中给出全球有关空气和排放路径类型的数据，例如来源或汇集的类型，还包括了人类产生和天然产生的排放物。

　　图 34 预测了发达国家和发展中国家未来的温室气体排放趋势。预计到 2015 年，发展中国家的排放量将超过发达国家。

　　见：Global warming　全球变暖；Greenhouse gases　温室气体。

Greenhouse gases　温室气体

　　低层大气（对流层）中吸收热量的气体。有些温室气体是自然形成的，如二氧化碳（CO_2）和水汽，通过自然过程和人类活动被释放到大气中。只通过人类活动进入大气的温室气体主要有：二氧化碳（CO_2）、甲烷（CH_4）、一氧化二氮（N_2O）和氟化气体。增加温室气体排放的人类活动还有：使用矿石燃料，森林砍伐，牲畜和水稻养殖，土地利用和湿地改变，垃圾填埋场排放，管道泄露，制冷、灭火和制造业中使用氯氟烃（CFCs），以及

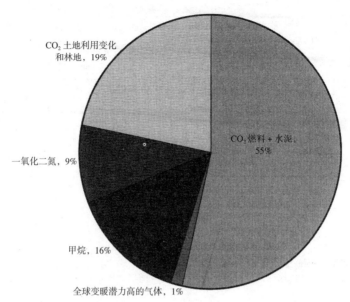

图 32 2000 年全球温室气体排放情况

资料来源: 美国环境保护局

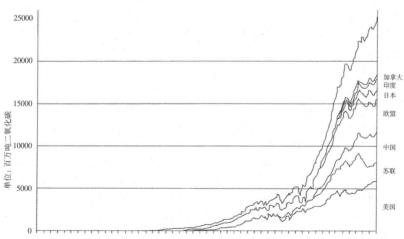

图 33 1751—2002 年间全球 CO_2 排放情况

资料来源: 二氧化碳信息分析中心

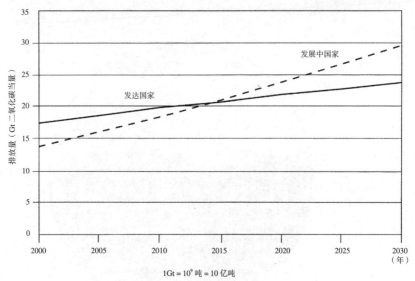

图34 美国环保局统计人类活动导致的全球非二氧化碳排放量

资料来源: SGM energy modeling forum EMF-21 projections, Energy Journal Special

化肥的使用。蒸汽、CO_2、CH_4、N_2O、臭氧、氢氟碳化物、全氟碳化物以及六氟化硫等气体的特点为：对太阳短波辐射而言是透明的，而对长波红外辐射是不透明的，因此可避免长波辐射能离开地球大气层。温室气体净效应是滞留吸收的辐射，呈现使地球表面升温的趋势。

Greenhouse gas score   温室气体分数

反映汽车尾气的二氧化碳排放量。分数从0至10，0分最佳。通过分析车辆的燃油经济性和燃料类型来确定分数。燃油经济性越低，二氧化碳（作为燃烧的副产物）排放量越高。每升或每加仑燃料的二氧化碳排放量因燃料类型而不同，对于不同类型的燃料，每加仑或每升燃料的含碳量也不同。

Grid-connected system   并网系统

太阳能发电或光伏（PV）系统，其中的光伏阵列成为配电站，向电网提供电力。在白天和某些季节（阳光充足，有流水或吹风的时候）当中，并网系统利用可再生能源为住宅或小型企业供电。产生的多余电力被送回电网。如果不可利用可再生资源，电网的电力能够满足用户的用电需求。

Ground cover   地被物

土壤表面的物体或材料，可防止土壤侵蚀和淋溶。上述物料可以是有机腐殖质、植物或人工合成的可生物降解板材。

Ground-level ozone   地面臭氧

大气圈的两个气层会形成臭氧（O_3）。最接近地球表面的一层是对流层。这里的地表臭氧或"坏"臭氧为空气污染物，吸入体内有害健康，还会损害农作物、树木和其他植被；是城市烟雾的主要成分。对流层向上延伸9.7千米处为第二层——平流层。平流层或"好"臭氧层向上延伸约9.7—48千米均可起到保护作用，使地球上的生物免受有害的太阳紫外线辐射。另见: Ozone 臭氧。

Ground loop　接地环路

地源热泵系统中，充满流体的一系列塑料管道，埋在地下浅层、水体内部或建筑物附近。管道内的流体通常在建筑和地下浅层（或水体）之间传递热量，从而为建筑供热或制冷。另见: Ground-source heat pump　地源热泵。

Ground reflection　地面反射

从地面反射到太阳能集热器的太阳辐射。

Ground-source heat　地源热量

将土地的自然热量用作热泵的能源。

Ground-source heat pump (GSHP) 地源热泵（GSHP）

也被称为"地热热泵"或"地热交换系统"。地源热泵系统中，致冷剂与接地介质（地表或地下水）内循环流动的流体通过换热器交换热量。流体容纳于各种环路（管道）结构中，取决于地面温度和可用地面积。环路可水平或垂直安装在地下或浸没在水体内。地热热泵（地源或水源）为住宅和地面或附近水源之间传递热量，因此可以达到更高的效率。虽然地源热泵的安装成本较高，但得益于地表温度或水温相对恒定，其运营成本较低。热泵的安装取决于建筑用地的规模、底土和景观条件。与气源热泵相比，地源热泵或水源热泵可以在更为极端的气候条件下使用，并且具有非常高的客户满意度。例如，美国能源部到目前为止在各试点统计的数据结果表明，地源热泵可减少20%—40%的能源消耗量。另见: Air-source heat pump 气源热泵。

Groundwater　地下水

存在于土壤、地质构造中潜水面以下完全饱和的状态的水。

GSHP　地源热泵（缩写）

见: Ground-source heat pump　地源热泵。

GWP　全球变暖潜力（缩写）

见: Global warming potential　全球变暖潜力。

H

Habitat　栖息地，生境

生物体或生物群落赖以生存的生物环境，环境中包括食物、水、空间和庇护所。环境必须相对保持稳定，以维持现有生物体和物种的多样性。栖息地环境的变化可能破坏生态平衡。

Habitat conservation plans 栖息地保护计划

按照栖息地保护计划中的协议，只要自然栖息地得以保护或发展为有益于濒危物种的环境，联邦或国家政府保护机构允许私有财产所有者获取资源或开发土地。多数协议涉及对濒危物种意外损失的补偿津贴。

Habitat patch 生境斑块

形态和模式具有高度局部差异性的区域（生境），可容纳众多生物体物种。如果斑块的规模缩小或距离较远，物种的多样性和构成也会减少。

Halocarbons 卤烃，卤化碳

含有氯、溴，或者氟、碳的化合物。此类化合物可成为大气中的强温室气体。含有氯和溴的卤烃还会消耗臭氧层。

Halogens 卤素

含有氯原子、溴原子或氟原子的化合物。

Halon 哈龙，卤化物

有毒化学物质。溴、氟、碳构成的化合物，常用作灭火剂。由于哈龙会消耗臭氧层，美国按照联邦政府法规，于1993年12月31日规定停止生产哈龙。哈龙消耗臭氧是因为成分中含有溴，溴对臭氧的破坏力是氯的数倍。另见：Toxic chemicals 有毒化学物质。

HAP 有害空气污染物（缩写）

见：Hazardous air pollutant 有害空气污染物。

Hardwoods 硬木

生长缓慢的落叶性林木，经久耐用，可用作地板和家具材料。硬木生长至可采伐的成熟阶段通常需要25—80年。硬木包括槐木、樱桃树、榆树、山核桃树、枫树、白杨树、橡树和柚木。硬木生长速度缓慢，因此，硬木的损耗会导致植被区域的生态系统发生显著变化。地板和家具的可选材料还包括竹子（生长速度非常快并且能够很快修复）和生长速度较快的软木。另见：Bamboo 竹；Deciduous 落叶植物；Softwoods 软木。

Harvested rainwater 蓄积雨水

储水器或其他容器收集并储存的雨水，用于灌溉植物（图35）。

Hazardous air pollutant (HAP) 有害空气污染物（HAP）

可导致健康和环境问题的化学物质。有害空气污染物对健康可造成的影响包括先天缺陷、神经系统问题，甚至死亡。有害空气污染物的排放源包括化工厂、干洗店、印刷厂、机动车辆。另见：Air pollutants 空气污染物；Toxic chemicals 有毒化学物质。

Hazardous material 有害物质

对人体健康和环境造成不利影响的化学物质或产品。有害物质的特点是：具有毒性、腐蚀性、易燃、易爆。另见：Air pollutants 空气污染物；Soil contaminants 土壤污染物；Water pollutants 水污染物。

Hazardous waste 有害废物

具有危险特性的或可能危害人体

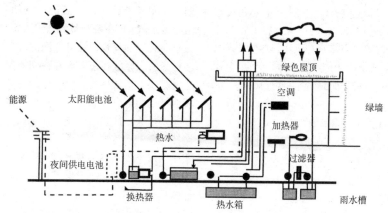

图 35 太阳能和雨水综合收集系统

健康和环境的废弃物。有害废物可以是液体、固体、气体或淤泥。有害废物可能是生产制造过程的副产品或废弃的商品，比如清洗液或杀虫剂。有害废物具有以下四个特点：可燃性、腐蚀性、反应性、毒性。可燃性废弃物可能造成火灾，通常具有自燃性，或燃点低于60℃。腐蚀性废弃物通常为腐蚀金属容器的酸性物或碱性物。反应性废弃物很不稳定，在受热、受压缩或与水混合时可能导致爆炸，产生毒性烟雾、有毒气体或蒸气。有毒废弃物一旦被摄取或吸入会对身体健康造成伤害，甚至致命。美国环保局制定了一份清单，列出500多种有害废物。有害废物可以是固体、半固体或液体。另见：Toxic waste   有毒废物。

HDD   热度日（缩写）

见：HeaTing degree day   热度日；Degree day   度日。

HDPE   高密度聚乙烯（缩写）

见：High-density polyethylene   高密度聚乙烯。

Heat   热量

燃烧、化学反应、摩擦或电流移动产生的能量形式。

Heat-absorbing window glass   吸热窗玻璃

一种含有特殊色彩的窗玻璃，可使窗户吸收45%的入射太阳能，还可以减少室内空间的得热量。吸收的热量中，有一部分将通过传导和再辐射继续穿过窗户。

Heat balance   热平衡，热量平衡

系统的热能输出量与热能输入量相等。

Heat engine   热机，热力发动机

直接利用不同温度的两个热量库产生机械能的设备。将热能转化为机械能的机器，比如蒸汽机或涡轮机。

Heat exchanger   换热器

将一种材料的热量传递给另一种材料的设备。常见的换热器构造是将

一种流体（液体或气体）的热量传递给另一种流体，两种流体在设备内隔离放置；在相变换热器中，热量传递给固体或从固体传给流体。另见：Heat recovery ventilator 热回收通风机。

Heat gain 得热量

建筑物内，所有热源（比如住户、灯、电器）和环境（主要为太阳能）带入空间内的热量。

Heat gain from bulbs 灯泡得热量

电灯泡产生的热量取决于灯泡消耗的功率（功率＝电流 × 电压）。只要光线在室内被吸收，灯泡的电功率与室内得热量相等。转换为英热单位需乘以 3.42，例如，100 瓦灯泡 × 3.4=340 英热单位／小时。

Heat island 热岛

城市的气温和地表温度比邻近郊区的温度高 1—6℃。温度升高可能增加峰值能源需求，提高空调成本，加剧空气污染，提高高温所致的疾病和死亡率，影响人类生存。热岛的形成，是由于城市地表覆盖的不再是天然地表，而是人工铺设的路面、建筑物和其他基础设施。这些变化通过下列途径导致市区温度升高：1）树木和植被去除，树木遮阳、土壤和树叶的水分蒸发（蒸发－蒸腾联合作用）产生的自然制冷效果下降；2）高层建筑和狭窄的街道会导致它们之间的空气升温，并且减少空气流通；3）车辆、工厂和空调产生的废热使周围环境升温，进一步加剧热岛效应。除上述因素之外，热岛强度取决于某个地区的天气和气候，与水体的距离，以及地形条件。全年无论白天或夜晚都可能形成热岛。在晴朗无风的夜晚，城郊之间的温差往往最大，原因在于郊区在夜间降温速度较快，而城市的道路、建筑物和其他结构中还存储着热量。因此，城郊温差最大，或热岛效应最显著通常在日落后 3—5 小时内形成。冬季期间，寒冷气候条件下的一些城市可能受益于热岛的增温效果。温度较高可能降低供暖能源需求，有助于道路上冰雪的融化。夏季期间，这些城市也会受到热岛的消极效果。总的来说，热岛在夏季期间造成的有害影响大于在冬季期间的有益影响，多数热岛缓解策略可以减轻夏季热岛造成的有害影响，同时不会消除冬季的有益影响。

虽然是两种不同的现象，夏季热岛会增加空调需求，导致发电设备排放额外的含热温室气体，进而导致全球变暖。热岛缓解策略可以减少导致全球变暖的气体的排放量。

Heat island effect 热岛效应

城市热岛导致温度上升对居民健康造成直接影响，比如中暑或吸入不洁空气造成呼吸系统问题。热岛还会造成其他影响，例如建筑物制冷造成能源消耗量增加，局部地区风的模式改变，云、雾、浓雾、湿气和降水形成。使用白色或反光材料来建造房屋、人行道、道路可以提高城市的总反射率，从而缓解热岛效应，这是许多国家使用已久的措施。第二种措施是增加高保水性植被的数量。这两种措施可与建设绿色屋顶相结合。例如，纽约市认定单位面积冷却潜力最大的

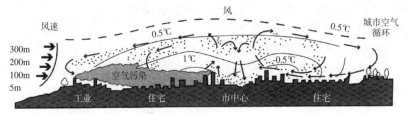

图 36　城市热岛效应

是街道树木，然后是绿色屋顶、浅色表面、开放空间绿化。从成本效率的角度来考虑，通过浅色表面、浅色屋顶和街道绿化来降低温度的成本较低（图 36）。另见：Heat island　热岛。

Heat load　热负荷，热荷载

加热某空间所需的能量。

Heat loss　热损失

建筑物通过门、窗户、屋顶损失的热量。

Heat pipe　热管，热导管

通过内部流体不断蒸发和凝结来传递热量的设备。热管具有良好的传热性能和速度，几乎不造成热损失。

Heat pump　热泵

利用制冷剂从一个区域（热源）提取有效热量并传递至另一区域（热汇）的电动设备，在空调模式中，热泵将内部热量传递至外部从而降低室内温度。在热泵模式中，将室外热量传递至内部从而提高室内温度。在制冷循环过程中，制冷剂压缩为气体，流经冷凝器时去除热量，气体冷凝为液体。随后，高压液体流经膨胀装置，从而使压力下降。循环过程的最后部

分：制冷剂沸腾，从蒸发器的温暖液体中吸收热量。由此产生的气体被压缩，循环过程重新开始。在供暖和制冷需求中等的气候条件下，热泵可以为采暖锅炉和空调提供高能效的备选方案。和冰箱一样，热泵利用电力将热量从冷空间传递至暖空间，使冷空间更冷，暖空间更热。

因为热泵的功能是转移热量而不是产生热量，其供热量是能源消耗量的 4 倍。吸收式热泵是用于住宅系统的新型热泵，也被称为燃气热泵。吸收式热泵将热量作为能源，可由多种热源驱动运转。虽然吸热器效率低，其性能系数（COP）通常低于 1，但是吸热器可以利用废热从而提高设备的总效率。

Heat pump, air-source　气源热泵

见：Air-source heat pump　气源热泵。

Heat pump efficiency　热泵效率

热泵的效率——热泵运行所需的电能——直接关系到其运行的温度范围。地球表面以下几英尺的土地或地下水在冬季可保持较高温度，夏季保持较低温度，因此地源热泵的效率高于利用室外空气的普通热泵或空调。

冬季期间气温较低，热泵吸收附近温暖地面的热量比吸收空气热量更为有效；夏季期间气温较高，热泵将废热传递至温度较低的地面比传递至空气更为有效。与室外空气源热泵相比，地源热泵的安装成本通常更为昂贵。然而，在合适的安装位置上，地源热泵可以减少能源消耗量（即运营成本），其排放量可以比高效的室外空气源热泵减少 20% 以上。夏季期间，一些地源热泵也可以利用空调产生的废热，用于加热热水。

Heat pump, geothermal   地源热泵

见：Ground-source heat pump   地源热泵。

Heat pump water heaters   热泵热水器

利用电力将热量从一个地点转移到其他地点，而不是直接产生热量。

Heat recovery   热回收

将可能被浪费的热量利用起来。热源包括机械、灯和人的体温。

Heat recovery ventilator (HRV)   热回收通风机（HRV）

也被称为"换热器"，空气换热器，或空气对空气换热器。该设备从建筑的排风中获取部分热量，将热量传递给进入建筑的送风 / 新风，从而预热空气，提高总的热效率。热回收通风机可提供新风，改善气候控制，通过降低供暖（或制冷）需求实现节能。与能量回收新风机相近，而能量回收新风机也会把排风中的湿气传递至进气中。另见：Energy recovery ventilator 能量回收新风机。

Heat sink   热汇，吸热设备

吸收热量的结构或介质。另见：Thermal mass   蓄热物质。

Heat storage   热储存，蓄热

见：Thermal mass   蓄热物质。

Heat transfer   热传递，传热

热流动。热流动的方法有三种：传导、对流和辐射。另见：Conduction, thermal   热传导；Convection   对流；Radiation   辐射。

Heat wheel   热风轮

见：Thermal wheel   热轮。

Heating penalty   供暖减损

见：Winter penalty   冬季减损。

Heating season   供暖季

一年当中需要保证建筑内部热量以保持舒适度的时间。

Heavy metals   重金属

有毒化学物质。高原子量的金属元素；浓度低时可破坏生物，并且在食物链内累积。汞、铬、镉、砷、铅都属于重金属。另见：Toxic chemicals   有毒化学物质。

Heliochemical process   光化学过程

通过光合作用来利用太阳能的过程。

Heliodon   日影仪

用于模拟太阳角度以评估建筑结

构或景观要素的遮阳潜力的设备。

Heliostat 定日镜
追踪太阳移动轨迹的设备；用于为光伏阵列等太阳能聚光系统确定方向。

Heliostat power plant 定日镜发电设备，定日镜发电厂
见：power tower 发电塔。

Heliothermal 光热过程
利用太阳辐射产生有效热量的过程。

Heliothermic planning 光热规划
在建筑形状、朝向和选址中考虑到自然的太阳能供暖和制冷过程及其相互关系的总体规划。

Heliothermometer 日温计
测量太阳辐射的仪器。

Heliotropic 趋日性设备，向光设备
追踪太阳在天空中运动轨迹的装置（或设备）。

Hemispherical bowl technology 半球碗技术
利用线性接收机来追踪反射器或反射器阵列聚焦区的太阳能聚光技术。

HEPA 高效微粒过滤器（缩写）
见：High-efficiency particulate arrestance 高效微粒过滤器。

Herbaceous 草本的
具有草本植物特点的植物，不具有木本植物特点，绿色，枝叶多。

HERS 家庭能源评级体系（缩写）
见：Home Energy Rating System 家庭能源评级体系。

Heterocyclic hydrocarbon 杂环烃
石油基除草剂中的致癌二噁英杂质。

Heterojunction 电结点；异质结
1. 一种基本的光伏设备。
2. 两种不同材料之间的电连接区域。另见：Photovoltaic device 光伏设备。

Heterotroph 异养生物，异养菌
自己无法合成食物的生物体，必须以其他生物体生产的有机化合物为食（参见表2）。另见：Autotroph 自养生物；Lithotroph 无机营养菌。

Heterotrophic layer 异养层
又被称为"褐带"。生物体在这一层中利用、重组、分解复杂的物质。另见：Autotrophic layer 自养层。

HEV 混合动力电动车（缩写）
见：Hybrid electric vehicle 混合动力电动车。

High-density polyethylene (HDPE) 高密度聚乙烯（HDPE）
非生物降解塑料。

High-efficiency particulate arrestance (HEPA) 高效微粒过滤器（HEPA）
高效微粒过滤器用于医院手术室、清洁室，以及其他要求完全无菌环境的专业场所。

High global warming-potential gases 全球变暖高潜力气体

见：Fluorinated gases　氟化气体；Greenhouse gases　温室气体。

High-level radioactive waste　高放射性废物

高放射性物质，是核反应堆内发生反应的副产品。高放射性废物有下列两种形式：1）接收并需要处理的用后反应堆燃料（乏燃料）；2）乏燃料经过重新处理后留下的废弃物。废核燃料是反应堆使用过的燃料，反应堆裂变过程减速，因此废核燃料无法继续有效生产电力。然而，废核燃料仍然温度很高，具有高放射性，并且具有潜在危害性。执照领有者必须保证在反应堆中安全存储废核燃料，直到建立一座废核燃料永久处理库。研究预测表明，这些废弃物分解速度非常缓慢，其放射性可保持成千上万年。

High-throughput economy　高通量经济

工业化国家中最普遍的经济制度。最大限度利用能源及其他资源，对于防止污染、回收利用或最大限度减少浪费的考虑非常少。另见：Low-throughput economy　低通量经济。

High-voltage disconnect　高压隔离

电荷控制器达到一定的电压水平时，会断开光伏阵列与电池之间的连接以防过荷。

HIPPO

造成物种灭绝的主要原因的缩写词：生境破坏（H）；入侵物种（I）；环境污染（P）；人口增加（P）；过度收获（O）。

Home Energy Rating System (HERS) 家庭能源评级体系（HERS）

美国常用的能源评级程序，建筑商、抵押放贷者、次级信贷市场、房主、卖方和买方可以基于施工平面图和现场勘察，利用该体系对住宅的能耗量进行评估。HERS评级分数已逐步淘汰，现在开始使用新的HERS指标。参考住宅设定为100分，效率每提高1%就减去1%。建筑商可利用该体系来衡量建筑的能效，还可以进行能源之星评级，以便与类似的住宅进行比较。

Homojunction　同质结，单质结

1. 一种基本的光伏设备。
2. 单一材料光伏电池中n层与p层之间的区域。要求n型与p型半导体的能带间隙相同。另见：Photovoltaic device　光伏设备。

Horizontal-axis wind turbine　水平轴式风力机

转子旋转的轴与气流和地面平行的风力机。利用风为动力源来产生机械动力或电力的涡轮机有两种类型：水平轴式；垂直轴式，达里厄直升机型。另见：Darrieus wind turbine　达里厄风力机。

Horizontal ground loop　水平地埋管

一种闭路地源热泵设备，其中的塑料换热器管道充满液体，与地面平行安装。最常见的布局是使用两根管道，一根埋在1.8米处，一根埋在1.2米处；或在0.6米宽的沟渠内，在地下

1.5 米处并排安装两根管道。渠沟的深度至少达到 1.2 米。对住宅设施来说，水平地埋管最具成本效益，新建建筑尤其如此，因为有足够的土地可用。另见：Ground-source heat pump　地源热泵。

Hot dry rock　干热岩体

由 150℃以上高温岩石构成的地热能源，这些岩石可能断裂，所含水分很少或不含水分。为提取热量，必须先折断岩石，之后将水注入岩石再用泵抽出，从而抽取热量。在美国西部，具有干热潜力的区域面积达 246050 平方千米。

Human population　人口；人类群体

2007 年，全球人口总数达到 66 亿。人口密度极大地影响了人类的资源需求量、环境和生物多样性等问题。世界上人口密度低，并且濒危物种较少的区域通常位于高纬度地区、干旱地区或原生环境保护区，如加拿大北部、撒哈拉沙漠以及亚马孙流域。在这些地区，目前人类对资源的需求很低，物种尚未受到威胁，可以开展预防性保护措施。有大量濒危物种而人口密度也较低的区域很少见，例如玻利维亚、俄罗斯远东地区。在一些地区，如欧洲和北美东部，人口密度高，而濒危物种却很少。部分原因在于物种数量随着纬度的升高而不断减少吗？但是也可能反映这样一个现象，这些地区内，对栖息地丧失较为敏感的物种在很久以前就已经衰落了。总的来说，与全球多数地区相比，这些地区较少关注全球濒危物种的保护问题。

人口密度高并且濒危物种多的区

域大多分布在亚洲 [尤其是中国东南部、印度西高止山脉、喜马拉雅山、斯里兰卡、爪哇（印度尼西亚）、菲律宾群岛、日本部分地区、中非艾伯丁裂谷以及埃塞俄比亚高原]。这些地区对保护工作提出巨大挑战，既要满足数十亿人口的需求，又要防止大量物种灭绝。

许多发展中国家正处于人口高速增长的时期，面临人口发达与欠发达地区的需求之间的冲突。

Density　密度

当前人口最密集的国家并不一定是人口增长率高的国家。人口密度最高的地方位于亚洲，而人口增长率最高的地方位于非洲。然而，多数非洲国家的人口密度较低，人口增长带来的影响更容易被吸收。几乎所有国家的年人口增长率都在下降，对于喀麦隆、哥伦比亚、厄瓜多尔、印度、马达加斯加、马来西亚、秘鲁、菲律宾、坦桑尼亚和委内瑞拉等非洲国家来说，很难预测是否会达到高人口密度增长率并具有大量濒危物种。在这些地区，濒危物种的需求和人口持续增长之间的冲突将迅速加剧。一些人口密度低而人口增长率高的国家可以未雨绸缪地采取保护措施，例如玻利维亚、巴布亚新几内亚、纳米比亚、安哥拉和北非国家。安第斯山脉的亚马孙分支地区目前人口密度较低，而安第斯山脉所有国家的人口增长率都比较高，这对濒危物种来说极为重要。

Conserving biodiversity　保护生物多样性

经济较为发达并拥有大量濒危物种

的国家有阿根廷、澳大利亚、马来西亚、墨西哥、美国和委内瑞拉。然而，这些国家并非都有充足的资金进行濒危物种保护。拥有大量濒危物种而人均收入较低的国家有巴西、喀麦隆、中国、哥伦比亚、厄瓜多尔、印度、印度尼西亚、马达加斯加、秘鲁和菲律宾。这些国家担负着保护全球濒危物种的重大责任，却不具备充足的保护资金。其他国家，特别是一些欧洲国家，虽然拥有雄厚的财力，却很少有全球濒危物种。

世界自然保护联盟对人口增长和人口密度的相互作用及其对自然保护的影响进行了大量研究。下面列出一些研究结果。

• 人类和濒危物种通常集中在同一区域。目前，这些区域大多分布在亚洲，中非的艾伯丁裂谷和埃塞俄比亚高原。

• 预计将来濒危物种需求会与人类人口快速增长之间产生冲突的国家有：喀麦隆、哥伦比亚、厄瓜多尔、印度、马达加斯加岛、马来西亚、秘鲁、菲律宾、坦桑尼亚和委内瑞拉。

• 人口密度低而人口增长率高的国家有玻利维亚、巴布亚新几内亚、纳米比亚、安哥拉，为了为后代保护生存环境可以设置保护措施。

• 拥有大量濒危物种而财力却不足以进行保护投资的国家有巴西、喀麦隆、中国、哥伦比亚、厄瓜多尔、印度、印度尼西亚、马达加斯加、秘鲁和菲律宾。

联合国预测，到2015年全球将建立14座特大都市：东京，2870万人；上海，2330万人；北京，1940万人；雅加达，2120万人；加尔各答，1730万人；孟买，2740万人；卡拉奇，2060万人；开罗，1440万人；拉各斯，2440万人；纽约，1760万人；洛杉矶，1420万人；墨西哥，1900万人；圣保罗，1900万人；布宜诺斯艾利斯，1390万人。这些预测表明对资源的需求加剧，热岛效应、烟雾及其他污染物、城市交通拥堵和蔓延发展所带来的挑战加剧。另见：附录5：各国人口列表。

Humic substance　腐殖质

俗称腐殖土或堆肥，是植物或动物腐烂产生的有机物质。有机物质腐烂的最终产品为腐殖质。腐殖质为植物提供生长所需的食物，使土壤更加肥沃多产，同时提高土壤的持水性能，从而改善排水并提高土壤通气性。

Humidity　湿度

空气含水量的度量标准；可以用绝对湿度、混合比、饱和差、相对湿度或比湿度来表示。

空气中的水分含量极大地影响了人体舒适水平。热量越高，不适感越强。另见：Absolute humidity　绝对湿度；Relative humidity　相对湿度。

Humidity ratio　湿度比

见：absolute humidity　绝对湿度。

HVAC (Heating, ventilation, and air-conditioning)　暖通空调系统（供暖、通风、空调）

室内环境和温度调控技术。

HVDC　高压直流电（缩写）

高压直流电。另见：direct current 直流电。

Hybrid electric vehicle (HEV) 混合动力电动车（HEV）

以两种或多种能源（电力为其中之一）为动力的车辆。混合动力电动车可以在同一动力系统内将传统的内燃机、燃料与电动车辆的电池和电动机结合起来。车辆运行方式取决于性能目标，可采用电池、发动机，或两者同时使用。目前正在研究用混合动力汽车作为清洁能源车来替代石油气动力车，因为后者会产生大量二氧化碳并排入对流层。汽车制造厂设计的混合动力电动车主要有下列一个或多个特点：燃料经济性提高，动力增加，电子设备和动力工具获得额外的辅助动力。

混合动力电动车使用的一些先进技术有：

• 再生制动——电动机将阻力用于传动系统，使车轮减速。相应地，车轮的能量传递至电动机，电动机作为发电机将平常在滑行和制动过程中浪费的能量转换为电力。电力储存在电池内，供电动机需要时使用。

• 电动机驱动／辅助——电动机提供额外的动力以辅助发动机加速、传动或爬山。从而可以使用更小更有效的发动机。对一些车辆来说，仅在低速行驶的情况下需要依靠电动机提供动力，而内燃机在这种情况下效率最低。

• 自动启动／关闭——当车辆停下时，自动关闭发动机；当按下加速器时，重启发动机。这样可以避免停驶期间浪费能量（图37）。

另见：Hybrid engine 混合式发动机；Smart fortwo car 汽车；Solar electric-powered vehicle 太阳能电动车。

Hybrid electricity system 混合电力系统

可再生能源系统，包括生产相同

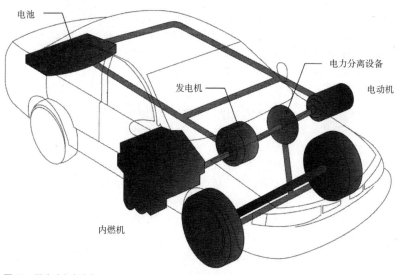

电池

电力分离设备

发电机

电动机

内燃机

图37 混合动力电动车
资料来源：美国能源部

类型能源的两种不同技术。例如，为满足电力需求可同时使用风力涡轮机和太阳能光伏阵列。

Hybrid engine 混合式发动机

混合动力汽车的一般定义是：包含一台汽油发动机、一台电机、一台发电机（主要为串联式混合）、燃料储存器、电池和一套传动装置。混合式发动机主要有两种类型：1）平行式混合——既包括汽油也包括电动机，两者皆可独立运行以驱动汽车前行；2）串联式混合——燃气或燃油动力发动机不直接连接传动装置，因此无法单独驱动汽车前行。发动机通过驱动发电机，间接使汽车运行，并且利用计算机监控系统进行调控，既可以为电池供电，也可以为连接传动装置的电动机直接供电。另见：Battery electric vehicle (BEV) 电池电动车；Dual-fuel vehicle 双燃料汽车；Hybrid electric vehicle (HEV) 混合动力电动车；Hybrid vehicle 混合动力汽车；Hydraulic hybrid 液压混合动力发动机；Plug-in hybrid electric vehicle（PHEV） 插电式混合动力电动车；Tribrid vehicle 第三代混合动力汽车。

Hybrid vehicle 混合动力汽车

"混合动力汽车"一词可用于描述任何依靠两种或多种动力源来驱动运行的车辆。这种车辆通常具有高燃料效率、低排放量和低运营成本。动力源包括：1）车载可充电能量存储系统和燃料动力源，比如内燃机或燃料电池；2）空气和内燃机。混合动力汽车通常是指混合动力电动车；其他属于

这一类别的车辆包括结合人力与电动机或燃气发动机的自行车；以及结合电力的人力帆船。这两种类型未必具有燃油效率或低排放量的特点。混合动力车还分为不同的程度。

• 重度混合动力车或全混合动力车——仅仅以发动机或电池为动力源，或两者结合为动力的车辆。丰田Prius、福特Escape、Mercury Mariner均为混合动力车的范例，仅仅依靠电池提供的动力即可行驶。仅依靠电池维持运行需要大型的大容量电池。这些车辆具有动力分离路径，传动系统进行机械动力和电力切换时更加灵活。为平衡各部分的力量，车辆的发动机和连接传动装置前端的电动机之间需采用差分式联动。

• 辅助混合动力车—— 以发动机为主要动力，设置扭矩助力电动机并连接到主要的常规动力系统。电动机安装在发动机和传动装置之间，通常是超大的起动电动机，不仅在需要切换发动机时运行，当司机"踩油门"并需要额外动力时也会运行。电动机也可用来重启内燃机，其效益相当于在空闲时关闭主发动机，改良的电池系统可用于驱动配件。本田的混合动力汽车都采用了这样的设计，Insight也包括在内；它们的系统被称为电动机辅助系统（IMA）。辅助混合动力车与全混合动力车完全不同，不能单独依靠电力运行。

• 中度混合动力车—— 本质上是配备了超大起动电动机的普通车辆，在车辆滑行、制动或停止时可随时关闭发动机，并且能够迅速重启。发动机关闭时，配件可继续依靠电力维持

运行，在其他混合动力车的设计中，电动机用于再生制动从而重新利用能量。更大型的电动机可使发动机加速旋转，在注入燃料之前达到预设运转速度。很多人不认为这些是混合动力，这些车辆无法达到全混合动力车的燃料经济性。

• 插电式混合动力电动车（PHEV），可使用汽油或电网充电的混合动力车；依靠充电期间储存的能量可维持运行一定距离。这是一种能够独立依靠电力维持运行的全混合动力车，需配备体积较大的电池并且能够通过电网进行充电。可采用并联式或串联式混合动力设计。插电式混合动力电动车的主要优点是日常通勤可以不采用汽油，而在长途行驶式可依靠混合动力行驶。插电式混合动力电动车也可采用多种燃料，利用柴油、生物柴油或氢气来辅助电力。电力研究所表示，由于服务成本降低且电池性能逐渐提高，插电式混合动力电动车用户的总成本会有所下降。与汽油混合动力汽车相比，"从油井到车轮"的效率和插电式混合动力电动车的排放量取决于电网的能源（美国电网的能源50%是煤；加利福尼亚以天然气、水力和风力为主）。加利福尼亚特别关注插电式混合动力电动车的发展，正在开展"百万太阳房"活动，并且已颁布全球气候变暖法规。研究人员相信，插电式混合动力电动车将在未来几年内普及。另见：Hybrid electric vehicle（HEV） 混合动力电动车；Hybrid engine 混合式发动机。

Hydraulic hybrid 液压混合动力发动机

美国环保局研发的混合式发动机，通过液压传动装置为蓄压器提供动力进而驱动车轮。液压混合动力发动机几乎可以弥补车辆制动时损失的所有能量，并且在车辆再次需要加速时驱动车辆。因此，液压混合动力发动机系统比充电电池混合动力车更高效。通过中型轿车测试可知，液压混合动力发动机的燃油经济性可达到三倍之多，可在8秒内从0加速到60千米/小时，并且具有较高燃油效率。美国环保局已正式与一些私营公司建立合作伙伴关系。预计液压混合动力发动机将在不久之后大量投入生产。另见：Hybrid engine 混合式发动机。

Hydrocarbon 碳氢化合物

气相、液相或固相的氢和碳的有机化合物。碳氢化合物种类多样，从简单的甲烷到复杂的重质化合物各不相同。化石燃料由碳氢化合物构成。车辆的排放物通常包括液体汽油不完全燃烧或汽化产生的蒸气。碳氢化合物污染的另一来源是燃料蒸发。从燃料箱中挤出汽油蒸气时（加油期间），或汽油泄露和蒸发时，都会因燃料蒸发而造成碳氢化合物污染。碳氢化合物的排放是地面臭氧成因之一。

Hydrochlorofluorocarbons (HCFCs) 氢氟氯碳化物，含氢氯氟烃（HCFCs）

空气污染物。含有氯原子、溴原子、氟原子和碳原子的化合物。氢氟氯碳化物被用于替代污染力更强的氯氟烃（CFCs），也属于温室气体。美国国立卫生研究院对现有的研究进行分析后发现，关于氢氟氯碳化物对新陈代谢的影响与毒性的详细研究仍然缺失。最新研究表明，氢氟氯碳化物的急性毒性较低，但美国环保局将其列为有毒化学物质，有待进一步研究。HCFC-22，也被称为"氟利昂22"，被广泛应用于空调中。但是按照《蒙特尔议定书》的规定，从2010年开始，新空调不可再使用HCFC-22。另见：Air pollutants 空气污染物；Montreal Protocol on Substances that Deplete the Ozone Layer《关于消耗臭氧层物质的蒙特尔议定书》；Toxic chemicals 有毒化学物质。

Hydroelectric power plant 水力发电站

通过改变水位高度将水的势能转换成动能，然后利用动能驱动水轮发电机，从而生产电力的发电站。水通过自然循环不断地移动：蒸发成云、雨或雪，在水体中沉积。水力发电采用的燃料是水——在整个发电过程中都不会减少或枯竭，因而是一种可再生能源。多数水力发电是利用坝闸堵水的势能来驱动水轮机和发电机，虽然有时也会利用水的动能，如潮汐发电。水中可提取的能量不仅取决于水量，还取决于水源和出口之间的高度差。这个高度差称为"水头"。水的势能量与水头成正比。为获得很高的水头，用于水力涡轮机的水可流经一根大型管道——称为"压力水管"。

水力发电设施主要有三种类型：蓄水式水电站、引水式水电站、抽水蓄能电站。有些水电站采用大坝，其他不采用。水电站规模不同，有适用于住宅或乡村的小型供电系统，也有适用于为公共设施供电的大型项目。

蓄水式水电站通常为大型水电系统。它利用堤坝将河水存储在蓄水池内。蓄水池释放出的水流经涡轮机并带动涡轮机旋转，进而启动发电机生产电力。引水电站有时也称为径流式水电站，引导河流分支经过运河或压力水管。可能不需要水坝。

抽水蓄能电站将下游水库的水泵送至上游水库，进而存储能量。在需求高峰期，将水释放回下游水库进行发电。另见：Diversion power plant 引水式水电站；Impoundment power plant 蓄水式水电站；Pumped storage Plant 抽水蓄能电站。

Hydrofluorocarbons (HFCs) 氢氟碳化物（HFCs）

含有氢原子、氟原子和碳原子的化合物。氢氟碳化物可替代消耗臭氧层物质，是工业生产过程产生的副产物，也用于制造业。氢氟碳化物不会大量消耗平流层臭氧层，但是仍然具有全球变暖潜力，是有效的温室气体。

Hydrogen economy 氢经济

一种假想的经济模式，在这种模式下能量以氢的形式进行储存和运输。这是John Bockris于1970年在"通用汽车公司技术中心"演讲时创造的新词。氢经济的目标是用氢消除碳和二氧化碳（CO_2）的使用，用氢取代石油的使用。氢经济支持者认为，氢是一种更为清洁、环保的能源，不会排放温室气体等污染物质，也不会造成全球变暖。对于没有石油但是拥有可再生能源的国家，它们可结合使用可再生能源和氢，无须利用石油生产燃料，从而实现能源自主。反对者则认为，改变存储方式，例如化学电池、燃料电池，或利用二氧化碳生产液体合成燃料，都可以实现许多与氢经济相同的目标，而新的基础设施建设仅需要少量投资。

Hydrogen energy　氢能

氢是人类已知的最简单元素，每个氢原子只有一个质子。氢气是宇宙中最丰富的气体。恒星主要由氢构成。氢气比空气轻，在大气中上升，因而在地球上无法找到单独以气体形式存在的氢（即氢气，H_2），只有与其他元素混合以化合物形式存在的氢。氢与氧结合形成水（H_2O），氢与碳结合形成不同的化合物，包括甲烷（CH_4）、煤、石油。氢还存在于所有生长的物质——生物质中，还是地球地壳富含的元素。

对于普通燃料，如果按重量计算的话，氢是能量含量最高的成分（约比汽油多三倍）；但是如果按体积计算，则是能量含量最低的成分（约比汽油少四倍）。氢是最轻的元素，在常温常压下为气态。氢和电一样，是一种能源载体，必须用另外一种物质来生产。目前，氢尚未得到广泛应用，但是作为一种能源载体，未来有巨大的发展潜力。

可以产生氢的资源有很多（例如水、矿石燃料、生物质），同时，氢也是其他化学过程的副产物。目前，通过人工光合作用生产氢的技术尚在研究。与电不同的是，氢便于大量存储，以备将来使用。在难以使用电力的地方可以采用氢。氢可以储存能量直到需要时才释放出来，还可以转移到任何需要的地方。另见：Artificial photosynthesis　人工光合作用；Hydrogen economy　氢经济。

Hydrogen fusion　氢聚变

太阳是一个核聚变反应堆，由于自身重力而聚合成一体。将来，核聚变反应堆将两个氢原子核结合形成一个氦原子核，从而维持核聚变。迄今为止，已经实现净正能量外流的聚变反应。克服聚变能相关的问题需要先解决主要的工程问题。反应堆安全壳容器面对的主要挑战是腐蚀问题，中子在容器内碰撞导致容器材料迅速受到腐蚀。核聚变反应堆还会产生大量氚和氦，这两种元素很难与其他放射性废料隔离开来。

Hydrogen-powered vehicle　氢动力汽车

以氢为主要燃料的汽车或其他车辆。氢动力汽车的动力机制可以通过下面两种方法中的任意一种将氢的化学能转化为机械能（扭矩）：燃烧；或在燃料电池内进行电化学转换。采用燃烧的方法时，在发动机内燃烧氢，操作方法和传统燃油(汽油)汽车一样。采用燃料电池转换法时，氢与氧发生反应产生水和电，电用于驱动电力牵引电动机。

氢内燃机汽车是经过改进的传统汽油内燃机汽车。氢发动机按照汽油发动机的方法燃烧燃料。第一台氢内燃机是 1807 年由 Francois Isaac de Rivaz 设计而成的。

一些汽车制造商投资于高效的氢燃料电池，如戴姆勒 - 克莱斯勒和通用汽车公司；其他制造商研发了燃烧氢的转子发动机，如马自达。

氢燃料电池本身非常节能，但是以燃料电池为动力的氢燃料汽车在开发和使用当中面临四大技术障碍。

• 燃料电池成本——氢燃料电池的生产成本昂贵，并且易碎。目前正在开发成本较低的燃料电池，这种电池较为结实，可经得住汽车振动。许多设计还需要昂贵的稀有材料作为催化剂，例如铂，从而保障正常工作。这种催化剂还可能在氢供给过程中的杂质所污染。过去几年里，镍锡催化剂的研发已经开展，研发成功后可以降低电池成本。

• 温度敏感性——温度低于冰点（0℃）是影响燃料电池工作的重要因素。工作的燃料电池会形成内部汽化水环境，如果燃料电池和内容物不保持在冰点以上，内部的汽化水可能冻结。多数燃料电池的设计还没有强大到足以在冰点以下的环境中正常运行。因此，在寒冷天气条件下启动燃料电池成为重要因素。启动时温度达到 –40℃的地方将无法使用早期型号的燃料电池。巴拉德动力系统公司目前宣布，已经达到美国能源部的 2010 年寒冷天气启动目标，在 –20℃的温度条件下可在 30 秒内使动力达到 50%。

• 燃料电池寿命——虽然使用寿命与成本是相关的，为达到固定和轻便的效果，燃料电池必须与使用寿命超过 5000 小时的现有设备相比较。船舶用质子交换膜（PEM）燃料电池在 2004 年达到了这个目标。目前正在研究重型电池在公共汽车上的应用。目标是使用寿命达到 30000 小时。

• 氢生产和环境问题—— 氢动力汽车需将氢分子用作车载燃料。多种热化学方法都可以产生氢分子，比如利用天然气、煤（煤气化）、液化石油气或生物质（生物质气化）；通过名为"热分解作用"的过程；通过被称为"生物氢"或"生物制氢"的微生物废产品。通过电解作用也可以从水中产生氢，或利用化学氢化物或铝进行化学还原。目前的制氢技术需要利用各种形式的能量，总计约 25%—50% 的高热值氢燃料用于氢的生产、压缩或液化，并且通过管道或卡车运输氢。目前，电解作用是效率最低的制氢方法，在整个过程上会产生 65%—112% 的更高热值。

利用矿石能源制造氢所造成的环境影响包括温室气体排放，以及甲醇即时转换为氢所产生的后果。有研究比较了燃料电池车辆的氢制造和使用带来的环境影响与普通车辆发动机的石油炼制和燃烧带来的后果，结果发现前者的臭氧和温室气体排放量减少。利用可再生能源进行氢制造则不会产生这样的排放量；若采用生物质，则会形成近零排放。

利用原料生产氢的过程会导致固有的能量损耗，氢作为能量载体的优势就会减少。除此以外，氢的包装、分配、存储和传输也会造成相应的经济和能量后果。

人工光合作用领域的研究人员试图仿效利用阳光的能量把水分解成氢和氧的过程。如果成功的话，这个过程可以提供清洁无污染的氢。氢的最大优点是不会在排气管产生污染或温室气体。目前用石油和煤生产氢的方法会产生大量二氧化碳。在可以实现碳捕获和碳存储之前，可再生能源（风能或太阳能）与核能是生产氢而不产生温室气体的唯一方法，但是会伴随供应和废弃物处理的问题。

此外，安装全新的基础设施来分配氢，则每辆车至少需花费 5000 美元。与液体燃料相反，气体燃料的运输、储存和分配会产生许多新问题。

开发氢燃料电池并使其达到目前燃油发动机的性能将需要巨额投资，预计达到数百万美元。研究人员指出，为减少空气污染，对目前的车辆和现有的环境规则进行改进要比开发氢燃料车辆便宜 100 倍以上。数十年来，要减少石油进口和降低车辆的二氧化碳排放量，最具成本效益的方法是提高燃油效率。

公共汽车、火车、PHB© 自行车、三轮车、高尔夫球车、摩托车、轮椅、船舶、飞机、潜艇、高速车和火箭都可以依靠各种形式的氢来维持运行，有时费用很高。美国国家航空和宇宙航行局利用氢来发射航天飞机。一些飞机制造商也在探索以氢为飞机燃料。无人驾驶的氢动力飞机已经过测试，并在 2008 年 2 月，波音公司测试了以氢燃料电池为动力的小型载人飞机。波音公司报告说明，氢燃料电池不可能驱动大型客机的发动机，但可用作后备或机载辅助动力装置。火箭可利用氢气，因为可达到最高排气速度，推进剂净重低于其他燃料。这一点在较高空阶段非常有效，尽管也用于较低空阶段，通常会与高密度燃料推进器集合。

氢在这个领域的应用中，主要缺点是密度低和深低温属性，由于需要保温，氢容器通常较重，这一点大大抵消了氢的压倒性优势。另见：Artificial photosynthesis 人工光合作用。

Hydrogen-rich fuel 富氢燃料
含有大量氢的燃料，例如汽油、柴油、甲醇、乙醇、天然气和煤。

Hydrological cycle 水分循环，水循环
水蒸气的蒸发和运输，冷凝、降水以及水体从陆地流入海洋的过程。水循环对地表植被、云、雪、冰以及土壤水分有重要影响，是决定气候条件的主要因素。目前认为，水循环会使中纬度地区 25%—30% 的热量从赤道运输至极地区域。

Hydrology 水文学
有关水、水的特性、分布、循环的科学。地下水地质学着重研究水的化学作用和水的移动。

Hydronic heating system 循环加热系统
水在锅炉中受热，并且通过自然对流或泵送至室内的换热器或散热器的一种加热系统；地面辐射采暖系统有一套铺设在地板内的管网，用于分配热量。各房间的温度可以通过调节流经散热器或管道的热水水流来调控。

Hydronic system 循环加热 / 冷却系统
通过强制液体或蒸汽在管道内循环的加热或冷却系统。

Hydroponic 水耕法的，溶液培养的
不采用土壤，而是采用营养丰富

的液体介质来培养植物的方法。这是垂直农业的重要组成部分。另见：Vertical farming　垂直农业。

Hydropower　水力发电

见：Hydroelectric power plant　水力发电站。

Hydrosphere　水圈

地球上所有的水，包括湖泊、海洋、冰川、其他液体表面、地下水、云和水汽。

Hydrethermal fluids　热液

热液可以是断裂岩石或多孔岩石保持的水或蒸汽；存在于地球表面以下数百英尺至数英里。温度变化幅度为 32—360℃，约有三分之二的温度范围为 66—121℃。后者最容易存取，因而是唯一用于商业用途的。

Hypocaust　热坑式供暖，火坑式供暖

通过地板进入室内的辐射热；地板以下的空间由熔炉或火炉所产生的气体加热，使热空气流动从而加热地板上方的房间。这种加热方式是罗马人发明的。Murocaust　火墙。

Hypolimnion　深水层；均温层

分层湖泊的底层和最密集层。通常是夏季期间最冷的水层，冬季期间最暖的水层。不会受到风的影响，光线太暗导致许多植物无法进行光合作用。

Hypoxia　缺氧

水中氧气含量过低而无法维持大多数动物生存的情况。通常在水的养分浓度高的时候发生这种情况。肥料中的养分包括氮和磷，可刺激水中植物的生长。水里的植物主要是海藻，在吸收氮和磷后生长旺盛进而消耗大量氧气，剥夺了许多水生生物赖以生存的氧气（例如，鱼）。导致鱼群大规模死亡，给商品渔业带来威胁。沿海和淡水湿地减少导致景观发生变化，这样也会导致缺氧。

I

IAEA　国际原子能机构（缩写）

见：International Atomic Energy Agency　国际原子能机构。

IAQ　内部空气质量（缩写）

见：internal air quality　内部空气质量。

Ice stores　冰库技术

利用非峰值电力为冰库制冷，而在日间释放冷量的一项节能技术。

ICS　整体式太阳能系统（缩写）

整体式太阳能储能系统。见：Batch heater　分批加热器。

Impact　影响

在环境方面，指的是某项活动对环境或人类的影响。另见：Environmental impact statement　环境影响评估。

Impervious surface　不透水地面

阻止或延缓水分进入土壤的硬地表面，导致水流大量或快速地流经地表面。常见的不透水地面有：屋顶、人行道、天井、车道、停车场、仓库、混凝土或沥青路面、砾石路。不透水地面密集可能会导致暴雨引发洪水的概率提高。

Impoundment　蓄水堤

利用筑坝、堤防、泄洪闸或其他人工障碍物围护起来的水体。

Impoundment power plant　蓄水式水电站

水力发电站的三种类型之一，另外两种分别为引水式水电站和抽水蓄能电站。另见：Diversion power plant　引水式水电站；Hydroelectric power plant　水力发电站；Pumped storage plant　抽水蓄能电站。

Impulse turbine　冲力式涡轮机

向涡轮的轮叶或叶片喷出高速水流或蒸汽，从而带动涡轮机运转。水斗式涡轮机或 Pelton 水轮机就是冲力式涡轮机。另见：Pelton turbine　水斗式涡轮机。

Inbreeding depression　近交衰退

某物种经过突变或自然选择，其有害遗传特性不断积累导致众多个体的生存能力和繁殖能力下降，进而影响整个物种。空气、土壤和水中的污染物可导致基因突变，改变物种的生存能力。

Incident angle　入射角

照射在表面的光线（入射线）与该表面正垂线（垂直于表面的线）之间的夹角。在镜面上，入射角等于反射角。

Incident light　入射光

照射在太阳能电池或组件表面的光线。

Incident solar radiation　入射太阳辐射

单位时间单位面积内照射在表面的太阳辐射量。

Incineration　焚烧

在高温条件下燃烧的加工过程。焚烧利用得当不仅能够提供能源，比如电力，还可以形成生产用蒸汽，减少垃圾填埋量。焚烧过程管理需采取一些加工过程，使气载微粒和烟尘的排放量达到最低限度。

固体废物焚烧技术在下列国家得到广泛应用：丹麦、法国、德国、日本、卢森堡、荷兰、瑞典、美国。焚烧过程可释放不同程度的砷、镍、汞、铅、钙，这些物质即使含量很低也会产生毒性。

一种可以替代焚烧的方案是"无氧分解"，也称为"厌氧消化"。另见：Anaerobic decomposition　无氧分解；Solid waste　固体废物。

Indicator species　指示物种

可作为特定区域环境条件度量标准的生物体，通常为微生物或植物。

Indigenous　本土的

原产于特定地理区域的。

Indirect heat gain　间接得热

在阳光进入空间之前，邻近存储

设备拦截并存储太阳能形成间接得热。太阳能砌筑墙和水墙集热器都是间接得热系统。特隆布墙可作为集热器，在日间储存太阳热量，在夜间通过传导释放热量。另见：Indirect solar gain system　间接太阳能得热系统；Trombe wall　特隆布墙。

Indirect solar gain system　间接太阳能得热系统

一种被动式太阳能供暖系统，该系统利用太阳能加热储热部件，随后通过对流、传导和辐射在室内空间分配热量。

Indirect solar water heater　间接太阳能热水器

使介质液体（可以是水以外的其他液体，如稀释防冻液）通过集热器

循环流动的系统。系统收集的热量通过换热器来加热家庭用水。

又被称为"闭路系统"。具有可靠性、有效性，并且维护成本低的间接系统为回流系统。回流系统以蒸馏水为集热器循环流体。另见：Closed-loop active system　闭路主动系统；Drainback system　回流系统；Heat exchanger　换热器。

Indoor air pollution　室内空气污染

对内部空气质量（IAQ）产生不利影响的污染物。污染物与污染源包括石棉、生物污染物、一氧化碳、甲醛、压缩木制品、家庭清洁与维护、铅、二氧化氮、杀虫剂、氡、可吸入颗粒物、二手烟、烟草雾、火炉、加热器、壁炉和烟囱。另见：Internal air quality　内部空气质量。

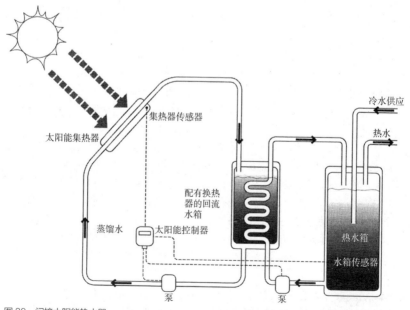

图38　间接太阳能热水器

indoor air quality 室内空气质量

见：Internal air quality 内部空气质量。

Indoor environmental quality (IEQ) 室内环境质量

建筑内部的空气和环境质量，评估的基础是污染物浓度和影响居住者健康、舒适度和效率，包括温度、相对湿度、光、声音、气味、噪声、静电及其他因素。良好的室内环境质量是建筑物的重要因素，这对于绿色建筑来说尤为重要。

Induction generator 感应发电机

基于电磁感应将旋转产生的机械能转换为电力的设备。经过导电线圈的磁场线数量（或磁通量）发生改变时，导电圈内产生电压（电动势）。通过外部荷载连接导电圈两端从而形成闭路，感应电压将引导电流经过导电圈与荷载，从而将转动能转换为电能。

Industrial ecology 工业生态学

基于非物质化原则，工业生态学着眼于原材料的特性而非资源本身，目的是每单位产出仅需要消耗较少的原材料和能源。

通过技术的发明、探索、替代和保护来拓展潜在资源基础，使生产与消费从线性过程转变为节能高效的环形过程。

Industrial sludge 工业污泥

工业用水、废水经过处理后残留的半液体状残渣或泥浆。

Industrial waste 工业废物

建筑、工业生产或制造过程产生的残留物质。工业固体废物可以是固体、污泥、液体或气罐，既可归类为有害废物也可归为无害废物。制造过程或其他工业生产过程都可能产生有害废物。商业机构或个人丢弃的部分商品也可定义为有害废物，比如洗涤液、油漆、杀虫剂。界定为有害废物的废弃物可依据美国环保局制定的《资源保护和回收法》C部分的有害废物管理条例进行调控。

无害工业废物指的是不符合美国环保局有害废物定义的物质，也不是市政垃圾。无害废物符合美国环保局的固体废物管理要求。另见：Toxic waste 有毒废物。

Inert gas 惰性气体

不与其他物质发生反应的气体，如氩或氮；两层玻璃之间密封的气体可以降低窗户的U值（提高R值）。

Inert solids or inert waste 惰性固体或惰性废物

一种固体废物，不会像污染物一样对环境造成有害影响，包括土壤和混凝土。

Infill development 填空式开发；填空性建筑

在城市街区、市中心的空闲地块和区域进行的开发建设活动。"填空式开发"最初的设计是为了在受欢迎的旧街区建设新住宅。随着实践活动的增加，这种开发形式对城市街区和市中心区也大有裨益。市中心恢复活力，交通拥堵现象缓解，更多充满活力的宜居市中心社区兴起，更多郊区和开放空间得以保存。原则上，填空式开发与智慧增长的原则密切相关。填空式开发也可能产生一个负面影响，改善及增加公共事业设备和能源导致成本提高。另见：Urban renewal 城市重建。

Infiltration 渗透
一些建筑构件（尤其是窗户和门）的裂缝、孔洞造成非受控的空气泄漏。

Infrared radiation (IR) 红外辐射(IR)
材料发散出来的热能。"红外辐射"指的是在电磁辐射波谱范围内的一种能量，其波长比可见光长，但是比辐射波短。电磁波谱包括所有类型的辐射，包括 x 射线、辐射波，以及烹饪用的微波。红外辐射是肉眼看不到的，但是皮肤会产生一种温暖的感觉检测到红外辐射。烤炉或火焰让人感受到的辐射热就是红外辐射。所有事物都能发出红外辐射，只是一些辐射太过微弱而无法感知。

大气中的温室气体（尤其是水蒸气）可获取部分红外辐射，保持地球适合生命居住。云也可以捕捉部分红外辐射。在晴朗干爽的夜晚，空气能够迅速降温的原因就是湿度太低，云无法阻止大量红外辐射迅速发射至外部空间。

Infrastructure 基础设施
社会成员无法自己建设的大型构筑物，社会成员可以借助基础设施将彼此联系起来。基础设施包括公共设施、道路、水系统、通信网络、机场、学校、医院。

Inherently low emission vehicle (ILEV) 固有低排放车辆（ILEV）
固有低排放车辆是政府指定的名称，其中包含对废气污染和燃料循环（燃料制造、分配和分发）排放量这两方面的限制。与其他排放标准（非零排放标准）不同，如低排放车辆（LEV），燃油车辆因为受燃料循环排放限制而无法满足该标准。目前，美国标准只表明这种车辆符合环境保护尾气排放标准，产生的蒸发排放极少或没有。

除了加利福尼亚州等地区更为严格的州内限制标准，美国环保局管理着所有的排放标准。加利福尼亚大气资源局于 1990 年最早提出"低排放车辆"这个名称。

Injection well 注水井
将处理过的水直接注入地面而修建的井。注水井通常钻入不提供饮用水的蓄水层，比如未使用过的蓄水层或淡水层以下。用泵将废水抽入井内以便在指定的蓄水层内疏散或存储。

Inland wetlands 内陆湿地
湿地包括沼泽地、湿草甸、低湿地。这些区域在每年的一个或多个季节通常保持干燥。

Inorganic 无机的
用于形容矿物质和非碳基化合物。

Inorganic compound 无机化合物
非碳基化合物。另见：Organic compound 有机化合物。

Inorganic cyanides 无机氰化物

气体氰化氢所含的有毒化学物质。氰化物盐主要用于电镀、冶金、有机化学物质（丙烯腈、异丁烯酸甲脂、己二腈）生产、照片冲洗、矿石的金银提取、鞣制皮革、塑料与纤维制造。氰化物还可用于制造化学熏蒸剂、杀虫剂、灭鼠剂。在上述产品的生产过程中，氰化物会释放到水和土壤中。

地表水中的氰化物将形成氰化氢并蒸发。从空气中分解氰化物需要花几年的时间。氰化物可以沉淀到土壤中，可能污染地下水。对于水生生物、鸟类和动物来说，氰化物具有急性毒性（短期发作）；对于水生植物来说，具有慢性毒性（长期潜伏）。没有足够的数据用于评估氰化物对于植物、鸟类或陆地动物的慢性毒性。氰化物不会形成生物累积。另见：Toxic chemicals 有毒化学物质。

Insecticide 杀虫剂

用于杀灭昆虫的化学制品。

In situ leach mining 原地浸析采矿

通过化学浸析提取有价值的矿藏，而不是通过物理方法从土地中提取矿物。又被称为"溶解采矿"。

Insolation 日射量

在指定的朝向照射在某一表面的太阳能总量。通常表示为瓦／米^{2}或英热单位／（英尺）^{2}·小时。

Instantaneous efficiency (of a solar collector) （太阳能集热器的）瞬时效率

太阳能集热器（或光伏电池、光伏组件）在 15 分钟内吸收（或转换）的能量。

Insulation 保温材料；绝缘；绝热

不传导热量的结构材料，保温材料用于墙体、地板和顶棚时可以防止电力、热量、声音、放射性微粒的泄漏，从而达到较高能源效率。保温材料可阻止或减缓热量的移动。

保温材料多种多样，包括：1）纤维素保温材料，用回收报纸制成并且经过阻燃剂和防虫处理；2）含有氯氟烃的 CFC、HCFC 发泡剂；3）棉纺废料纤维保温材料；4）利用海水制成的镁胶凝泡沫绝热材料；5）火山珍珠岩；6）回收钢渣制成的石棉。

基于石棉和脲醛的保温材料对人类健康有影响，因此被禁止使用。此外，玻璃纤维和纤维素保温材料也会影响健康。保温纤维能够经空气传播，和石棉一样可以被人吸入体内，因此有人认为使用玻璃纤维会带来健康风险。

Insulation blanket 隔热衬垫；绝热层

在热水器贮水箱周围预先铺设的隔热层，可以减少贮水箱热损失。

Insulator 绝缘体

阻碍电流流动的设备或材料。

Integral collector storage system (ICS) 组合集热器存储系统 (ICS)

见：Batch heater 分批加热器。

Integrated heating systems 综合供暖系统

具有多个功能的供热设备，例如

空间供暖和热水功能。

Integrated waste management 综合废物管理

采用多种废物控制和处理方法的废物管理系统，使废物对环境造成的影响降到最低限度。常用的方法有减少废物源、废物回收与再利用、焚烧、垃圾填埋场填埋。

Intensive green roof 重型绿色屋顶

重型绿色屋顶是土壤层较厚（厚度达到6—12英寸以上）的屋顶，可支持多种植被甚至树木生长，需要人工灌溉系统并加大管理力度。屋顶上生长的植被比轻型屋顶花园上的植被要重，需要更多结构支撑。另见：Cool roof 冷屋顶；Green roof 绿色屋顶；Extensive green roof 轻型绿色屋顶。

Interactions matrix 互动矩阵

促进设计师在设计中应考虑到的各方面的互动框架，以促使生态设计更全面综合。需考虑的因素包括：设计系统所处的环境；设计系统本身及以及所有相关的活动和过程；设计系统的能源和材料投入；设计系统的能源和材料产出；设计系统的整个生命周期内，各部件之间的相互作用。

Interconnect 连接件

连接器、组件或其他实现电力互联的连接装置内的导体。燃料电池由四个组件构成：阳极、阴极、电解质和导电离子。导电离子是收集电流的机制，作为连接阴极的电触点，使其免受阳极还原空气的影响。

相对于燃料电池的其他组件，导电离子必须具有高导电性、无孔隙性、热膨胀适应性和惰性（图29）。另见：Anode 阳极；Cathode 阴极；Electrolyte 电解质；Solid oxide fuel cell 固体氧化物燃料电池。

Inter ecosystem migration 生态系统间迁移

动植物种群跨越不同环境进行的迁移，包括跨越那些被屏障隔开的绿色区域。迁移是一个渐进的过程，物种的迁移可能要花费30—60年，甚至更久。

Intergovernmental Panel on Climate Change (IPCC) 政府间气候变化专门委员会（IPCC）

政府间气候变化专门委员会是1988年由世界气象组织和联合国环境规划署成立的组织，其职责是评估有关气候变化的科学资料，并制定切实可行的应对策略。IPCC和美国前副总统戈尔一起获得2007年诺贝尔和平奖。

Integrated waste-management 综合废物管理

最大限度减少固体废弃物的操作系统，包括固体废弃物回收利用、减排等。

Internal air quality (IAQ) 内部空气质量（IAQ）

建筑物内空气的质量，空气的条件会影响建筑物内居住者或工作人员的健康和舒适感。影响内部空气质量的因素有：通风、湿度、污染物、空气中的气体和颗粒物。另见: Indoor air pollution 室内空气污染; Internal environmental quality 内部环境质量。

Internal combustion engine 内燃机

又被称为"往复式发动机"。燃料与氧化剂（通常为空气）的燃烧通常在名为"燃烧室"的密闭空间内进行。往复式发动机（内燃机）运行做功是通过热气体膨胀直接带动发动机的固体零部件运动，作用于活塞或转子，甚至压迫并移动整台发动机。发动机将燃料蕴含的能量转化为机械能，可用燃料有天然气、柴油、垃圾填埋气和沼气。往复式发动机会因为碳质燃料不完全燃烧而造成污染，可能产生一氧化碳和一些煤烟，同时还有氮氧化物、硫化物以及未燃尽的碳氢化合物，污染程度取决于发动机运行条件和燃料/空气比。柴油发动机会产生多种污染物，包括许多被认为可吸入人体肺部的微小颗粒物（PM10）构成的气溶胶。液化石油气燃烧时非常清洁，不含硫或铅，因此依靠液化石油气（LPG）维持运行的发动机排放量非常低。

其他废气排放物包括: 导致酸雨的硫氧化物（SO_x）; 对植物和动物产生不利影响的氮氧化物（NO_x）; 形成温室气体的二氧化碳（CO_2）。如果使用生物质燃料，燃烧过程不会产生净 CO_2，这是因为植物可以吸收发动机排放的 CO_2。一些研究人员认为，生物质燃料是"非净" CO_2 生产者，因为其"燃料"取自植物，而植物在生长期内已经吸收过空气和土壤中的碳和氮。

Internal environmental quality (IEQ) 内部环境质量（IEQ）

建筑物内部环境的质量，基于内部空气质量因素及影响建筑物内居住者或工作人员的健康和舒适感的其他环境因素。其他环境因素包括室内陈设、配色方案、维修、清洁、建筑用途、照明和噪声。另见: Indoor air pollution 室内空气污染; Internal air quality 内部空气质量。

Internal heat gain 内部得热

建筑物内的居住者、照明和设备这三种热源产生的热量。内部得热较为固定，取决于居住者的行为模式。

Internal mass 内部热质量

建筑的墙体、地板或独立构件内具有较高热能储存能力的材料。

International Atomic Energy Agency (IAEA) 国际原子能机构（IAEA）

旨在促进原子能和平利用并抑制原子能军事用途的国际组织。国际原子能机构按照独有的国际条约（IAEA规约）建立，独立于联合国，但是需要向联合国大会和联合国安全理事会汇报工作。1957 年 7 月 29 日，IAEA 作为自治组织成立。1953 年，美国总统艾森豪威尔曾在联合国大会演讲"原子能为和平服务"，设想建立一个国际机构来控制和开发原子能的用途。多数联合国会员国也是国际原子能机构成员; 朝鲜、柬埔寨、尼泊尔除外。

Inversion 逆温

暖空气被滞留在近地表，而其形

成的温度梯度导致空气不能上升到大气层的天气现象。

Ion　离子

因损失或增加电子而带有正电荷或负电荷的原子或分子。

Ion rocket　离子火箭

除了燃烧易燃材料以外，为航天器提供推力的另一种方法。离子火箭发动机是通过气体（氢或氦）的电离过程，或者通过加速原子核（离子）使其达到高速，从而产生推力。高速原子核从飞船后面喷射而出，使飞船向前移动。

Ionic solution　离子溶液

见：Electrolyte　电解质。

Ionizing radiation　电离辐射

有充足能量的辐射，在与原子微粒相互作用的过程中，可使紧密连接的电子移出原子轨道，从而使原子带电或电离。最常见的电离辐射类型包括：由氦原子核构成的 α 辐射；由电子构成的 β 辐射；由高能量光粒子（光子）构成的 γ 辐射和 x 辐射。电离辐射一直以来都是人类环境的一部分。除了宇宙辐射和地壳中的天然放射源，人造辐射源也会使我们持续暴露在电离辐射中。环境放射性污染的形成可由于过去的核武器试验、核废料处理、核电厂事故，以及放射源的运输、存储、遗失和错用造成。

世界卫生组织下属的辐射和环境卫生处，旨在通过提高公众对于电离辐射的潜在健康风险的意识，了解安全合理管理电离辐射的重要性，以寻求解决方案来保护人体健康免受电离辐射危害。国家和地方公共卫生机构通过加大研究力度，为应对辐射事故和恐怖行为提供紧急医疗和公共卫生建议，为国家主管部门出谋划策，从而有效处理辐射问题，同时促进重要研究项目进展并提供合理建议。电离辐射来源可能存在于众多行业领域，包括医疗保健机构、研究机构、核反应堆及支持机构，核武器生产设施及其他制造行业。如果控制不当，这些辐射源可能给受影响的工作人员造成巨大的健康危害。美国劳工职业安全及危害署已就电离辐射相关的职业健康危害的识别、评估和控制制定监管信息。

IPCC　政府间气候变化专门委员会（缩写）

见：Intergovernmental Panel on Climate Change　政府间气候变化专门委员会。

IR　红外辐射（缩写）

见：Infrared radiation　红外辐射。

Irradiance　辐照度

某个表面上直射、漫反射和反射的太阳辐射。通常以瓦 / 米 ^{2} 为单位。辐照度乘以时间等于日射量。

Isolated gain　隔离得热

太阳能集热和储热被居住空间隔开时形成隔离得热。该系统可以脱离建筑物而独立运行，只有在需要时才向系统提取热量。

ISPRA Guidelines   ISPRA 方针

意大利国家环境保护研究所（ISPRA：欧洲共同体委员会联合研究中心环境保护与研究高等学院）制定的方针，用于评估光伏发电厂。

Island habitats   岛屿生境

城市发展侵占原有的野外区域时，许多物种栖息的大面积连续的自然生境破碎或减少，形成隔离的小块生境。

Isocyanurate   异氰脲酸酯

挥发性有机成分；用于制作胶合板的碳基化学制品。

Isothermal (Adj.)   等温的（形容词）

温度恒定。

J

J curve   J 形曲线

种群数量呈指数增长的图解表示法。假设种群规模不受任何限制。只要可以获取种群发展所需的资源，几乎所有的种群都会以指数方式增长。如果种群增长受到生态系统承载能力的限制，其增长方式呈 S 形曲线，也称为"逻辑性增长"。

在医学上，J 形曲线（图 39）也可以表示出心血管疾病（CVD）患病风险群体的特征。图中绘制出大部分群体的血压或血胆固醇水平以及 CVD 死亡率，通常形成 J 形曲线——血压或胆固醇指数较高的群体靠近曲线顶端，因 CVD 死亡的概率更高；位于曲线最底端的群体（血压很低或胆固醇含量较低），其

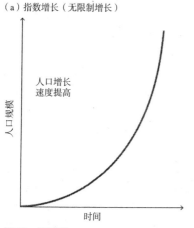

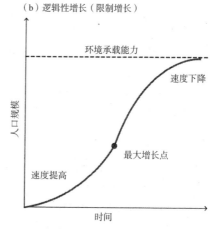

图 39　J 形曲线

资料来源：W. K. Purves et al. (1998) *Life: The Science of Biology*, 4th edn, Sinauer Associates/WH Freeman

CVD 死亡率也较高。J 形曲线也可用于经济/民主分析模型和贸易平衡模型(图 39)。另见：S curve　S 形曲线。

Jatropha　珍珠粉树，麻风树

生长在热带、亚热带地区荒地的南美植物。珍珠粉树可以磨碎产油，用于制造生物柴油。

Jet fuel　喷气燃料

喷气式发动机所用的煤油或石脑油型燃料。煤油型喷气燃料为煤油产品，主要用于商业涡轮喷气飞机和涡轮螺旋桨飞机发动机。石脑油型喷气燃料属于重石脑油燃料范围，主要用于军用涡轮喷气飞机和涡轮螺旋桨飞机发动机。

Joint Implementation Agreement　联合履约协议

两个或多个国家之间依据《联合国气候变化框架公约》达成的协议。协议规定一个发达国家资助另一个发达国家（包括处于经济转型期的国家）减少净排放量的项目时可以获得"减排单位"。另见：*United Nations Framework Convention on Climate Change*《联合国气候变化框架公约》。

Joint European Torus (JET)　欧洲联合环形加速器（JET）

JET 合营机构成立于 1978 年 6 月，目标是建设并运行 JET，是欧洲最大的核聚变项目。在欧洲原子能共同体的协调下，JET 项目成为共同体核聚变项目中的佼佼者。该项目于 1983 年开始执行，是世界上首个实现受控聚变能大规模生产（近 2 兆瓦）的聚变设施，并于 1991 年开展了氘－氚实验。

Joule　焦耳

能量或功的度量单位；1 焦耳 / 秒 =1 瓦 =0.737 英尺·磅；1 英热单位 =1055 焦耳。

K

K–adapted species　K– 适应物种

种群数量增长受内部和外部因素影响的生物群体。大型动物（如鲸和大象）、大型食肉动物均不属于 K- 适应物种。这类物种繁殖数量较少，种群规模的稳定性取决于承载能力——承载能力是指特定生态系统长期维持某物种的最大个体数量。当种群数量超过承载能力时，个体大量死亡，数量迅速减少。

Kaplan turbine　Kaplan 水轮机，转桨式水轮机

奥地利的 Viktor Kaplan 于 1913 年发明的螺旋桨型水轮机，具有可调整叶片。Kaplan 水轮机（图 40）是混流式水轮机发展进步而来的。Kaplan 水轮机的发明弥补了混流式水轮机的不足，即使在低水头电站也可有效发电。Kaplan 水轮机广泛应用于高流量、低水头电力生产，可用于最低水头水

利设施，特别适用于高流量条件（图40）。另见：Francis turbine　混流式水轮机；Water turbine　水轮机。

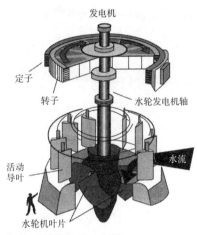

图 40　垂直轴 Kaplan 水轮机
资料来源：Voith Siemens

Kerosene-type jet fuel　煤油型喷气燃料

煤油型喷气燃料为煤油基产品，在 10% 回收点的条件下最高蒸馏温度为 204℃，最高沸点为 302℃，符合美国材料试验协会（ASTM）技术要求 D1655 和美国军用规格 MIL-T-5624P 与 MIL-T-83133D。可用作商用与军用涡轮喷气引擎和涡轮螺旋桨飞机引擎。另见：Jet fuel　喷气燃料。

Ketones　酮类

有毒化学物质。

1. 酮类物质为透明的高流动性液体，有特殊气味；化学性能非常稳定。由于为羰基物质，酮类物质为受氢体，溶解力非常好。石油公司能够利用丙烯和丁烯生产很多酮类物质，挥发的整个过程都会生产酮类物质。例如丙酮、甲基乙基酮（MEK）、甲基异丁基酮（MIBK）、二异丁基酮（DIBK）。酮类物质常用于表面涂层、黏着剂、稀释剂、油墨和洗涤剂。酮类物质还有其他工业用途，如医药制品、萃取、脱蜡以及化学中间体 [甲基丙烯酸甲酯（MMA）、双酚 A、异佛尔酮]。

2.（医学方面）酮类物质也是人体燃烧储存的脂肪并将其转化为能量时的副产物或废弃物。在这种情况下可视为非有毒化学物质。另见：Toxic chemicals　有毒化学物质。

Keystone species　重点物种

对生物群落或生态系统具有较大影响的物种或种群，其影响比单纯的种群丰富度预期的影响更大。由于生态系统物种是相互作用的，这一物种或种群消失会给生物群落的结构带大巨大变化。

Kilowatt hour　千瓦时，千瓦小时

电能单位，或相当于 1 小时提供 1 千瓦电力。

Kinetic energy　动能

运动产生的可用能量，与物体的质量和速度的平方成比例发生变化。

Kneewall

高度通常为 0.9—1.2 米的墙壁，通常设置在住宅的阁楼处，用板材固定在阁楼地板托梁和屋顶龙骨之间。墙壁上可设置衬层，从而围起阁楼空间。

Kyoto Protocol　《京都议定书》

1997 年，160 个国家共同签订了《联合国气候变化框架公约》的《京都议定书》，这是一项限制全球温室气体排放的国际条约。《京都议定书》于 2005 年 2 月 16 日生效，对于签订国家具有法律约束力。约定的温室气体排放目标包括以下几种气体：二氧化碳、甲烷、一氧化氮、氢氟碳化物、全氟化碳和六氟化硫。《京都议定书》的有效期限截止到 2012 年，签约国同意将温室气体的排放量减少至 1990 年的排放水平以下。欧盟同意减少温室气体排放量，承诺比 1990 年的排放量减少 8%，日本承诺减少 6%。《京都议定书》没有规定发展中国家的减排义务。部分发展中国家已经通过《京都议定书》，例如印度和中国，但并不要求碳减排量达到《京都议定书》的规定。至 2006 年 12 月，共有 169 个国家及其他政府通过了《京都议定书》。美国和澳大利亚未签署《京都议定书》。

L

Lagoon　废水处理池；浅淡水池塘

1. 日光、细菌活动和氧气作业从而净化废水的浅水池。也用于储存废水或废核燃料棒。

2. 由沙洲或珊瑚礁与公海或海洋隔开的浅海水池塘。

Land bridge　陆桥

在绿色基础设施内，空间上线性连续的相互连接的公园或开放空间。另见：Ecological corridor　生态走廊。

Land farming　土地耕作

使生物降解和有机废物处理加速的过程。通过耕作使废污泥和土壤混合在一起，促进土壤中的微生物分解有机废物。

Landfill　垃圾填埋场

废物处理场，在这里通常将废物薄薄地铺开，压实，并且定期覆盖新的土壤层，从而分解有机废物和可生物降解材料。目前，垃圾填埋场是吞吐材料的贮藏室：从土地中提取的资源和原材料经过生产、消费，最终作为废弃物和垃圾倾倒至填埋场。生态设计的目标之一是封闭循环，在建成环境内对材料和产品进行循环利用，使残留物和废产品可以很好地重新融入自然环境当中。另见：Area fill　区域填充。

Landfill gas　填埋气

垃圾填埋场的有机废物在厌氧分解过程中产生的气体混合物，以甲烷和二氧化碳（CO_2）为主。两者均为温室气体，会造成全球变暖。垃圾填埋场产生的甲烷会导致烟雾产生，气体在垃圾填埋场内积聚，甲烷有爆炸的风险，可能影响当地植被和野生植物。如果垃圾填埋场有植被覆盖，甲烷和二氧化碳的形成和存在对植被是有害的。另见：Methane　甲烷；Carbon dioxide　二氧化碳。

Landfill gas collection   填埋气收集

见：Biomass electricity   生物质发电。

Large quantity generator   大量生产者

每月的有害废物产量超过 1000 千克的人或设施。美国 90% 的有害废物由大量生产者产生。另见：Small quantity generator   小量生产者。

Latent heat   潜热

物质状态发生改变而温度没有相应变化而产生或输入的热量，物质状态改变包括蒸汽转化为液体，液体转化为固体，固体转化为液体，或液体转化为蒸汽。例如，固体可以转化为液体（冰转化为水），或液体转化为固体（水转化为冰），过程中会增加或去除热量。在建筑行业中，潜热名义上是指干空气中混合的水蒸气的能量含量，即汽化热。另见：Sensible heat   显热。

Latent heat of vaporization   气化潜热

在温度不变的条件下，将一定量的液体转化为蒸气而产生的热量。

Lateritic soil   红壤，砖红壤性土

富含铁和铝化合物的土壤。由于这些矿物质的存在，红壤不适宜农业用途。

Latitude   纬度

地理学中，纬度用于测量赤道以北或以南的角度距离。

Law of the minimum   最小因子定律

见：Liebig's law   李比希定律

Laws of ecology   生态学规律

Barry Commoner 在《封闭的循环——自然、人和技术》（The Closing Circle: Nature, Man, and Technology, 1971）一书中提出的定律。生态学规律通常作为环境保护的原理，包括：所有事物相互联系；一切事物都必然有其去向；自然界所懂得的是最好的；没有免费的午餐。

Layer-cake model   千层饼模型

20 世纪 60 年代开始的生态区域测绘技术。分析内容不仅包括动植物物种，还包括在同一生态系统内运作的相互作用，以及系统内发生的变化。评估时应包括人类是维持生态系统最关键的物种。由此形成的设计最大限度减少对生物群落和地形的变化（图 41）。

LCA   全生命周期评估（缩写）

见：Life-cycle assessment   全生命周期评估。

LDPE   低密度聚乙烯（缩写）

见：Low-density polyethylene   低密度聚乙烯。

Leachate   沥滤液，浸析液

垃圾填埋场存在的液体，包括雨水以及废弃物沥滤产生的物质，即过滤液经过废弃物向下过滤产生的废弃液。垃圾填埋场的设计和管理需尽可能减轻沥滤液各阶段对环境造成的不利影响，包括好氧和 pH 值中和阶段，厌氧、高酸度与高氨浓度阶段，以及最终恢复中和状态。根据毒性和分解能力，垃圾填埋材料和化学物质可能污染周边的土壤和

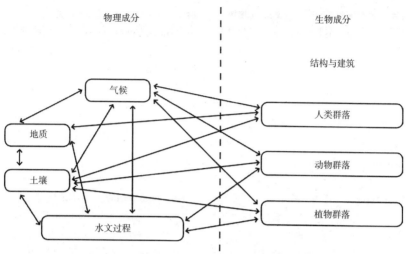

物理成分   生物成分

结构与建筑

图 41   千层饼模型中生态系统各层次（物理成分和生物成分）之间的相互作用

地下水。另见：Landfill　垃圾填埋场。

Leaching   沥滤

水通过化学反应去除土壤中的化学物质并且水向下流动的过程。

Lead (Pb)   铅（Pb）

1. 空气、水、土壤的主要污染物。重金属。铅污染主要有两个来源：1）旧建筑的漆片与土壤混合，含铅油漆可能造成污染；2）汽车尾气中含有铅。在城市地区进行的研究表明，建筑物地基附近以及闹市几英尺范围内的土壤含铅量最高。铅一旦沉积，在土壤中移动非常缓慢，可以保留很长时间。如果铅的浓度高，则可能对人体和其他生命产生毒性。通过空气污染，以及受铅污染的废弃物、灰尘、居民区土壤、食物和漆片，铅可对6岁及以下儿童造成伤害。在城区和工业区，铅的含量也较高。沉积在土壤和水中

的铅也会对动物和鱼类造成伤害。铅往往在食物链中累积。由于铅具有毒性，美国通过多项法案对其进行监管，包括《清洁空气法案》《清洁水法案》、《安全饮用水法案》、《食品、药品和化妆品法案》及其他环境法。另见：Air pollutants　空气污染物；Heavy metals　重金属；Soil contaminants　土壤污染物；Water pollutants　水污染物。

2. 燃料的辛烷值提高剂。另见：Tetraethyl lead　四乙铅。

Leadership in Energy and Environmental Design (LEED)   能源和环境设计先锋（LEED）

美国绿色建筑委员会于1996年制定的高性能绿色建筑设计、建造和运营标准，得到广泛接受。LEED强调六方面的性能：可持续建设场地开发；节约用水；能源效率；材料选择；室内环境质量；创新。为建筑和建设

用地的可持续性提供了一套衡量标准。
另见：Building Research Establishment
Environmental Assessment Method
（BREEAM） 英国建筑研究院环境评
估 方 法（BREEAM）；Comprehensive
Assessment System for Building
Environmental Efficiency（CASBEE）
建 筑 物 综 合 环 境 性 能 评 价 体 系
（CASBEE）；Green building rating
systems　绿色建筑评级系统；Green
Globes　绿色地球。

Lemna gibba　膨胀浮萍

通常称为浮萍。小型浮水植物，可
用于确定污染物对于水生植物的毒性。
浮萍通常生长在被污水污染的水域。

Lentic waters　死水

池塘或湖泊。

Lethe

空气纯度度量单位，相当于（内
部空间中）一次完整的换气。

Levee　堤坝

溪流、湖泊或河流沿岸自然形成的
或人工砌筑的泥土屏障，用作防洪措施。

Liebig's law　李比希定律

也称为"最小因子定律"。19 世纪
初，德国化学家尤斯图斯·冯·李比希
Justus von Liebig 提出的定律，他认为种
群的生存、密度或分布都受到物理或化
学因素限制，简而言之，就是供应量相
对于这些生物体的需求水平。供应不足
会限制种群规模的发展。李比希被称为
"化肥工业之父"，他的研究主要对植物

展开。他发现，植物缺乏任何养分时，
无论其需求量有多小，都会阻止植物生
长。如果缺失元素得到供给，植物的生
长将加速至适点直到该元素的供给不再
是限制因素。供给量超过这个点是没有
帮助的，因为其他元素的供给量可能最
低，成为限制因素。最小因子定律的概
念有所修改，事实证明还有一些元素对
于植物养分来说是不可或缺的。概念扩
展后又增加了其他因素，例如湿气、温
度、虫害防治、光线、植物种群和植物
品种的遗传能力。

Life cycle　生命周期

（建筑业）某项目的整个过程所用
时间（生命），包括：设计、开发、建
造或生产、营销、运输、使用和处理。

Life-cycle assessment (LCA)　全生命周期评估（LCA）

也被称为"全生命周期分析"，
"生命周期总量"，"从摇篮到坟墓分
析"或全生命周期能源成本。对某产
品或服务整个生命期的环境影响评估。
全生命周期评估的目标是比较各种产
品和服务的环境性能，选出破坏性最
小的一个。这个概念也可用于实现单
一产品的最佳环境性能。另见：Life
cycle　生命周期。

Life-cycle cost　生命周期成本

产品、构造物、系统或服务在其
生命期或给定时间内的经常和非经常
货币成本。

Light beam radiation　光束辐射

见：direct radiation　直接辐射。

Light nonaqueous-phase liquid (LNAPL)
轻非水相液体（LNAPL）

地下水污染物。轻非水相液体是一种比重小于 1.0 的非水相液体。多数轻非水相液体浮在潜水面顶部。最常见的有石油烃燃料和润滑油。非水相液体（NAPL）对地下水的污染问题是美国以及全球的主要环境问题之一。常见的有机污染物包括：三氯乙烯、四氯乙烯、三氯乙烷、四氯化碳和汽油。通常，根据相对于水的密度，有机相污染物可分类为轻非水相液体或重非水相液体。密度小于水的石油烃类就属于轻非水相液体；密度大于水的氯化溶剂类则属于重非水相液体。

轻非水相液体污染物经过地球地表下岩石的不饱和带向下移动，到达潜水面时汇聚起来。一旦进入地表下岩石，轻非水相液体源既可以平流扩散，滞留在气孔中，或溶解形成水相污染物股流。轻污染物趋于停留在毛管边缘，通过汽提、真空提取技术，以及各种泵和处理方法可有效定位污染源，因此便于整治轻污染物。另见：Dense nonaqueous-phase liquid　重非水相液体；Nonaqueous-phase liquid　非水相液体。

Light pipe　光管，导光管

一种被动式照明系统，利用建筑外墙的高反射率材料和管道的漫射膜进行照明的水平管。这样，光管可向远离窗户的区域传递充足的环境照明。光管全年的效率高于导光板（图42）。另见：Light shelf　导光板。

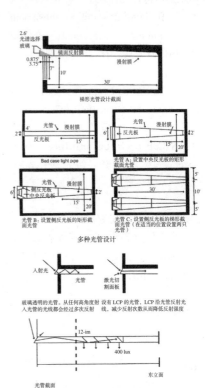

梯形光管设计截面

Bad case light pipe

光管 A：设置中央反光板的矩形截面光管

光管 B：设置侧反光板的矩形截面光管

光管 C：设置侧反光板的梯形截面光管（在适当的位置设置两只光管）

多种光管设计

玻璃透明的光管。从任何角度照射设有 LCP 的光管，LCP 沿光管反射光入光管的光线都会经过多次反射线，减少反射次数从而降低反射强度

被动采光系统：光管

光管建筑一体化

图42　光管（被动照明系统）

Light pollution　光污染

人工照明设施的光线直接向上向外分布，或者建成环境的地面或其他表面反射造成的污染。光污染造成的影响有：眩光、光侵、天空辉光和能源浪费。光污染会破坏生态系统，对人体健康产生不良影响，会导致城市居民看不清星空，还会干扰天文台。光污染共分为两类：1）侵入其他天然照明或弱光设施的干扰光线；2）光线过度，通常在室内，会导致人体不适，给健康造成不良影响。自20世纪80年代初就已出现全球黑暗天空运动，人们举行一系列活动来减少光污染。光污染是工业文明带来的副作用。光污染源包括建筑物内部和外部的照明、广告、商业物业、写字楼、工厂、路灯和体育场馆照明建设。在北美、欧洲和日本，高度工业化且人口稠密地区的光污染最为严重，但人们只注意到较少的光线，产生很多问题。另见：Sky glow　天空辉光。

Light quality　光质

在建筑方面，"光质"一词用于形容人们在照明空间内进行目视工作时的能见水平，以及在该空间内的视觉舒适度。

Light shelf　导光板

一种被动式照明系统，导光板是悬放在视平线以上的水平反光结构，导光板上方设有顶窗。这种设计在朝向为南时最为有效，可提高光线入射程度，在窗户边形成阴影，有助于减少窗口眩光。外部导光板是比内部导光板更为有效的遮光装置。内外导光

板相结合将最有效地提供均匀的照明梯度（图43）。另见：Light pipe　光管。

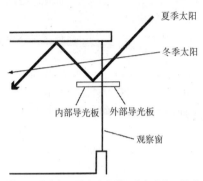

图43　导光板可防止窗户附近产生眩光，并反射光线进入室内深处

Linear low-density polyethylene (LLPE)　线性低密度聚乙烯（LLPE）

用于制作包装袋和垃圾袋的非生物降解塑料。

Liquefied natural gas (LNG)　液化天然气（LNG）

转换为液态形式的天然气，从而能够以较小体积存储运输。为生产液化天然气（LNG），天然气需经过提纯并冷却至162℃，进而冷凝为液体。在大气压力下，液态天然气仅占气态形式天然气体积的1/600。1汽油加仑当量（GGE）大约等于1.5加仑液化天然气。液化天然气必须低温保存，因此需存储在双层真空绝热压力容器内。液化天然气燃料系统通常只用于重型车辆。冷却过程和低温贮罐使得液化天然气的成本高昂。用EPN代替石油燃料可排放较少污染物。根据美国能源部的研究，使用液化天然气（与同类产品压缩天然气CNG一样）的车辆

可使非甲烷烃类减排 50%—75%，二氧化碳减排 25%，一氧化碳减排 90%—97%，氧化氮减排 35%—60%。与液化天然气相比，压缩天然气的生产与储存成本较低，但其所需存储的体积远远大于质量相等的天然气，而且还需使用超高压容器。另见：Compressed natural gas 压缩天然气；Gasoline gallon equivalent 汽油加仑当量。

Liquefied petroleum gas 液化石油气
见：Propane 丙烷。

Lithic 石制的
与石头、岩石相关的。

Lithosphere 岩石圈
地球最外面的坚硬表层，包括地壳和地幔。岩石圈厚度取决于年代（年代越久远的岩石圈越厚），约为 100 千米。地壳以下的岩石圈非常脆弱，以致一些地方会因为断层而形成地震，例如断裂的大洋板块内的岩石圈。岩石圈共有两种类型：与洋壳相关的海洋岩石圈；与陆壳相关的大陆岩石圈。

Lithotroph 无机营养菌
可以通过代谢从铵、亚硝酸盐、铁和硫等无机化学物质的氧化过程中获取有效能量的细菌。另见：Autotroph 自养生物；Heterotroph 异养生物。

Living machine 生命机器
"生命机器"是模仿湿地环境过程的自然生物法污水处理设施。利用植物、鱼类、细菌、蜗牛在现场将水净化达到饮用水标准的植物净化系统。

此类系统可与水循环利用系统相结合，最大限度减少能耗量，发挥硝化作用和良好的脱氮功能，消除大部分残留生物固体，清除澄清剂，并且进行三级处理以实现水的循环利用。此类系统可用于工业设施、度假村、社区以及农业操作。

LLPE 线性低密度聚乙烯（缩写）
见：Linear low-density polyethylene 线性低密度聚乙烯。

LNAPL 轻非水相液体（缩写）
见：Light nonaqueous-phase liquid 轻非水相液体。

LNG 液化天然气（缩写）
见：Liquefied natural gas 液化天然气。

Load 负荷
冰箱、建筑物，或整个配电系统等指定的电路或系统运行所需的功率。

Load shedding 减负荷
关闭或断开负荷以限制峰值需求。

Locally unwanted land uses (LULU) 邻避设施 (LULU)
指居民反对在其住宅附近利用地块建设有碍其生活的任何设施，比如有毒废料堆、垃圾填埋场、焚化炉、机场或高速公路。其亦称为"邻避"（NIMBY）。

London Agreement 伦敦协议
1990 年对 1987 年的《蒙特利尔

议定书》所做的修订，是有关控制和减少臭氧消耗源的国际协议。1990 年《伦敦协议》规定：截止到 2000 年将停止生产和消费消耗平流层臭氧的化合物，如氯氟烃、哈龙、四氯化碳、三氯乙烷（三氯乙烷截止到 2005 年）。另见：Montreal Protocol on Substances that Deplete the Ozone Layer《关于消耗臭氧层物质的蒙特利尔议定书》。

Longitude　经度

用于测量地球表面东西方向与赤道之间的弧线距离，最大度数为 180°。

Loose-fill insulation　松散填充保温层

利用岩棉纤维、玻璃纤维、纤维素纤维、蛭石或珍珠岩矿物制成的保温层，由松散的纤维或颗粒组成；可使用袋子或鼓风机直接浇筑利用。

Lotic waters　活水

流水，如溪流、河流。

Low-carbon design　低碳设计

见：Zero-carbon design　零碳设计。

Low-density polyethylene (LDPE)　低密度聚乙烯（LDPE）

用于制作塑料瓶、塑料袋、薄膜、塑料包装的非生物降解塑料。

Low-emissivity windows and (window) films　低辐射窗和（低辐射窗）膜

通常称为"低辐射窗"。节能窗的玻璃表面覆有一层涂料或薄膜，以减少通过窗户形成的热传递。由于低辐射表面材料容易划伤或老化，薄膜通常设置在双层窗户的内表面。低辐射镀膜玻璃面应设置在窗户的"暖"面。在炎热气候区，低辐射镀膜面应设置在建筑物外侧；在寒冷气候区，低辐射镀膜面应设置在室内空间的玻璃上。双层低辐射窗在两层玻璃上均有低辐射镀膜，在寒冷和温暖的气候条件下都很有效。

Low-flush toilet　节水水冲式坐便器

冲水时用水量低于标准用水量的坐便器，目的是节约水资源。

Low-impact development　低冲击开发

用于模仿或恢复天然水域功能或实现既定水域目标的可持续景观美化工程。

Low-slope roof　低坡度屋顶

斜边 305 毫米高差不大于 50 毫米的屋顶，即坡度小于 50/305 的屋顶。

Low-throughput economy　低通量经济

通过回收利用材料和资源，防止污染，节约资源和物质，保持人口容量，从而在自然环境内维持经济发展，同时保持生物多样性的经济制度。另见：High-throughput economy　高通量经济。

Lower atmosphere　低层大气

也被称为"对流层"，影响地球上的大多数人；在两极上空延伸约 8 千米，赤道上空延伸约 16 千米，约 75% 的大气总质量包含在低层大气中。由于低层大气接近地球表面，几乎所有的水蒸气和固体颗粒（森林火灾、火山和矿石燃料燃烧产生）都存在于这一范围内。地球上所有的植物和动物存在于对流层以内或对流层下方的水体内。

LPG　液化石油气（缩写）

液化石油气。另见：Propane　丙烷。

LULU　邻避设施（缩写）

见：Locally unwanted land uses　邻避设施。

Lumen　流明

流明是光通量测量单位，1 流明相当于 1 坎德拉在 1 球面度内发出的光通量，流明可以调节以适应人眼对光强度的感知。照明效率或功效单位为流明每瓦。白炽灯的效率通常为 15—20 流明 / 瓦。超高效照明可达到 120 流明 / 瓦以上。

Lumen method　流明法

美国最常用的照明分析方法。变量有天气条件、太阳位置、房屋大小、玻璃面积，以及传递特色，例如悬垂物、遮阳设施和百叶窗。这种计算方法仅限于预算距离窗户 1.5 米，距离后墙 1.5 米的中心线上的照明量，以及两者中间点的照明量。

M

Maglev　磁悬浮

见：Magnetic levitation　磁悬浮。

Magnesium oxide (MgO) cement　氧化镁（MgO）水泥

氧化镁水泥是一种水泥状物质，其二氧化碳（CO_2）排放量远远低于硅酸盐水泥。氧化镁水泥利用氧化镁取代氧化钙，并且配合低碳的氧化镁获取方法。由于二氧化碳是主要的温室气体，尽可能减少二氧化碳排放有利于环境保护。氧化镁水泥还是良好的工业胶粘剂。

Magnetic levitation　磁悬浮

磁悬浮又被称为"磁力悬浮"或"磁浮"，是用于交通工具的动力装置，主要用于火车。磁悬浮仅利用磁场使某一物体悬浮在另一物体上方，无须其他支持。利用电磁力来抵抗地心引力。磁悬浮通过电磁力使车辆悬浮，并且引导和推动车辆行驶。磁悬浮车辆的速度超过轮轨交通系统，有可能达到与涡轮螺旋桨发动机和喷气式飞机相匹敌的速度（500 千米 / 小时）。目前磁悬浮列车达到的最快速度是 2003 年日本达到的 581 千米 / 小时。1984 年，世界首条商业运营的磁悬浮列车线路在英国伯明翰开启，线路全长 600 米，位于机场和铁路枢纽之间，但由于技术问题于 1995 年关闭。目前唯一尚在运营的高速磁悬浮线路位于中国上海，是德国制造的上海磁浮示范运营段，可以在短短 7 分 20 秒内载客行驶 30

千米到达机场，最快速度达到431千米/小时，平均速度为250千米/小时。

磁悬浮技术主要有两类：1）电磁悬浮（EMS），利用轨道下方磁体的吸引磁力使列车悬浮；2）电动悬浮（EDS），利用两磁场之间的斥力推动列车远离轨道。当前的电磁悬浮系统中，列车悬浮在钢轨上方，而列车上安装的电磁体则自下方朝向轨道。电磁体利用反馈控制使列车与轨道之间保持恒定距离，约15毫米。

电动悬浮系统中，轨道和列车同时释放磁场，两磁场之间的斥力使列车悬浮（图44）。列车磁场可能是电磁体（JR-Maglev）或永磁体阵列（Inductrack）产生的。轨道的斥力是轨道内的电线或其他导电片的感应磁场产生的。如果低速行驶，导入线圈的电流和产生的磁通量不足以支持列车重量。出于这个原因，列车必须设置车轮或其他形式的起落装置，以便在达到悬浮速度之前能够支撑列车。导轨上的推进线圈向列车磁体释放力量，使列车前行。向列车施加作用力的推进线圈实际上是直线电机：流经线圈的交流电产生不断变化的磁场，磁场沿轨道向前推进。交流电的频率与列车行驶速度同步。列车磁体所发出的磁场与作用场之间的偏差形成一种推动力，使列车前行。

Maize   玉蜀黍
见：Corn   玉米。

Make-up air   补偿空气
从外界引入建筑内部的空气，用来取代排风。

Management of outputs   输出管理
对建筑物及其服务系统内的材料和能量进行管理的设计策略。输出管理设计策略有四种：直流系统设计策略、开路系统设计策略、闭路系统设计策略、联合开路系统设计策略。另见：Closed-circuit system design strategy 闭路系统设计策略；Combined open-circuit system design strategy 联合开路系统设计策略；Once-through system design strategy 一次性直流系统设计策略；Open-circuit system design strategy 开路系统设计策略。

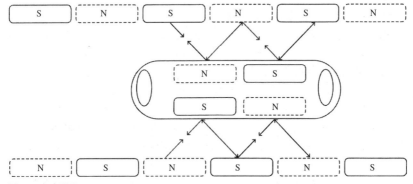

图44 电动悬浮
资料来源：维基百科

Manual D   D手册

美国空调承包商协会（ACCA）制定的手册，内容涉及住宅和商业空间管道系统的设计和尺寸标准。

Manual J   J手册

美国空调承包商协会（ACCA）制定的计算住宅制冷负荷的标准方法。

Manual N   N手册

美国空调承包商协会（ACCA）制定的计算商业建筑制冷负荷的标准方法。

Mariculture   海洋生物养殖

为提供食品资源而进行的海洋生物养殖。

Marsh   沼泽，湿地

见：Wetlands   湿地

Masonry stove   砖石结构炉

砖石结构炉是与壁炉相似的一种加热设施，但是比壁炉燃烧效率更高、更清洁。其结构为砖石结构，有较长的通道，使燃烧气体经过通道时将热量传递给炉的砖石砌块，进而将热量缓慢释放到室内。通常被称为"俄罗斯壁炉"或"芬兰壁炉"。

Mass mixing ratio   质量混合比

化学工程术语中，质量混合比是每单位干燥空气质量中含有的水分的质量。另见：Absolute humidity   绝对湿度。

Materials cycle   物料循环

自然循环过程中，物料循环是物料在生态系统中得以利用、分解并回到生态系统重复利用的过程。在人为物料循环过程中，物料循环是物料被利用、回收并重复利用的过程。这两种循环系统中，废弃物的产生量能够降至最低程度甚至不产生废弃物。另见：Aerated static pile   加气静压桩。

Materials flow analysis   物料流分析

对流入和流出建筑系统的天然与人造物料、资源和资金进行比较和计算的过程。同时，检查系统内能量和物料的存量、流动和转变情况；评估系统的可持续性，成本节约与法规改进情况，基础设施和经济活动。

Matter-recycling economy   物质循环经济

以尽可能多地回收物料和资源为基础的经济类型，从而使经济持续增长，同时不会导致资源枯竭或环境过度污染。

MCFC   熔融碳酸盐燃料电池（缩写）

见：Molten carbonate fuel cell   熔融碳酸盐燃料电池。

Mechanical and electrical systems   机电系统

见：HVAC   暖通空调系统（供暖、通风、空调）。

Mechanical waste separator   机械垃圾分类器

按照类别区分垃圾以便回收利用的设备（图45）。

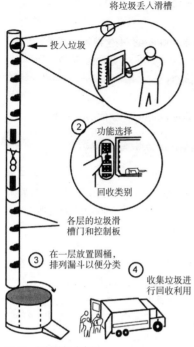

将垃圾丢入滑槽

投入垃圾

② 功能选择

回收类别

各层的垃圾滑
槽门和控制板

③ 在一层放置圆桶，
排列漏斗以便分类

④ 收集垃圾进
行回收利用

图45　机械垃圾分类器

Mechanical recovery system　机械回收系统

更为复杂的机械垃圾分类器（图46）。

Mechanically stabilized earth　机械稳定土

由土、加固土体和面板组合而成，可以增强土体强度，从而支撑道路、桥梁、挡土墙和隔声屏障等构筑物。加固土体由水平金属层或土工合成材料构成。

Mechanically ventilated crawlspace system　窄小空间机械通风系统

为增加窄小空间通风而设计的系统，通过利用风扇，相对于窄小空间

下方土壤内的气压来说，窄小空间内部的气压较高；相对于生活空间内的气压来说，窄小空间内部的气压较低。

Medium-temperature solar collector 中温太阳能集热器

中温太阳能集热器的功能与间接太阳能热水系统相似，但是主要用于建筑空间采暖。其集热器阵列面积更大，具有更大规模的存储器和更为复杂的控制系统。此类集热器也可用于太阳能热水，满足30%—70%的住宅区供热需求。中温太阳能集热器可以

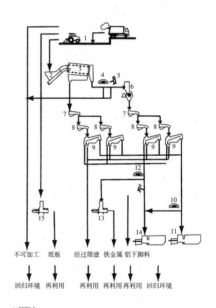

不可加工　纸板　经过筛滤　铁金属　铝下脚料

回归环境　再利用　再利用　再利用　再利用　回归环境

1. 倾卸台
2. 送料机
3. 旋转筛
4. 磁体
5. 目视控制
6. 切碎机
7. 分流器
8. 整流辊
9. 弹道分类器
10. 磁体
11. 静电包装机
12. 磁体
13. 捞砂筒
14. 静电压实机
15. 捞砂筒

图46　机械回收系统

提高传热流体的温度，使之比环境温度高 –6.7—+66℃。其用途包括提供生活热水和空间采暖。另见：Indirect solar water heater　间接太阳能热水器。

Megawatt (MW)　兆瓦（MW）

1000 千瓦或 100 万瓦。电厂发电能力的衡量标准。

Membrane　膜，薄膜

燃料电池的可穿透层，可以作为电解质，也可作为分隔燃料电池内阳极室和阴极室的空气的隔离膜。另见：Fuel cells　燃料电池。

MEPS　模塑聚苯乙烯（缩写）

见：Molded expanded polystyrene 模塑聚苯乙烯。

Mercury (Hg)　汞（Hg）

空气污染物和土壤污染物。重金属。地壳内自然生成的元素。通常存在于空气、水和土壤当中，以下列几种形式存在：元素汞或金属汞、无机汞化合物、有机汞化合物。煤在燃烧时向环境中释放汞。在美国，矿物燃料发电厂（尤其是燃煤电厂）的汞排放量最大，占全国人为汞排放总量的40%以上。城市废物焚烧炉也是汞排放的一大来源。燃烧有害废弃物会产生氯气，分解汞产品并溢出汞。如果含汞产品或废物处理不当，也会导致汞泄露到环境中去。汞易于在食物链中累积。汞接触量高可危害各年龄段人类的大脑、心脏、肾、肺以及免疫系统。另见：Air pollution　空气污染；Heavy metals　重金属；Soil contaminants　土壤污染物。

Mesophyte　中生植物

需要在中等湿度条件下生长的植物。

Mesosphere　中间层，中圈

中间层是位于平流层上方，热层下方的大气层；位于地球表面上方 17—80 千米处的中间层；温度通常很低。另见：Mesosphere　中间层；Stratosphere　平流层；Troposphere　对流层。

Mesotrophic　中营养的，半自养的

用于描述营养浓度中等、水生动植物生产力中等的湖泊或其他水体。另见：Eutrophic　富营养的；Oligotrophic　贫营养的。

Metabolite　代谢物

污染物经人类消化产生的化合物；作为污染水平的生物标记。

Metal　金属

导电和导热性能良好的自然矿物资源。

Metal-insulator-semiconductor (MIS)　金属 – 绝缘体 – 半导体（MIS）

通过连接薄氧化层和半导体形成内部电场的新一代太阳能电池。

Methane (CH₄)　甲烷（CH₄）

空气污染物和有毒化学物质。甲烷是一种碳氢化合物，也是一种温室气体，其全球变暖影响比二氧化碳

（CO_2）大 20 倍。与太阳辐射以及其他化合物发生反应可形成臭氧（O_3）。甲烷产生的途径有：填埋场废弃物无氧分解、动物消化、动物粪便分解、天然气和石油的生产和分配、煤炭生产以及矿物燃料不完全燃烧。

甲烷和二氧化碳是填埋气的主要成分，是大气中甲烷的最主要来源。因此，甲烷对全球变暖和气候变化有重大影响。

甲烷也是天然气的主要成分，同时还是重要的能源。因此，甲烷排放物的利用在能源、经济和环保方面都大有裨益。另见：Air pollutants 空气污染物；Landfill gas 填埋气；Ozone precursors 臭氧前体物；Toxic chemicals 有毒化学物质。

Methane hydrates   甲烷水合物

甲烷水合物是位于海洋水合物沉积下方的天然气。利用水合物沉积进行甲烷工业生产的技术尚在研究中。人们普遍认为甲烷水合物是潜在的清洁能源，目前正在开发新技术以确保安全钻取甲烷水合物，同时将其对海洋底床稳定性以及深海生物的影响降至最低。关于水合物对气候变化和碳循环的作用需要展开进一步研究。

甲烷水合物为笼状结晶，结构内部有甲烷分子（天然气的主要成分）（其父类化合物的名称为"包合物"，来自拉丁词汇，意为"用栅围住"）。

甲烷水合物通常在两种地质条件中形成：1）永久冻土区的土地，那里浅层沉积层持续保持低温；2）海底以下水深超过 500 米的区域，通常保持高压条件。水化物沉积层本身的厚度就可能达到几百米。

目前，许多大陆边缘已经探测到甲烷水合物的存在。美国周边已经发现大面积沉积层并展开研究，其中包括阿拉斯加州、加利福尼亚州至华盛顿州的西海岸线，卡罗来纳州东海岸以及墨西哥湾。据估计，全球甲烷水合物中潜在的天然气含量接近 40000 万兆立方英尺。如果其中仅有 1% 的甲烷水合物可回收，美国的天然气资源储量可能增加一倍以上。可见，用甲烷水合物来替代矿物燃料的做法切实可行。天然气所需的资金成本较低，可建设新的以天然气为燃料的设备。

Methanol (CH_3OH)   甲醇 (CH_3OH)

也被称为"木精"或"木醇"。一氧化碳（CO）和氢在高温高压条件下，以 1:2 的比例催化结合形成的液体燃料。甲醇是一种替代燃料。在商业生产过程中，甲醇通常由天然气蒸汽转化；也可以通过木材蒸馏过程产生。甲醇通常与汽油结合形成 M85（85% 的甲醇和 15% 的汽油），用于双燃料汽车。甲醇还可以用于制造甲基叔丁基醚（MTBE）。MTBE 是一种氧化剂，与汽油混合可提高辛烷值，形成更清洁的燃料。

Methanotrophs   甲烷营养菌，甲烷氧化菌

以甲烷为养料并使甲烷氧化产生二氧化碳的细菌。

Methyl alcohol   木精

见：Methanol 甲醇。

Methyl bromide (MeBr)　溴化甲烷，溴甲烷（MeBr）

有毒化学物质，I 类消耗臭氧层的物质。是一种无色无味的气体，用作农业土壤熏蒸剂和结构熏蒸剂，可以控制各种害虫。另见：Toxic chemicals 有毒化学物质。

Methyl chloride (CH₃Cl)　氯代甲烷（CH₃Cl）

有毒化学物质。甲醇和盐酸结合生成氯代甲烷和水：$CH_3OH + HCl \rightarrow CH_3Cl + H_2O$。美国环保局将氯代甲烷列为 D 类致癌物质。环境中自然产生少量的氯代甲烷。在制造或使用氯代甲烷的化工厂，氯代甲烷的含量较高。现已证明氯代甲烷对人体健康会造成不利影响。另见：Toxic chemicals 有毒化学物质。

Methyl tertiary butyl ether (MTBE)　甲基叔丁基醚（MTBE）

有毒致癌化学物质。燃料氧化用作汽油添加剂，可提高辛烷值，减少发动机爆震。美国环保局指出，已在美国地下水中检测到甲基叔丁基醚，可能会污染饮用水。另见：Toxic chemicals 有毒化学物质。

Metropolitan area　大都市区域

人口众多的核心地区，与相邻社区达到经济和社会的高度一体化。

MFC　微生物燃料电池（缩写）

见：Microbial fuel cell 微生物燃料电池。

Micro-compact automobile　微型车

微型车的设计主要适用于车位缺乏且燃料经济性非常重要的欧洲城市。例如，Smart fortwo 智能车的长度仅为 2.4 米，在停放一辆标准长度车辆的车位可以停放三辆这样的智能车。另见：Smart fortwo car 微小型汽车。

Micro-irrigation　微灌

见：drip irrigation 滴灌。

Microbial　微生物的

指的是包括细菌、原生动物、酵母、霉菌、病毒和藻类的微生物。

Microbial fuel cell (MFC)　微生物燃料电池（MFC）

利用微生物催化反应原理的燃料电池，例如利用细菌将有机物质转化为燃料。一些常见的化合物包括葡萄糖、醋酸盐和废水。封闭在无氧阳极内，细菌或其他微生物消耗（氧化）的有机化合物。在消化过程中，电子从化合物中脱离，并借助无机介质传导给电路。与其他类型的燃料电池相比，微生物燃料电池在温和条件下（如 20—40℃）性能良好，生产效率可达到 50% 以上。这类电池适用于小规模应用，例如以血液中的葡萄糖为燃料的医疗设备；也可用于大规模用途，例如污水处理厂或啤酒厂生产的有机废物可用作微生物燃料电池的燃料。

Microbial pathogen　微生物病原体

所有的致病菌或致病微生物。美国环保局将其列为主要水污染物，微生物病原体包括特定类型的细菌、病毒、原虫和其他生物。由于下列原因，水中经常存在一些致病菌：污水中含有排泄物、化粪池泄漏或动物饲养场径流排入水体。另见：Water pollutants 水污染物。

Microbiologicals 微生物产品

见：Biological contaminants 生物污染物。

Microclimate 微气候

某个地点或栖息地在周边地形特点的影响下形成的局部气候。

Microturbine 微型燃气轮机

微型燃气轮机是一种低排放发电机，可用于混合动力电动车、发电、分布式发电、微型热电联产。

Mill tailings 矿山尾矿

从矿石中析离铀时产生的砂状材料残渣。矿石中超过99%的材料成为尾矿。尾矿中的未加工矿石通常具有85%的放射性。

Mineral wool 矿棉

见：Rock wool 岩棉。

MIS 金属－绝缘体－半导体

见：Metal-insulator-semiconductor 金属－绝缘体－半导体。

Mitigation 减缓

减弱不利影响。在环保方面是指降低对环境的有害影响。

Mixed artificial ecosystem 人工混合生态系统

生态设计生境类型之一。混合生态系统是人类通过作物轮作、农林业、公园、果园等方法人工维持的生态系统。此类生态系统通常是折中区域——自然生态系统不平衡，生态系统需要人工措施来维持运作——结合了生产区域和保护区域。另见：Ecodesign site types 生态设计生境类型。

Mixed-mode design 混合模式设计

应用低能耗设计的生态设计策略。混合模式设计要求了解建筑场地的气候条件，以便设计出能源效率最高的系统。这主要取决于结构内部和外部环境作用力之间的良性互动。可选策略包括自然采光、被动式太阳能系统、通风、双层玻璃面、主动墙和互动墙（图47）。另见：Full mode design 全模式设计；Passive mode design 被动模式设计；Productive mode design 生产模式设计。

Mixing layer 混合层

混合层是地表附近空气由于地球表面和大气层之间相互作用形成湍流导致的空气充分混合区域。混合层通常位于逆温层底部。

Modular systems 模块化系统

见：Biomass electricity 生物质发电。

Modular construction 模块化结构

采用标准化单位的预制结构。

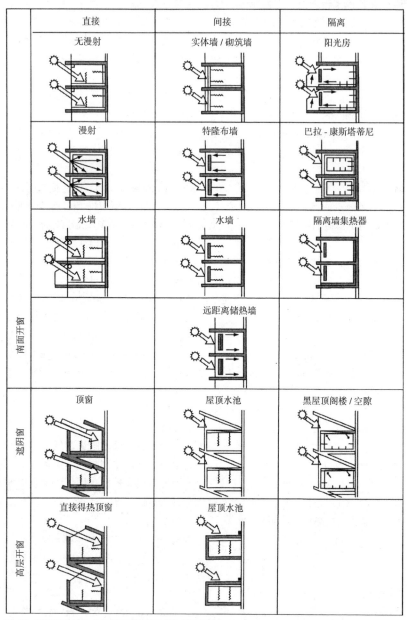

图 47   利用各种被动式太阳能系统的混合模式设计方案

Molded expanded polystyrene (MEPS)
模塑聚苯乙烯（MEPS）

用作结构墙面板的预制发泡芯板材。

Molten carbonate fuel cell (MCFC)
熔融碳酸盐燃料电池（MCFC）

以熔融碳酸盐混合物（通常为碳酸锂和碳酸钾）为电解质的燃料电池。电解质存于陶瓷矩阵基体内。阳极为镍-铬合金；阴极为掺锂的镍氧化物。熔融碳酸盐燃料电池的工作温度非常高，约600—800℃。高温可使更多能量密集的燃料在燃料电池内部转化为氢。熔融碳酸盐燃料电池不需要外部转化器，从而可以降低成本。这一特点使其与碱性燃料电池、磷酸燃料电池以及聚合物电解质膜燃料电池有所区别。高温的熔融碳酸盐燃料电池可以利用外部或内部转化器从各种燃料中提取氢。与温度较低的燃料电池相比，熔融碳酸盐燃料电池不容易导致一氧化碳"中毒"，因此煤基燃料更适合这种燃料电池。熔融碳酸盐燃料电池可以采用比铂催化剂便宜很多的镍催化剂。其效率高达60%，如果废热能够用于热电联产，其效率可提高至80%。

与固体氧化物燃料电池相比，熔融碳酸盐技术有两个困难使之处于劣势：一是采用液体电解质比固体电解质更复杂；另一个源于熔融碳酸盐电池内部的化学反应。电解质中的碳酸根离子在阳极的反应过程中用尽，因而需要在阴极注入二氧化碳进行补充。另外，熔融碳酸盐燃料电池采用的电解质腐蚀性很强，这一缺点限制了一些潜在的用途。熔融碳酸盐燃料电池

可用于以天然气和煤为燃料的发电厂，应用于电力设施、工业和军事用途。另见：Fuel cells　燃料电池。

Monitoring　监控

为确定符合法律法规要求而定期进行的监测。例如，美国环保局监控空气、水和土壤的毒性水平。

Monoculture　单作，单种栽培

单作指的是仅种植一种作物而不是多种作物的农业耕作方式。这种耕作方式通常导致作物易受虫害破坏，需要增加杀虫剂的使用，由此造成的污染可能渗入地下水。

Monoculture ecosystem　单作生态系统

以生态系统的特点衡量的生态设计生境类型。单作生态系统是农业用途的生态系统，但是它的生态演替受人工控制以保持高生产力水平。另见：Ecodesign site types　生态设计生境类型。

Montmorillonite　蒙脱土，蒙脱石

火山灰形成的膨润土的主要成分。蒙脱土具有黏土的水膨胀性，可以作为土壤添加剂来保持水分，用于石油钻探。

Montreal Protocol on Substances that Deplete the Ozone Layer《关于消耗臭氧层物质的蒙特利尔议定书》

旨在逐步停止生产消耗臭氧层的物质从而保护平流层臭氧层的国际协议。《关于消耗臭氧层物质的蒙特利尔议定书》简称为《蒙特利尔议定书》，补充了《保护臭氧层维也纳公约》（维

也纳，1985年），最初于1987年签订，1989年1月1日起生效。29个国家在蒙特利尔签署。该协议是为了控制消耗臭氧层物质的生产和使用。签约国承诺到1998年将氯氟烃的生产和消费量减半，1992年停止哈龙的生产和消费。发展中国家允许有10年的宽限期，之后再履行义务。

《蒙特利尔议定书》已经过5次修订，分别于1990年（伦敦），1992年（哥本哈根），1995年（维也纳），1997年（蒙特利尔）和1999年（北京）。1990年修订的《伦敦协议》规定，截至2000年将逐步淘汰平流层臭氧层消耗化合物的生产和使用，包括氯氟烃（CFCs）、哈龙（溴氟碳化合物）、四氯化碳和三氯乙烷（三氯乙烷截止日期为2005年）。另见：Ozone-depleting substance 消耗臭氧层物质。

Movable insulation　活动保温层

可减少夜间和阴天期间热损失的设备，同时可减少温暖天气条件下的得热量。活动保温设备可以是保温罩、百叶窗或窗帘。

MTBE　甲基特丁基醚（缩写）

见：Methyl tertiary butyl ether　甲基特丁基醚。

Mulch　覆盖物，覆盖层

植物周围覆盖的物料层，如木屑、稻草或树叶，目的是保持水分，避免杂草生长，提高土壤肥力。

Muellerian mimicry　穆氏拟态，缪勒拟态

两个物种都进化为相近似的状态，都很令捕食者感到难吃并且都具有防御机制。另见：Batesian mimicry　贝氏拟态。

Multijunction　多结

一种基本的光伏设备。另见：Photovoltaic device　光伏设备。

Murocaust　火墙

与火坑式供暖相似，区别在于采用设置了通风道的重质墙体，气流是垂直的而不是水平的。另见：Hypocaust　热坑式供暖。

Mutualism　互利共生

互利共生是共生关系的一种，相关双方均可受益。另见：Amensalism 偏害共栖；Commensalism　偏利共栖；Parasitism　寄生；Symbiosis　共生。

MW　兆瓦

见：Megawatt　兆瓦。

Mycorrhizal fungi　菌根真菌，菌根菌

栖息在树木根系，并且将土壤的养分抽送到根部的真菌。这些真菌还能保护植物免受其他有害真菌的损害；将土壤固定在一起避免土壤侵蚀；还会影响在特定区域内生长的植物类型。

N

Nanocrystal solar cell 纳米晶太阳能电池

美国能源部的劳伦斯伯克利国家实验室与美国加利福尼亚大学伯克利分校于 2005 年共同开发的第三代太阳能电池。这是第一款完全由无机纳米晶体在溶液中旋掷而成的超薄太阳能电池。其成本和制造工艺与有机聚合物制成的太阳能电池相近。纳米晶太阳能电池不含有机材料，因此在空气中更为稳定。纳米晶太阳能电池结合了有机物和传统光伏半导体的特性，既可以保留宽带吸收的特性，又具有优良的传输性能。这种电池的成本有下降空间，有机电池可替代传统的半导体电池。首先分别合成两个半导体的杆状纳米晶体，硒化镉（CdSe）和碲化镉（CdTe），然后放入溶液中溶解，并且在导电玻璃基板上进行旋转涂膜。制成的膜的厚度还不到人类的头发直径的 1/1000，其转换效率与最好的有机太阳能电池不相上下，但是仍然远远低于传统的硅太阳能电池薄膜。

在传统的半导体太阳能电池中，电流在 n 型半导体薄膜和 p 型半导体薄膜之间流动。新型无机纳米晶体太阳能电池与之不同，其电流来源于一对充当电荷供体和受体的分子，又名"供体 - 受体异质结"。这样的电流流动机制与塑料太阳能电池相同。在没有阳光的黑暗条件下，两个半导体薄膜发挥电绝缘体的作用；在有阳光照射的条件下，半导体薄膜的导电性会显著提高，最多可提高 3 倍。熔结纳米晶体可显著改善薄膜性能。塑料太阳能电池会随着电池的老化导致性能降低，而无机纳米晶太阳能电池截然相反，使用时间越久，电池的性能反而越高。能源基金会认为，如果美国现有的住宅和商业建筑屋顶都铺设这种太阳能电池薄膜，预计全国可供应电能 71 万兆瓦，达到美国目前总发电量的 3/4 以上。

Nanoenergy 纳米能源

纳米技术就是利用纳米材料来设计满足特定需求的特殊材料的技术，比如结实的轻质材料、新型润滑剂、高效的太阳能电池。通过这种原子级的构建技术，纳米材料可以获得更好的机械、光学、电学或催化性能。另见：Nanotechnology 纳米技术。

Nanometer 纳米

距离度量单位，相当于十亿分之一米。

Nanotechnology 纳米技术

以原子、分子单位来控制物质的应用科学。通常，纳米技术研究的材料或设备尺寸约为 100 纳米甚至更小。纳米技术是一门交叉性很强的综合学科，涉及应用物理学、材料科学、界面和胶体科学、器件物理、超分子化学（指研究分子的非共价键相互作用的化学领域）、自我复制机和机器人、化学工程、机械工程、生物工程、电气工程。基于"纳米技术"对不同学科进行的分类受到了质疑，因为以纳米角度操作的学科之间边界非常小。仪表学是唯一的所有学科都会涉及的技术领域。目前，专家们正在研究未来纳米技术在不同领域的应用，以及纳米产品的健康安全问题。另见：Nanocrystal solar cell 纳米晶太阳能电池。

Naphtha jet fuel   石脑油喷气燃料

民用航空中常用的喷气燃料。石脑油－煤油燃料可用于提高寒冷天气条件下的性能。按照国际规范，石脑油喷气燃料通常被称作 JET B，比 JET A-1 的无铅 / 石蜡石油燃料重量更轻。JET B 更轻，处理起来更加危险，因此仅限在非常需要发挥其耐寒特性的地方才可以使用。另见：Kerosene-type jet fuel 煤油型喷气燃料；Jet fuel 喷气燃料。

NAPL   非水相液体（缩写）

另见：Nonaqueous-phase liquid 非水相液体。

National Electrical Code (NEC)   国家电气规范（NEC）

各类电气装置的指导方针。自 1984 年起，《国家电气规范》已包含第 690 条有关"太阳能光伏系统"的规定，为安装光伏系统提供指导。

National Energy Modeling System   国家能源模型系统

美国能源部能源信息管理署创建的计算机模型。该系统是截止到 2025 年的能源市场模型，反映了美国能源政策和能源市场对能源、经济、环境和安全方面的影响。该模型有助于长期规划、公共政策实施以及能源法规制定。

National Energy Policy   国家能源政策

美国于 2001 年制定的能源政策，主要有三项：提供长远的综合性能源策略；推进新型环保技术的发展，以增加能源供给量，促使能源的使用更加清洁、高效；整合能源、环境和经济政策。

National Environmental Policy Act   国家环境政策法案

美国国会于 1970 年通过的法案，旨在保护环境，要求联邦机构在制定决策时将环境因素考虑在内。

Native   本地的

特定区域或地区本土的。

Natural   自然的，原始的

本土的或未经文明开发的。

Natural cooling   自然冷却

通过遮阳、自然（自发而非强制进行的）通风、传导控制、辐射和蒸发实现空间冷却。另见：Passive cooling systems 被动式冷却系统。

Natural draft   自然通风

空气温差引起的通风（空气运动）。

Natural gas   天然气

地下的沉积气体。在天然地下储

集层中，碳氢化合物、少量气态或液态非烃类化合物与原油形成的混合物。天然气的成分为：50%—90% 的甲烷（CH_4）和少量较重的气态烃类化合物，比如丙烷（C_3H_8）和丁烷（C_4H_{10}）。天然气燃烧时较为清洁，有害气体排放量低于汽油或柴油。另见：Compressed natural gas 压缩天然气；Liquefied natural gas 液化天然气。

Natural gas car 天然气汽车
以天然气或丙烷为动力的汽车；不排放致癌微粒，排放少量对环境有害的物质。另见：Compressed natural gas 压缩天然气；Liquefied natural gas 液化天然气。

Natural resource 自然资源
自然界形成的可满足人类需求的资源。

Natural ventilation 自然通风
建筑物周围气压分布差异形成的通风。空气从高压区域向低压区域移动，重力和风压会影响空气流动。通过设置和调整门窗位置可以改变自然通风模式。

Near-neat fuel 高纯度燃料
基本上不含添加物或稀释液的燃料。常见的燃料添加剂包括清洁剂和防腐剂。

Neat alcohol fuel 纯酒精燃料
纯酒精或浓度为 100% 的酒精，通常为乙醇或甲醇的形式。

Neat fuel 纯燃料
不添加其他燃料进行稀释的燃料。

NEC 国家电气规范（缩写）
见：National Electrical Code 国家电气规范。

Neritic 浅海区；浅海区物种
1. 在湖泊或海洋周边与陆地相接的浅水区域。
2. 也用于描述生活在水域边界的物种。

Net building load 建筑能源净荷载
满足某建筑物及其居住者需求所需的能源。

New town 新城，新镇
将发达城市生活环境与自然环境结合的规划模型。多数规划的新城社区会形成住宅和商业聚集区与大面积绿化区域。

New urbanism 新城市主义
美国兴起的新城市主义运动，反对郊区无序蔓延，提倡在城市规划中重新引入塑造社区的理念。

Niche 生态位
生态学中，生态位指环境对某个生物体产生的影响，以及某个生物体对生态系统产生的影响。

Niche diversity 生态位多样性
涉及物种多样性和生境多样性。主要指生物体与其生境之间的关系。

NIMBY　邻避（缩写）

见：Not in my back yard　邻避（直译：别在我家后院弄事）。

Nitric acid (HNO$_3$)　硝酸（HNO$_3$）

一种腐蚀性很强的有毒强酸。可产生一种强大的温室气体一氧化二氮（N$_2$O）。

Nitrogen cycle　氮循环

氮通过植物和动物，最终回到大气的循环过程。氮循环中断可能改变生态平衡。

Nitrogen dioxide (NO$_2$)　二氧化氮（NO$_2$）

二氧化氮是可产生硝酸的有毒气体，是一种火箭燃料氧化剂。汽车尾气也可产生二氧化氮。

Nitrogen dioxide-absorbing cement　吸收二氧化氮水泥

见：Pollution-absorbing cement　吸收污染物水泥。

Nitrogen fixation　固氮作用

细菌将生物不可用的氮气（N$_2$）转换成生物可用的氨（NH$_3$）和硝酸盐（NO$_3$）的过程。

Nitrogen oxides (NO$_x$)　氮氧化物（NO$_x$）

主要空气污染物和有毒化学物质。由不等量的氮、氧元素组成的高活性气体群。多数氮氧化物无色无味，二氧化氮（NO$_2$）为红棕色。煤、汽油等矿物燃料在燃烧时会向大气排放氮氧化物。氮氧化物也可以自然生成。氮氧化物与太阳辐射及其他化合物（如碳氢化合物）发生反应，形成地面臭氧。氮氧化物会导致酸雨和烟雾的形成，导致湖泊、溪流、沿海水域、河流的富营养化，还会导致全球变暖。氮氧化物及其形成的污染物可随着盛行风的风向飘向远方。这意味着氮氧化物问题并不限于氮氧化物排放地。另见：Air pollutants　空气污染物；Toxic chemicals　有毒化学物质。

Nitrous oxide (N$_2$O)　一氧化二氮（N$_2$O）

强温室气体，其全球变暖潜力比二氧化碳（CO$_2$）高296倍。在大气中的寿命约为120年。在100年的时间里，N$_2$O保持大气所含热量的效力比二氧化碳高310倍以上。N$_2$O的主要来源有：化学方法改变的农业用地、农业残渣、动物粪便、污水处理、燃料燃烧、己二酸和硝酸生产。多种生物源也会自然排放N$_2$O。另见：Adipic acid　己二酸；Nitric acid　硝酸。

Nocturnal cooling　夜间冷却

建筑物的热量辐射至夜空产生的冷却效果。

Noise pollution　噪声污染

各种声源产生的高度环境噪声；会对人类健康和其他动物产生不良影响。另见：Decibel　分贝。

Nonaqueous-phase liquid (NAPL)　非水相液体（NAPL）

以大量原始液体形式存在于地下的未经稀释的污染物，如泄漏的石油。另见：Dense nonaqueous-phase liquid　重非水相液体；Light nonaqueous-phase liquid　轻非水相液体。

Nonattainment area　非达标区域

标准空气污染物含量高于政府标准的地理区域。另见：Attainment area 达标区域。

Nonbiodegradable　非生物降解的

在正常大气条件下不会分解的物质。

Nonimaging optics　非成像光学

在太阳热能领域中，利用专门设计的非成像反射镜将太阳辐射均匀地集中在某一区域，从而提高能源收集效率。成像光学则会集中辐射，在集热器上形成"热点"。

Nonpoint-source pollution　非点源污染

大范围排放的污染。这种扩散污染由土地利用活动带来的沉淀物、养分、有机物、有毒物质造成，被带入并沉积于河流、湖泊、溪流、沿海水域或地下水中。非点源污染包括沉积物、养分、农药、病原体（细菌和病毒）、有毒化学物质以及农业用地、城市开发或道路流失的重金属。另见：Point-source pollution　点源污染

Nonrecyclable　不可循环的，不可回收利用的

不能再次循环利用的。

Nonrenewable energy　不可再生能源

不可恢复的能源，比如：煤、石油、天然气。这些能源经过亿万年才能形成，是不可再生的，一旦消耗就不可恢复。

另见：Renewable energy　可再生能源。

Nonrenewable resource　不可再生资源

一旦使用就不可恢复的资源。矿物燃料的形成速度非常缓慢，被认为是不可再生的，比如煤和石油。

North　北，北方

正北是一个航海术语，指相对于导航仪所在位置的北极方向。磁北指的是磁北极的方向。

Not in my back yard (NIMBY)　邻避（NIMBY）

指的是居民反对在其住宅附近有任何有害的土地用途，比如有毒废料堆、垃圾填埋场、焚化炉、机场或高速公路。另见：Locally unwanted land uses　邻避设施。

Nuclear energy　核能

放射性物质（例如铀）的原子分裂产生的能量，同时会产生放射性废物。值得注意的是，较轻的元素核素发生聚变也会产生能量。

Nuclear fusion plant　核聚变电站

聚变反应堆释放的放射性污染远远低于普通核裂变发电厂，研究人员正积极开展研究，以确定核聚变电站的可行性。按照国际热核实验反应堆项目，热核能有潜力提供"对环境无害、适用范围广并且用之不竭"的电力。世界能源需求不断增长，而温室气体的排放必须减少，因此上述特性将成为必要需求。到目前为止，相关研究已投入 200亿美元，但是要建立热核发电厂仍需要

几十年。研究人员仍然怀疑通过热核能发电是否可行、有效。工程问题依然存在，与此同时，研究人员还面临着建设成本过高以及维修、维护反应容器困难等问题。此外，锂和稀有金属形成大面积"覆盖层"——必须包围产生核聚变的离子，才能吸收其释放的中子。"覆盖层"将逐渐降解，具有放射性，因此需要定期拆卸、更换。另见：Nuclear power plant 核电站。

Nuclear power plant 核电站

利用核裂变过程进行发电的发电站。在这一过程中，重元素的原子核在核反应堆中受到自由中子撞击时分裂。以铀为例，铀原子在裂变过程中形成2个较小的原子，1—3个自由中子，产生一定的能量。由于铀裂变过程中释放的自由中子数量多于进行裂变所需的数量，该反应在设定的条件下可以实现自维持——即连锁反应，从而产生巨大的能量。

对于世界上大多数核电站来说，铀燃料在燃烧时产生的热能大多被轻水收集，并从反应堆的核心带走热能，在沸水堆中以蒸汽的形式带走热能，在压水堆中则以过热水的形式带走热能。压水堆中，过热水在初级冷却回路中可将热能传递至次级回路，以便形成蒸汽。在沸水或压水装置中，高压条件下的蒸汽可作为媒介将核反应堆的热能传递至涡轮机，涡轮机使得电动发电机或发电机运行。沸水堆和压水堆统称为轻水反应堆，因为在发电过程中能够利用轻水将反应堆的热能转移至涡轮机。其他反应堆的设计中，热能可以通过加压重水、气体或其他冷却物质进行转移。

核电领域目前关注的问题是——安全处理并隔离反应堆产生的废燃料，如果进行后处理，则需安全处理并隔离后处理设备产生的废料。这些材料必须远离生态圈，直至其放射性降低到安全水平。根据《1982年核废料政策法》，经修正，美国能源部有责任开发废核燃料和高放射性废料的废物处理系统。目前的规划要求废料最终处理为固体形态，埋入规定允许的深层、稳定地质结构。

Nuclear waste facility 核废料处理设施

将核废料封存在陶瓷材料中进行处理的设施。陶瓷材料放置在耐腐蚀容器中，埋入地球深处。陶瓷材料设施须维持万年甚至更久。

Nutrient 养分，营养物

生物体从环境中摄取的、作为其能量或生命力来源的物质。通常与植物生长所需的物质相关。

Nutrient cycling 养分循环，营养物循环

植物和有机物分解，并为新生植物和动物提供土壤养分的自然循环与再循环过程。

Nylon 尼龙

通常指最早于1935年生产的合成聚合物。塑料由难以降解的石油制成。尼龙也可用塑料制成。多数尼龙产品需要很长时间才能降解，因此属于非生物降解类。目前研究人员仍在研究可生物降解的尼龙材料。

Nylon 6　尼龙 6

新开发的可生物降解的尼龙制品，是一种可循环使用的聚合物；可用于纺织品。

O

Occupational Safety and Health Administration (OSHA)　职业安全与健康管理局（OSHA）

职业安全与健康管理局隶属于美国劳工部，旨在确保工作者在工作岗位上的安全，保护工作者。

Occupied space　占有的空间，实占空间

建筑物或构筑物内通常被人占据的空间，通常有暖通空调。

Ocean energy systems　海洋能系统

利用潮汐、波浪、海洋热梯度所蕴含能源的能源转换技术。

Ocean thermal energy conversion (OTEC)　海洋温差发电（OTEC）

利用海水表层及深层海水之间的温差（热梯度）产生能源的过程或技术。在封闭的兰金循环系统中，通过包含工作液的蒸发器抽取温暖的表层水。液体汽化后驱动涡轮机 / 发电机。利用地表以下深处的冷水凝结工作液。开放式循环海洋温差发电技术将海水本身作为工作液。封闭式循环海洋温差发电系统在一个闭合的回路内循环使用工作液。夏威夷太平洋高级技术研究国际交流中心受美国能源部资助，研发出一款 10 千瓦封闭式循环系统原型，但是并未投入商业运作。

Octane　辛烷

化学式为 $CH_3(CH_2)_6CH_3$ 的烷烃，有 18 种同分异构体，是存在于石油中的易燃液体烃，可作为衡量发动机燃料的一项标准。

Octane rating　辛烷值

辛烷值表示燃料达到自燃点之前可压缩的量。如果气体不是因为火花塞打火而燃烧，而是受压缩导致燃烧，就会导致发动机震爆，可能损坏发动机。

Offgassing　气体挥发，气体释放

气体或蒸气排放到大气中。

Off peak　非峰值的，非高峰的

能源系统需求较低的时间段，与高峰需求相反。另见：On-peak energy 峰值能量。

Offset allowances　抵消配额

另见：Emissions trading　排放交易。

Ohm　欧姆

材料电阻的度量单位。1 伏特电位差产生 1 安培电流的电路，其电阻为 1 欧姆。

Ohm's law　欧姆定律

在电路中，电流（I）通过电阻（R）产生压降（V），公式为：$V = I \times R$。

Oligotrophic 贫营养的

与养分浓度极低的湖泊或其他水体有关，通常植物生长十分有限，溶解氧的含量很高。另见：Eutrophic 富营养的；Mesotrophic 中营养的。

One-hundred-year floodplain 百年一遇洪泛平原

某年发生洪灾的可能性为 1% 的区域。市区和郊区开发过程中，铺设的道路和地表加大了发生洪水的概率。

On-peak energy 峰值能量

供应商指定的系统能源需求较高时期的能源供应量。另见：Off peak 非峰值的。

Once-through system design strategy 一次性直流系统设计策略

对建筑物及其服务系统内的材料和能量进行管理的四大设计策略之一。人们消耗资源时往往认为资源是取之不尽用之不竭。一旦使用后，人们就将其作为废弃物丢弃掉。一次性直流系统设计策略把环境作为最终容纳之地。另见：Closed-circuit system design strategy 闭路系统设计策略；Combined open-circuit system design strategy 联合开路系统设计策略；Open-circuit system design strategy 开路系统设计策略。

Open access 开放式获取

通过不属于电力生产商（卖方）的输配电系统向客户发送或输送电力的能力。

Open access system 开放式获取系统

又被称为"公地悲剧"，指的是共同拥有资源但是缺乏管理制度的系统。经验表明，共有的资源常常被一些所有者过度利用或糟蹋。

Open-circuit system design strategy 开路系统设计策略

对建筑物及其服务系统内的材料和能量进行管理的四大设计策略之一。与直流系统一样，该设计策略把环境作为废料的容纳场地，但是其排放物不超过生态系统的吸收能力。废弃物经过预处理之后才会排放出去。另见：Closed-circuit system design strategy 闭路系统设计策略；Combined open-circuit system design strategy 联合开路系统设计策略；Once-through system design strategy 一次性直流系统设计策略。

Open-loop active system 开式主动热水系统

太阳能热水系统。水泵通过太阳能集热器实现水循环。在长期不结冰的区域，以及没有硬水或酸性水的地理区域，开式主动热水系统最为有效。

Open-loop geothermal heat pump system 开式地源热泵系统

也被称为"直接系统"。从地下或地表水源抽水并循环使用。热量一旦传入水中或从水中传出，水会流回井中或排放至地表（而不是通过系统再循环）。在能够供应充足的清洁水资源的区域，开式地源热泵系统是切实可行的，并且符合当地所有关于地下水排泄的标准和法规。

Open system 开放系统

开放系统是可以提供化学元素以支持生态系统中植物和动物群落生长的区域，同时该生态系统之外的区域会流失生物质和化学元素。

Operational cost 运营成本

企业或设施运营所需的直接货币成本。

Organic 有机的

含有碳的，由生命物质或曾有生命的物质构成。

Organic agriculture 有机农业

不采用非天然物质、不允许使用转基因生物的农业生产概念和实践。

Organic compound 有机化合物

含有碳链、碳环、氢的化合物，有些含有氧、氮及其他元素；有机化合物是现代高分子化学的基础。另见：Inorganic compound 无机化合物；Volatile organic compound 挥发性有机化合物。

Organic cyanides 有机氰化物

有毒化学物质。含有氰基 CN 的化合物氰化物毒性强、反应迅速：能够抑制细胞的氧化过程。某些植物种子会自然产生氰化物，比如苹果籽和野生樱桃核。氰化物，包括氰化氢（HCN 或氢氰酸），可用于丙烯酸纤维、合成橡胶和塑料的工业生产，以及钢铁的电镀、表面硬化，矿石的熏蒸和富集。另见：Toxic chemicals 有毒化学物质。

Organic waste 有机废弃物

可自然降解的材料。

Organically grown 有机农作物

不使用人造肥料或农药种植的农作物。

Organism 生物体，有机体

具有生命的个体，包括细菌、植物和动物。

Orientation 方向，朝向

某个表面的朝向，即该表面与太阳南或正南偏离，朝东或朝西的度数。太阳南或正南与磁南不同。

Oriented-strand board (OSB) 定向刨花板（OSB）

经过重组加工的垫形建筑面板，利用小直径圆木上削下的木条、薄片或圆片，在一定的温度和压力条件下用外部胶粘剂粘合而成。外层或表层由按照长面板方向排列的木条组成；内层由交叉排列或随机排列的木条组成。

Osmotroph 渗养者

通过细胞膜获得营养物质的生物体，比如真菌和细菌，它们都不能将颗粒物质作为营养物。另见：Phagotroph 吞噬者。

OTEC 海洋温差发电（缩写）

见：Ocean thermal energy conversion 海洋温差发电。

Outage 断电

电力供应中止。

Outfall　排水口

废水排入受纳水体的地点。

Outgassing　除气，除气作用

材料排出或释放气体的过程。

Overhang　悬垂部分

为窗户、墙壁和门遮蔽太阳直接辐射的建筑部件，以保护这些结构免受降水影响。

Overload　超负荷

是指超过设备的设计容量。

Ovonic　Ovshinsky 效应

这个词由 Standford Ovshinsky 发明，分别选取 Ovshinsky 的前两个字母和 electrONIC 的后四个字母糅合而成。Ovshinsky 效应是指在 10.5 伏 / 厘米的电场条件下，非晶体透明半导体（锗、碲、砷）从不导电状态转变为导电状态。

Oxidant　氧化剂

英文名称为 oxidant 或 oxidizer agent。在电化学反应中消耗电子的化学物质，如氧气。

Oxidation　氧化物；氧化反应

1. 某物质与氧气的混合物；生锈或燃烧可能产生氧化物。
2. 原子或离子失去电子的过程。

Oxidation pond　氧化池

利用细菌消耗废弃物的人造水体。通常与其他废物处理过程结合使用。可以是污水氧化塘。

Oxidize　氧化

1. 通过化学反应使某物质与氧结合，从而改变该物质的过程。
2. 原子或离子失去电子的过程。

Oxidizer agent　氧化剂

见：Oxidant　氧化剂。

Oxygen cycle　氧循环

环境各部分之间的氧气循环过程。与碳循环密切相关。

Oxygenated fuel (oxyfuel)　含氧燃料（氧化燃料）

一种特殊的汽油，在冷启动的条件下比普通汽油燃烧更为彻底。这种燃料的二氧化碳排放量低于普通汽油。

Oxygenate　以氧处理，以氧化合

用氧气来处理，结合或注入氧气。

Oxygenates　含氧化合物

加入汽油之中会增加汽油混合物氧含量的物质。乙醇、甲基叔丁基醚（MTBE）、乙基叔丁基醚（ETBE）和甲醇是常见的含氧化合物。添加到汽油中可减少其二氧化碳排放量。

Ozone (O₃)　臭氧（O₃）

主要空气污染物，一个臭氧分子含有三个氧原子。臭氧通常不直接排放到空气中，但是氮氧化物（NO_x）和挥发性有机化合物（VOC）会在阳光下在地面发生化学反应，产生臭氧。

无论是在地球上空几英里处形成还是在地面形成，臭氧的化学结构都是一样的。臭氧会在两个大气层产生：

对流层或地面臭氧，被称为"坏"的臭氧；平流层或上层臭氧，被称为"好"的臭氧。

臭氧是烟雾的主要成分。机动车尾气和工业废气、汽油蒸气、化学溶剂以及自然来源都会排放氮氧化物和挥发性有机化合物，形成臭氧。在阳光和高温条件下，地面臭氧在空气中的浓度有害。

因此，臭氧又被称为夏季空气污染物。城市和农村地区都会形成臭氧。臭氧是危害人类健康的一个重大隐患，对患有哮喘的儿童来说尤其严重。臭氧还会破坏农作物、树木和其他植被。臭氧在平流层中自然生成。"好"的臭氧在距离地球表面约16—48千米的平流层自然生成，形成臭氧层，保护地球上的生命免受太阳的有害紫外线（UV）带来危害。这一天然屏障逐渐受到人造化学物质的破坏、消耗，这些化学物质统称为消耗臭氧层物质，包括含氯氟烃（CFCs）、含氢氯氟烃、哈龙、甲基溴、四氯化碳、甲基氯仿。尽管人们现在已经减少了许多消耗臭氧层物质的使用，过去使用这些物质所造成的影响仍然在破坏臭氧保护层。研究表明，全球范围内"好"的臭氧层消耗正在减少。利用卫星测量结果可以观察到臭氧保护层变薄，极地区域尤为显著。

臭氧消耗会导致到达地球的紫外辐射量增大，从而导致皮肤癌、白内障及免疫系统受损的患病率上升。美国等多个国家正根据《清洁空气法案》采取措施，以减少臭氧排放量。另见：Air pollutants　空气污染物；Ozone-depleting substance　消耗臭氧层物质。

Ozone-depleting substance (ODS)
消耗臭氧层物质（ODS）

消耗臭氧层物质是经过证实的会消耗平流层臭氧的人造化合物。消耗臭氧层物质包括含氯氟烃（CFCs）、哈龙、甲基氯仿、四氯化碳、甲基溴和含氢氯氟烃（HCFCs）。一旦排入空气中，消耗臭氧层物质降解非常缓慢。在到达平流层之前，这些物质可以在对流层中移动，并保持很多年。到达平流层后，消耗臭氧层物质在高强度的太阳紫外线照射下会分解，释放氯和溴分子，破坏"好"的臭氧。科学家估计，一个氯原子可以破坏10万个"好"的臭氧分子。另见：Ozone　臭氧。

Ozone hole　臭氧层空洞

臭氧层空洞位于平流层中的臭氧层区域。平流层臭氧变薄与含氯氟烃（CFCs）及相关化学物质导致的平流层臭氧破坏有关。臭氧含量降低致使到达地球表面的紫外线B（UVB）增加。太阳放射出的紫外线B没有变化，但是臭氧减少意味着保护力变弱，因此会有更多的紫外线B到达地球。研究表明，每年臭氧洞出现时，南极表面测量到的紫外线B数量翻倍。另一项研究证实，过去几年里，加拿大的紫外线B数量增多与臭氧减少有关。

Ozone layer　臭氧层

在地球上空约15千米的位置开始出现臭氧层，在距离地球约50千米的位置，臭氧层厚度几乎可以忽略不计，臭氧层可以为地球阻挡太阳产生的有害紫外线。地球上空约25千米的平流层中，臭氧的自然浓度最高（体积约占百万分之十）。一年内平流层臭氧浓度随平流层环流的季节变化而变化。火山爆发和太阳耀斑等自然事件会导致臭氧浓度发生变化，但是人类活动引起的臭氧浓度变化是最让人关心的问题。臭氧层会阻挡来自太阳的大部分紫外线（UV）辐射，从而保护地球。紫外线 B 是太阳（和太阳灯）发出的一种紫外线，会产生一些有害影响，尤其会破坏 DNA；还会导致黑色素瘤和其他皮肤癌。研究发现，植物、材料、海洋生物过度暴露在紫外线下会产生不利影响。太阳紫外线 B 辐射会损害鱼、虾、蟹、两栖动物和其他动物的早期发育，最严重的影响是导致其生殖能力下降以及幼体发育受损。即使从目前的水平来看，太阳紫外线 B 辐射也是一个限制性因素，接触紫外线 B 的时间稍有增加都有可能导致以这些小生物为食的动物群体数量大量减少。另见：Stratosphere 平流层，Ultraviolet radiation 紫外线辐射。

Ozone precursors 臭氧前体物

与太阳辐射及其他化合物发生反应形成臭氧的化合物，比如一氧化碳、甲烷、非甲烷烃类、氮氧化物。另见：Troposphere 对流层。

P

Packaging 包装

产品的包装；可由各种材料制成：塑料、纸板、纸张、金属、玻璃、木材和陶瓷。

Packed tower 填料塔

填料塔又被称为"填料塔式洗涤器"，是一种空气污染控制装置。受污染的空气在塔内循环流动，塔内有大面积填充材料。污染物被流经填料塔填充材料的液体吸收。液体向下流动，空气被迫向填料塔上方流动。空气中的蒸气或颗粒物通过填充材料的表面向上移动。烟气接触到填充材料表面，进入材料，净化并释放空气。另见：Absorption process 吸收过程；Scrubbers 洗涤器；Ventury scrubber 文丘里洗涤器。

Packed tower aeration 填料塔通风

去除地下水中的有机污染物的过程。地下水向下流入有大面积填充材料的填料塔。空气从塔底送入，地下水向下流动时，空气被迫向上移动。有机污染物从水中转移到空气中。

Packer tower scrubber 填料塔式洗涤器

见：Packed tower 填料塔。

PAFC 磷酸燃料电池（缩写）

见：Phosphoric acid fuel cell 磷酸燃料电池。

Panemone 风力发电机

一种垂直轴风力发电机。其旋转轴与风向呈 90°，风叶片与风平行运动。与之相对，水平轴风力发电机

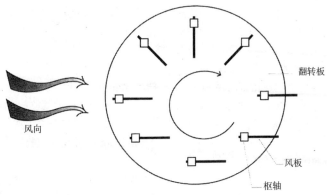

图48　Panemone 风力发电机——逆风运动时，风叶片侧立；顺风运动时，风叶片平放

的旋转轴指向风的方向，其叶片与风的推力作用呈直角。Panemone 风力发电机主要利用风的阻力，而水平轴风力发电机的叶片主要利用风的举力。Panemone 风力发电机的历史可以追溯到古波斯，当时人们利用风作为磨麦的动力源。它是一种阻力型风力机，可以对任何方向的风作出反应（图48）。

Paper　纸

树浆制成的产品，造纸过程中可能形成酸雨并产生二噁英。

Parabolic aluminized reflector lamp 抛物面镀铝反光灯泡

抛物面镀铝反光灯泡是由耐用厚玻璃镜片制成的一种灯泡，可以聚集光线。与标准白炽灯相比，其使用寿命较长，光衰问题较少。

Parabolic dish solar collector　抛物面太阳能集热器，碟式太阳能集热器

抛物面太阳能集热器是一种太阳能转换装置，具有一个反射率高的碗状抛物面，可以追踪太阳光，并将阳光聚集在固定式吸热器中，从而获得高温：可用于热加工或运行热机（斯特林发动机）产生电力。另见：Stirling engine　斯特林发动机。

Parabolic trough　抛物面槽式集热器

抛物面槽式集热器（图49）是一种太阳能集热器，是一种太阳能转换装置，利用具有银涂层或抛光铝涂层的高反射性槽型表面把阳光聚集到线型吸热器中。杜瓦管是常用的线型吸热器，管内含有一种工作液，可吸收

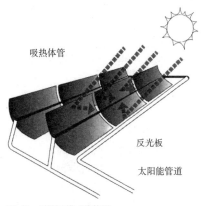

吸热体管

反光板

太阳能管道

图49　抛物面槽式集热器
资料来源：美国能源部

聚集的阳光。传热液体（常用的传热液体为石油）用于在标准涡轮发电机内加热蒸汽。预计其经济和热效率的范围是60%—80%。另见：Solar thermal electric systems 太阳能热电系统。

目前，所有的抛物面槽式集热器均为混合型。通常包括一套矿物燃料系统，以便在夜间或阴天补充太阳能。常用的矿物燃料为天然气。

Parasitism 寄生，寄生现象

一个物种获益而另一物种受损的共生形式。另见：Amensalism 偏害共生；Commensalism 偏利共生；Mutualism 互利共生；Symbiosis 共生。

Partial zero-emission vehicle (PZEV) 部分零排放车辆（PZEV）

加利福尼亚州空气资源委员会对燃料系统蒸发排放为零的车辆的命名，这类车辆拥有15年(或至少15万英里)保修期，并且符合特级超低排放车辆（SULEV）的尾气排放标准。部分零排放车辆属于特级超低排放车辆。另见：Emissions standards, designations 排放标准名称。

Particulate matter 颗粒物质，悬浮微粒

又被称为"颗粒物污染"，缩写为PM。颗粒物质是常见的空气污染物、有毒化学物质，威胁人体健康。颗粒物质是由极小的微粒和液滴构成的复杂混合物。颗粒污染物由很多部分组成，包括酸性物（如硝酸盐和硫酸盐）、有机化学物质、金属、土壤或尘粒。颗粒物污染可引起健康问

题，尤其会对呼吸系统造成损害。另见：Air pollutants 空气污染物；Toxic chemicals 有毒化学物质。

Particulates 微粒，颗粒状物

悬浮在空气中的微粒，比如煤烟、灰、尘土或其他空气排放物。另见：Air emissions 空气排放物。

Partitioned matrix (LP) 分块矩阵（LP）

生态设计者创造的词汇，用来描述设计系统和环境之间的相互作用。分块矩阵中，1代表设计系统，2代表环境，L代表给定框架内的相关性，矩阵是：L_{11}= 系统内部发生的过程（内部相关性）；L_{22}= 环境中的活动（外部相关性）；L_{12} 和 L_{21}= 系统/环境与环境系统的交流。

$$LP = \left. \frac{L_{11}}{L_{21}} \right| \frac{L_{12}}{L_{22}}$$

Passive cooling systems 被动式冷却系统

利用自然能源降低室内温度而设计的各种简单制冷技术。设计时需考虑下列因素：建筑布局、窗户的朝向、数量、大小、位置和细节、遮阳设备、建筑围护结构的热阻率和热容量。设计时需要最大限度减少建筑物的得热量，最大限度减少建筑围护结构的热累积，降低窗户的得热水平，提供自然通风。最大限度减少得热量已经不再被视为一种制冷技术。被动式冷却系统通常包括深空冷却，或者其他传递热（或冷）液体时不使用电动机的冷却系统。另见：Passive solar cooling 被动式太阳能制冷。

Passive daylight device　被动日光照明装置

将太阳光反射到建筑物内部的非机械设备。另见: Light pipe　光管; Light shelf　导光板; Tubular skylight 管状天窗。

Passive diffuser　被动扩散器

不使用风扇的送风口，依靠加压充气或管道空气将空气送入建筑物空调空间内。

Passive mode design　被动式设计

又被称为"生物气候设计"。被动式设计指的是通过利用当地环境气候的优势使系统实现低能耗的生态设计策略。被动式生态设计主要强调三个方面: 1）低能耗设计; 2）当地气候和该地的自然特点; 3）建筑外形适宜，体积与表面积的比例适宜。用设计术语来说，被动式设计策略包括适当的建筑外形和朝向，适宜的内部平面布局、建筑立面设计，比如玻璃面积比、保温层、颜色，以及建筑热质量、植被、自然通风和色彩的使用。被动式设计是一种节能设计策略，旨在最大限度地利用自然和环境能源，并且尽量减少使用不可再生能源。利用辐射、传导、对流可以实现这一目标，无须使用借助外部能源的机电加热和冷却系统。

气候、位置以及该地的自然特征会影响建筑形式的设计方式，但无法决定设计方式。设计方式反应的是全年的盛行气候和季节特点。温带和寒带气候条件下所采用的设计必然是不同的，例如，特定地点的地形和周围环境都会影响设计。建筑物的适宜外形和方位取决于当地的太阳运动轨迹、自然通风的利用情况、植被的利用情况、适宜的立面设计、遮阳以及其他此类考虑因素。被动式设计如果能够结合当地的气候条件，设计出的建筑形式更适合该地区。

Passive solar cooling　被动式太阳能制冷

在炎热潮湿的气候条件下，不借助机械设备来为建筑物制冷的主要策略是利用自然通风（图 50a-e）。提高自然通风效率的方法有:

- 可开启的窗户——应设置在朝南的位置。

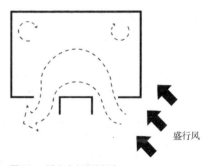

图 50a　被动式太阳能制冷

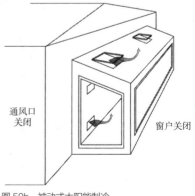

图 50b　被动式太阳能制冷

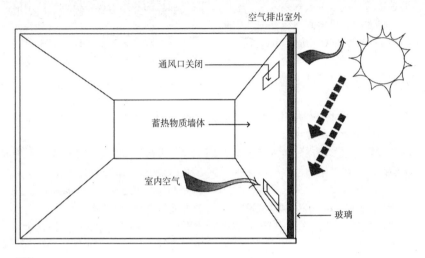

空气排出室外

通风口关闭

蓄热物质墙体

室内空气

玻璃

日间

图 50c　被动式太阳能制冷

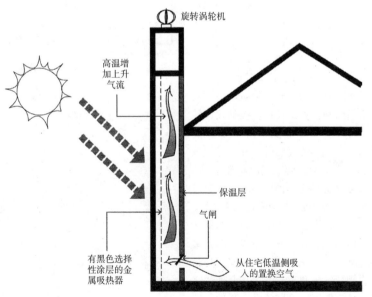

旋转涡轮机

高温增加上升气流

保温层

气闸

有黑色选择性涂层的金属吸热器

从住宅低温侧吸入的置换空气

图 50d　被动式太阳能制冷

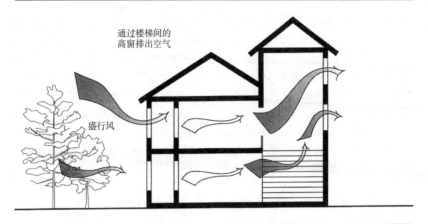

通过楼梯间的
高窗排出空气

盛行风

窗户打开 —————————   楼梯间打开 —

图50e 被动式太阳能制冷

• 翼墙——沿着与住宅迎风墙垂直的窗口放置的直立实心板。

• 热烟囱。

• 日光室。

日光室经过设计可以提高自然通风效率，比如，夏季期间从屋顶排出南向日光室产生的余热。将位置较低的通风口与起居空间相连，和北面的窗户一起打开，空气经过起居空间后从阳光房内较高的通风口排出（从日光室到起居空间的较高的通风口以及任何一边的可开启窗户都必须关闭，而且阳光房内的蓄热墙必须遮阳）。间接蓄热墙可发挥同样的功能，只是蓄热墙内部必须保温才能实现此项功能。热烟囱可以建造在狭窄的结构（如烟囱）内，还可以在装玻璃墙面内侧安装一个容易受热的黑色金属吸热器，这样就可以达到高温，同时与住宅以保温层隔离开。烟囱必须在屋顶层以上终止。顶部旋转的金属斗的朝向与风向相反，这样就可以排出受热的空气，而不会受到盛行风影响。热烟

囱效应可用于带有开放式楼梯井和前庭的房子。

其他通风策略包括：排风口略大于进风口；进风口设置在中低高度，以室内居住者的高度提供气流。靠近墙壁的进风口会使空气沿着墙壁"清洗"；设置位置居于中心附近的进风口以保证室内中央区域的空气流动，这一点是很重要的。防虫纱窗会使微风的风速比风力较强的微风下降得快（风速为2.4千米/小时，下降60%；风速为9.6千米/小时，下降28%）。门廊屏障对风速的阻拦效果低于窗户纱窗的效果。住宅的夜间通风率应该为每小时换气30次，甚至更频繁。要达到这一标准需要使用机械通风。在尽量不设置织物家具用品的情况下，高蓄热物质房屋可以通过夜间通风实现制冷。高蓄热物质房屋应该在日间封闭，夜间开窗通风。另见：Passive cooling systems 被动式冷却系统；Thermal chimney 热烟囱；Wing wall 翼墙。

Passive solar design 被动式太阳能设计

利用太阳能加热和冷却生活空间的设计。采用被动式太阳能设计时，建筑物本身或某些构件会利用材料和空气受太阳光照射而产生的自然能源特点来加热和冷却建筑物，不必使用机械设备。被动系统很简单，几乎没有活动部件，无须机械系统，也无须太多维护（图51）。

主要的设计要点包括适宜的建筑朝向、窗口大小、窗户位置和窗檐设计，从而减少夏季得热量，确保冬季得热量；还需要适当的可存储热能的蓄热物质材料，比如特隆布墙或砖石瓦片。虽然风扇也可用于循环室内空气或确保适当通风，但是热量的分配主要还是利用自然对流和辐射来实现。可开启的窗户、蓄热物质、热烟囱和翼墙是被动设计中常见的构件。翼墙是垂直于相邻窗户的垂直外部隔墙，可以

提高窗户的通风量。另见：Thermal chimney 热烟囱；Thermal mass 蓄热物质；Trombe wall 特隆布墙；Wing wall 翼墙。

Passive solar energy system 被动式太阳能系统

泛指利用自然能量流传递热量，从而实现太阳能加热或冷却的系统。

Passive solar heater 被动式太阳能加热器

不是利用泵或风扇，而是通过自然对流来收集或转移太阳能的太阳能热水器或空间供暖系统。被动系统通常为组合集热器/存储器、分批集热器或热虹吸系统。这些系统不使用控制器、泵、传感器或其他机械部件，因此在系统寿命期内不需要或很少需要维护。另见：Batch heater 分批加热器；Thermosiphon 热虹吸。

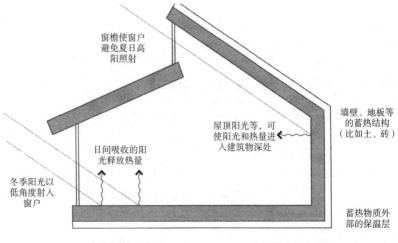

窗檐使窗户避免夏日高阳照射

屋顶阳光等，可使阳光和热量进入建筑物深处

墙壁、地板等的蓄热结构（比如土、砖）

日间吸收的阳光释放热量

冬季阳光以低角度射入窗户

蓄热物质外部的保温层

大面积南向玻璃窗   很少或没有北向玻璃窗

图51　被动式太阳能设计的基本原则（温带地区）

Passive solar heating 被动式太阳能供暖

被动式太阳能供暖系统需要两个主要构件：南向玻璃窗，吸收、存储和释放热量的蓄热物质。被动式系统有三种利用方法：1）直接得热；2）间接得热；3）隔离得热。所有被动式太阳能供热系统的目标都是获取建筑构件内的太阳热量，在阳光不足时释放热量。同时，建筑构件（或材料）吸收热量供以后使用。太阳热量可保持室内舒适而又不会过热（图52a-b）。在被动式太阳能供热系统中，实际的生活空间就是一个太阳能集热器、吸

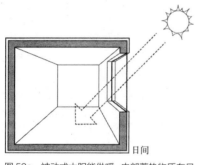

图52a 被动式太阳能供暖：内部蓄热物质在日间吸收阳光

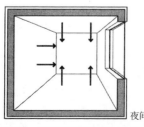

图52b 被动式太阳能供暖：在夜间释放热量

热器和配热系统。太阳能穿过南向玻璃窗进入室内，辐射至室内的蓄热物质（比如砖石地板和墙体）。直接得热系统将利用60%—75%照射在窗户上的太阳能。

在直接得热系统中，蓄热地板和墙壁是住宅的功能部件。住宅内的储水容器也可以用来储存热量。然而，在住宅设计中结合储水容器是较为困难的。蓄热物质在日间可以通过吸收热量来降低热量强度。蓄热物质在夜间向生活空间释放热量。另见：Direct solar gain 直接太阳能得热；Indirect solar gain system 间接太阳能得热系统；Isolated gain 隔离得热。

Passive system 被动系统

通过非机械手段来满足空间负荷的系统。被动系统设计是生态设计过程的一部分，需根据当地环境和主要生物群进行设计。被动系统不依靠机电系统提供能量。被动式太阳能系统就是被动系统的一个例子。另见：Active system 主动系统；Solar energy 太阳能。

Passive treatment walls 被动式处理墙

受污染的地下水遇到屏障（如石灰石或含有铁屑的墙壁）时发生化学反应的技术。

Pathogens 病原体

致病微生物。病原体可导致人类、植物和动物的疾病。

Pay as you throw 垃圾按量收费

居民为城市垃圾处理支付费用的制度，费用的多少根据垃圾的重量和

体积来计算，而不是固定费用。

PBTs 持久的、生物积聚的和有毒的物质（缩写）

见：Persistent bioaccumulatic toxic pollutants 持久的、生物积聚的和有毒的物质。

PCBs 多氯联苯（缩写）

见：Polychlorinated biphenyls 多氯联苯。

PCE 四氯乙烯（缩写）

见：Perchloroethylene 四氯乙烯。

PCFC 质子陶瓷燃料电池（缩写）

见：Protonic ceramic fuel cell 质子陶瓷燃料电池。

Peak oil 石油峰值，石油顶峰

又被称为"石油的终点"。指的是全球石油开采率达到最大值后，石油生产速度开始衰落的时间点。这个概念是在观察各个油井的生产率和相关油井领域综合生产率的基础上形成的。油田的总生产率会随着时间相继经历成倍增长，生产率达到高峰，之后下降直到油田枯竭的整个过程。经证明，石油峰值适用于一个国家国内生产率的总和，同样也适用于全球石油生产速度。石油峰值并不代表石油枯竭，但是与石油生产率峰值和随后的生产率下降有关。

Peak power current 峰值电流

光伏组件或光伏阵列按照电流－电压曲线规律在组件最大功率的电压

条件下产生的电流。

PECs 光电化学电池（缩写）

见：Photoelectrochemical cells 光电化学电池。

Pellet stove 颗粒壁炉

燃烧压缩木材或生物质颗粒的一种空间供暖装置，常用于住宅中。颗粒壁炉燃烧起来更高效、更清洁，并且比传统的木材燃烧装置操作更为方便。大多数颗粒壁炉为铸铁制造，用不锈钢包住电路和排气区。

Peltier effect 珀耳帖效应

通过电流流动实现热量转换的过程，通常用作热电致冷器。两种不同的金属或半导体与流经电路的电流接合时，热量从接合点的一端移向另一端。热电致冷器利用混合的p型和n型半导体将冷却表面的热量转移到热表面。另见：Seebeck effect 塞贝克效应；Thomson effect 汤姆逊效应。

Pelton turbine 水斗式水轮机，Pelton涡轮机

又被称为"射流式水轮机"。L. A. Pelton于1880年发明的一种冲击式水轮机，水流经喷嘴并喷射至转子或水轮外围设置的凹槽，带动转子旋转产生机械能。转子固定在轴上，涡轮机的旋转运动通过轴传递给发电机（图53）。

水斗式水轮机通常用于高头低流量的区域。在下降梯度高达2000米的蓄能电站使用时，水斗式水轮机最多

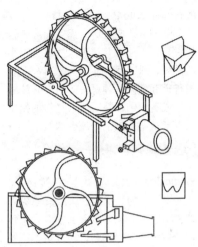

图 53　Pelton 的原始专利图（1880 年 10 月）

可以有六个喷嘴。另见：Water turbine
水轮机。

PEM　质子交换膜燃料电池（缩写）
　　见：Proton exchange membrane fuel
cell　质子交换膜燃料电池。

**Perched water　栖止水，悬着水，上
层滞水**
　　不透水岩石或沉积物承载的高于
地下水位的非承压水区。

**Perchloroethylene (perc，PCE)　四
氯乙烯**（缩写为 PCE）
　　又被称为"全氯乙烯"或"四氯
代乙烯"，是一种土壤污染物。$Cl_2C=
CCl_2$，是干洗和脱脂过程中使用的
一种人造化学物质。《1974 年美国
安全饮用水法案》提出相关管理规
定，规定了饮用水中化学物质的安全
水平。摄入四氯乙烯可能会增加患
癌症和肝脏受到损害的风险。另见：

Soil contaminants　土壤污染物；Toxic
chemicals　有毒化学物质。

Percolation　渗滤
　　1. 水向下流动，呈放射状流经次
表土层，通常会继续下渗到地下水。
也可涉及水向上移动的过程。
　　2. 水通过过滤器缓慢渗流。

Perfluorocarbons (PFCs)　全氟化碳
　　仅由碳和氟构成的一系列人造化
学物质，主要有四氟化碳（CF_4）和
全氟乙烷（C_2F_6）。此类物质与水氟碳
都可以作为消耗臭氧层物质的替代品。
全氟化碳是工业生产过程中排放的副
产品，也用于制造业。全氟化碳不会
损害平流层臭氧层，但却是强大的温
室气体：四氟化碳（CF_4）和全氟乙烷
（C_2F_6）会造成全球变暖。

Perimeter zone　周边区
　　邻近外墙并且与外墙的距离小于 5
米的区域。由于建筑围护结构的太阳能
得热和热损失等因素，周边区的加热和
制冷负荷与内部区/中心区明显不同。

Peripheral service core　周边服务中心
　　沿建筑物外围设置的服务中心。
特点是：无须消防增压管道，可为电
梯提供自然通风，可为电梯和楼梯间
提供自然采光，在供电中断的情况下
为建筑提供更多自然光。

Perlite　珍珠岩
　　具有化学惰性的天然火山喷发物；
以松散形式或混凝土骨料的形式作为
保温材料使用。

Permaculture　永续农业

该词源自"永久农业"。永续农业是指通过对农业生产生态系统进行特别的设计和维护，使其具有自然生态系统的多样性、稳定性和可恢复性，从而进行耕作的一套农业耕作方法。设计综合了有利于所有生命的生态理念、材料和战略部分。

Permeable　可渗透的

通常指的是液体可以渗透或通过的材料。

Persistent bioaccumulatic toxic pollutants (PBTs)　持久的、生物积聚的和有毒的物质（PBTs）

长期存留在环境中，并且在食物链中生物积聚的有毒化学物质，危害人体健康和生态系统。PETs 最大的隐患是它们很容易在空气、水和土壤中传播，可以跨越边界、地理布局和年代。

Persistent organic pollutants (POPs)　持久性有机污染物（POPs）

对人体健康和全球环境造成不利影响的有毒化学物质。由于持久性有机污染物可以通过风和水传播，一个国家一旦产生持久性有机污染物，多数会影响到远离使用和排放这些物质的地区的人类和野生生物。这些物质长期存留在环境中，逐渐累积，并由一个物种通过食物链传递给另一个物种。持久性有机污染物包括有机氯杀虫剂、多氯联苯、二噁英和呋喃。另见：Stockholm Convention on Persistent Organic Pollution《关于持久性有机污染物的斯德哥尔摩公约》。

Pervious materials　透水材料

由于多孔或材料内部空间大等特性，允许水通过并且对水的阻力很小的材料。例如用于铺设车道、停车场、人行道和庭院的沙砾、碎石、开放铺面块或透水铺面块。透水材料的使用减少了这些区域的径流，同时增加下渗水量。

Pesticides　农药

用于预防、消灭、驱赶或减少各种害虫的所有物质或混合物。害虫包括昆虫、老鼠等动物，还包括不需要的植物、真菌或微生物。可以用于除草剂、杀菌剂和控制害虫的其他物质。在美国，农药还包括用作植物生长调节剂、脱叶剂或干燥剂的任何物质。

PET　聚对苯二甲酸乙二醇酯（缩写）

见：polyethylene terephthalate 聚对苯二甲酸乙二醇酯。

Petrochemical　石化的

又被称为"石油化学产品"，指的是用石油或天然气原料制成的化学物质，例如乙烯、丁二烯、大部分塑料和树脂。

Petroleum　石油

石油是一种不可再生矿物燃料，石油即"岩石油"或"来自地球的油"。石油是烃混合物，包括原油、油田凝析油、天然气、天然气加工产品、精制石油产品、半成品、混合材料。原油产量最多的五个国家是沙特阿拉伯、俄罗斯、美国、伊朗和中国。由于现代社会中使用了大量石油产品——包括汽油、煤油、燃料油、矿物油和沥青，环境的污染问题当前已普遍存在。因事故、工业排放或商业及个人使用石油产品，污染物被排放到环境中。由于泄漏或扩散直接排放到水中时，一些石油馏分会漂浮在水面上，其他成分沉积在水底，影响生活在水底的鱼类和生物。排放到土壤中时，石油化合物会通过土壤进入地下水。石油化合物的部分排放物会蒸发，部分在水中分解，还有一些则会存留很长一段时间。接触石油化合物会对人体健康造成不利影响。影响大小取决于化合物的毒性，可能会引起呼吸疾病，甚至导致死亡。

PFCs 全氟化碳（缩写）
见：perfluorocarbons 全氟化碳。

pH 酸碱度符号
物质酸度水平的一种表示方法。例如，水呈中性，pH 值为 7。pH 值范围在 0—7 之间时呈酸性；pH 值范围在 7—14 之间时呈碱性（图 54）。

Phagotroph 吞噬者
通过摄取有机物或其他生物体来获得营养物质的生物体。从单细胞变形虫到大型动物的所有动物都属于吞噬者。另见：Osmotroph 渗养者。

Phantom load 假想载荷，人工载荷
在关闭时也会消耗电力的设备。例如带有电子钟、计时器的装置，遥控家电，带有墙壁立方体（插入电器交流电源插座的一个小盒子）的装置。假想载荷会增加总耗电量。

Phenol 苯酚
炼油、制革过程以及纺织品、染料和树脂生产过程的副产物。另见：Phenol formaldehyde 苯酚甲醛。

Phenol formaldehyde 苯酚甲醛
两种甲醛树脂中的一种（另一种是尿素甲醛）。苯酚甲醛是一种工业化学物质，也可用于制造复合木材产品，但是此类产品的气体排放水平低于尿素甲醛的同类产品。使用最广泛的完全无甲醛替代树脂包括亚甲基联苯异氰酸酯（MDI）和聚醋酸乙烯酯（PVA）。PVA 的名字虽然是聚醋酸乙烯酯，但是与聚氯乙烯（PVC）没有密切联系；由于分子中不含氯，它避免了聚氯乙烯在其寿命周期内的许多严重问题。另见：Formaldehyde 甲醛；Urea formaldehyde 脲醛。

Phenotype 表现型，表型
一个生物体的外形特征或典型特征。当生态平衡发生变化时，生物体可能发生变异。

Phosphoric acid fuel cell (PAFC) 磷酸燃料电池（PAFC）
一种燃料电池。20 世纪 80 年代研

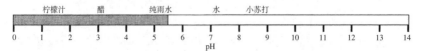

图 54 一些常见物质的 pH 值

制而成，磷酸燃料电池技术是系统开发和商业化活动方面最成熟的燃料电池技术。磷酸燃料电池以液体磷酸（H_3PO_4）为电解质。磷酸包含在聚四氟乙烯烧结碳化硅矩阵中。矩阵的小孔结构通过毛细管作用，把酸保留在其中。部分酸可能被燃料或氧化剂流携带，因此在工作多个小时之后可能需要添加酸。电解质的燃料侧（阳极）和氧化剂侧（阴极）使用铂催化的多孔碳电极。磷酸燃料电池发电设备的设计中给出的电机效率为36%—42%（HHV2）。提高效率需采用加压反应物，使用更多部件意味着更高的成本。部分热能可以在121—149℃的温度条件下提供；但是大部分热能是在65℃的条件下提供。一块磷酸燃料电池的有效电池区的功率密度为160—175瓦/英尺^2。

在重量和体积相等的条件下，磷酸燃料电池产生的电力低于其他燃料电池。因此，磷酸燃料电池通常体积大而且很重，由于要使用铂催化剂，成本更加昂贵。据估计，到2007年，一块常规磷酸燃料电池的工作成本为每千瓦4000—4500美元。用于热电联产时，磷酸燃料电池的效率为85%；而仅用于电力生产时的效率较低，通常为37%—42%。这一数值只比燃烧类的发电厂略高一点。如果氢燃料的来源是重整汽油，注入磷酸燃料电池的燃料必须脱硫处理，否则会破坏电极催化剂。另见：Fuel cells 燃料电池。

Phosphorus (P)　磷（P）

在制造 n 型半导体层时用作掺杂剂的化学元素。

Photochemical cycle　光化学循环

又被称为"光解循环"。光化学循环指的是会导致臭氧或其他氧化剂在对流层中累积的一系列化学反应。循环过程包括：NO_2 吸收阳光，由二氧化物转化为 NO 和 O（氧原子）。氧原子与 O_2 结合形成臭氧（O_3）。

Photochemical modeling　光化学模型

对大气层中氮氧化物和挥发性有机化合物形成臭氧的反应过程进行的计算机模拟。可用于评估热岛效应缓解策略对空气质量的影响。

Photochemical oxidants　光化学氧化剂

氮氧化物与各种挥发性有机化合物发生反应形成的产物。最广为人知的氧化剂是臭氧（O_3）、硝酸过氧化乙酰和过氧化氢（H_2O_2）。对自然环境的主要影响是由臭氧浓度升高造成的。对流层的臭氧浓度过高会对植物和人体健康产生毒性作用。

Photodecomposition　光解作用

见：Photolysis　光解。

Photodissociation　光解离作用

见：Photolysis　光解。

Photoelectric effect　光电效应

见：附录4：光伏。

Photoelectrochemical cells (PECs)　光电化学电池（PECs）

1. 从光（包括可见光）中提取电能的太阳能电池的通称。每块电池都由一个浸于电解质中的金属阴极和一个半导体光电阳极构成。有些光电化学电池只产生电能；还有一些在类似于水电解的过程中会产生氢。

2. 一种光伏设备，电池产生的电能可立即在电池内部使用，产生一种化学物质，比如氢气，这种化学物质随后可以提取出来使用。

Photolysis　光解，光解作用

又被称为"光解离作用"。光解作用是一种物质或材料在光的作用下发生化学分解的过程。光包括可见光和紫外线辐射。

1. 平流层中形成的臭氧层就是光解作用的产物。在平流层中，含有两个氧原子（O_2）的氧气分子受到紫外线的照射，分裂成单个氧原子（原子氧），之后单个原子氧与未分解的氧气（O_2）结合形成臭氧（O_3）。这种臭氧可以过滤中波紫外线辐射和远波紫外线辐射，因此被称为"好"的臭氧。有毒的含氯氟烃（CFCs）在上层大气中分解，进而形成破坏臭氧的氯自由基的过程也是光解作用。

2. 光解可以降解空气污染物以及水里和陆地上的污染物。光解作用能够分解两种有毒农药，分别是氯酚和二嗪农。

3. 光解作用是光合作用光反应阶段的重要部分，利用光能（阳光）分解水分子或其他电子供体，为光合作用获取电子。这些电子的作用是代替光合系统丢失给电子传递系统的电子。水（H_2O）是光解作用的基质，产生自由氧（O_2）。蓝藻细菌的类囊体、绿藻和植物的叶绿体中也会发生水的光解作用。

对于不同波长的光子，其有效性取决于生物体内光合色素的吸收光谱。叶绿素会吸收光谱中的紫蓝色和红色光，而辅助色素则吸收其他波长的光。红藻的藻胆色素吸收蓝 - 绿光，蓝 - 绿光在水中能够达到比红光更深的位置，使红藻可以在深水中进行光合作用。每个吸收的光子都可以在色素分子中形成激子（激发后达到更高能量状态的电子）。在光合体系 II 的反应中心，激子通过能量共振转移将能量传递给叶绿素分子（P_{680}，其中 P 代表色素，680 表示最大吸收波长为 680 纳米）。P_{680} 还可以直接吸收适当波长的光子。在光合作用中，光解会在一系列由光激发的氧化活动中发生。光合电子传递链的一级电子受体吸收 P_{680} 的高能电子（激子），然后退出光合体系 II。为了重复反应过程，反应中心的电子需不断补充。在生氧光合作用下，水的氧化过程会发生上述反应。光合体系 II（P_{680}）的缺电子作用中心是地球上已知最强的生物氧化剂，因此能够将分子分解，并且和水一样稳定。

Photolytic cycle　光解循环

见：Photochemical cycle　光化学循环。

Photon　光子

根据光的光子理论，一个光子是一束（或量子）独立的电磁能量（或光能）。光子是不断运动着的，对于所有观测者，光在真空中的运动速度恒定，光的真空速度（通常称为光速）为 $c = 2.998 \times 10^8$ 米 / 秒。

Photoperiod response   光周期反应

光周期反应是指植物对光的频率和强度做出的反应，调节植物生长、开花的周期。

Photosynthesis   光合作用

获取和利用光能生产食物的过程。光合作用几乎为地球上所有的生命提供生存所必需的能量，减少必要的碳元素，还为耗氧生物提供所需的氧分子。在光合作用过程中，植物会从空气中，或者从水中的碳酸氢盐吸收二氧化碳，形成碳水化合物并释放氧气。光合作用是生物质生长过程中的关键起点，公式是：二氧化碳＋水＋阳光＋叶绿素→有机物＋氧气。光合作用的不同途径对大气中的二氧化碳浓度产生不同反应。光合作用是植物、藻类和某些细菌生产食物的基础，是食物链的起点。另见：Artificial photosynthesis 人工光合作用；Food chain 食物链；Sun 太阳。

Photovoltaic (PV)   光伏（PV）

将阳光直接转换为电力的相关设备。另见：附录4：光伏。

Photovoltaic (PV) array   光伏阵列

光伏阵列由一系列相互连接的光伏组件构成，依次由相互连接的太阳能电池组成。电池通过光伏效应将太阳能转换成直流电（DC）。通常，一个组件所产生的电量不足以满足一个家庭或一个企业的需求，因此，多个组件相互连接构成一个阵列。多数光伏列会利用换流器，以便将光伏组件产生的直流电转换成可以插入现有

基础设施的交流电（AC），为电灯、电机和其他负荷提供电力。光伏阵列组件通常先串联，获得所需的电压；然后单个线路之间并联，使光伏阵列系统产生更多电流。太阳能光伏阵列通常用产生的电力来度量，单位为瓦、千瓦或兆瓦。光伏组件互联系统的功能相当于一个单独的发电设备。各个组件作为一个独立的结构组装起来，拥有共同的支持或装配系统。在规模较小的系统中，一个阵列可能只由一个单独的组件构成。单个光伏组件可以串联、并联，或者并联串联相结合，从而增加输出电压或电流。这样还可以增加输出功率。另见：附录4：光伏；Photovoltaic module 光伏组件。

Photovoltaic automobile   光伏汽车

利用光伏电池驱动的汽车。另见：Solar electric-powered vehicle 太阳能电动车。

Photovoltaic cell   光伏电池

光伏电池是经过处理的半导体材料，可以将太阳辐射能转换为电力。可以将阳光直接转化为电力，因此又被称为"太阳能电池"。光伏电池是光伏（PV）组件中最小的半导体构件，直接把阳光转换成电能。PV是将可见光、红外线或紫外线辐射直接转换成电能的一种专用半导体阳极。转换过程是基于Alexander Bequerel于1839年发现的光电效应。光电效应描述的是光线照射固体状态物体表面时释放正负电荷载体的过程。

太阳能电池是由多种半导体材料构成的，而大约95%的半导体材料由硅

制成。半导体材料的一侧带有一个正电荷，另一侧带有负电荷。阳光照射正极，将会激活负极的电子，产生电流。

光伏电池有三种类型：单晶硅光伏电池、多晶硅光伏电池和非晶硅光伏电池。1）单晶棒提取自融化的硅，然后将其锯成薄板。这个生产过程可以保证较高效率水平；2）生产多晶硅电池的成本效益更高，但是效率低于单晶硅电池；3）非晶硅电池或薄层电池构成一层附着于玻璃或其他材料的硅薄膜。这是三种光伏电池中最便宜的，也是效率最低的。因此，非晶硅电池主要用于低功率设备（比如手表、袖珍计算器）或立面构件。其效率是晶硅电池的一半，并且还会逐渐下降。另见：附录4：光伏。

Photovoltaic device   光伏设备

光伏设备是把阳光直接转换成直流电的固态电力设备。光伏设备产生的电力所具有的电压-电流特点取决于光源、材料、设备的设计。太阳能光伏设备由多种半导体材料制成，包括硅、镉、硫、碲化镉、砷化镓，形式可能为单晶硅、多晶硅或非晶硅。光伏设备的结构取决于光伏电池所用材料的局限性。光伏设备主要有四种基本设计类型：1）同质结；2）异质结；3）p-i-n/n-i-p；4）多结。另见：附录4：光伏。

Photovoltaic generator   光伏发电机

光伏发电系统的所有光伏组件相互通电连接。另见：附录4：光伏。

Photovoltaic module   光伏组件

光伏组件是由单个太阳能电池连接起来构成的规模更大的发电设备，可以用于不同用途。串联的电池电压较高，并联的电池产生的电流更多。连接起来的太阳能电池通常嵌在透明的乙基醋酸乙烯中，配有一个铝制框架或不锈钢框架，正面用透明玻璃覆盖。组件底部的接线盒用于连接组件的电路导线和外部导线。

Photovoltaic module tilt angle   光伏组件倾角

为确保光伏组件正常运行，光伏组件的朝向必须尽可能接近赤道的方向。在北半球，该方向为正南；在多数地区，该方向与指南针的磁南方向不同。因此，光伏组件必须进行简单的调整。先要在等磁偏线图上找到磁差。磁差表示向东或向西偏离磁南的度数（图55，表4）。

光伏组件应安装在距离正南20°的范围内。在有晨雾的地区，光伏阵列的朝向可向西调节至20°。相反，在午后暴雨高发的地区，光伏阵列可向东调节（图56）。

如果位于南半球，光伏阵列必须面对正北。小型便携式阵列通常直指太阳，每小时调节一次，或者随着太阳在天空的轨迹移动。另见：附录4：光伏。

光伏组件倾角	表4
系统常用时间	建议倾角
全年	纬度
冬季为主	纬度 + 15°
夏季为主	纬度 −15°
春秋季为主	纬度

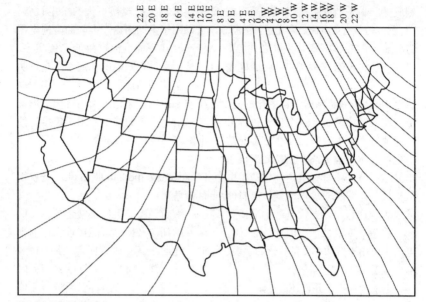

图 55　美国等磁偏线图

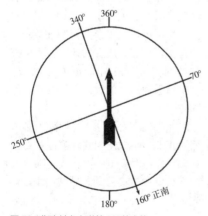

图 56　指南针东向磁差 20° 的方位

Photovoltaic productive mode system 光伏生产模式系统

利用光伏电池将阳光直接转换为电能的发电系统。另见：附录 4：光伏。

Photovoltaic Roadmap　光伏路线图

光伏路线图是为了帮助国家对国内的光伏研究、光伏技术、制造、应用和标准进行指导的以工业导向发展规划。欧盟光伏路线图的目标是，使欧盟跻身光伏系统开发的前三甲；实现能源独立，不再依赖矿物燃料；到 2010 年，光伏技术的使用率增加 30 倍。欧盟成员国之间共享研究成果。其他国家（包括美国、日本、澳大利亚）也有光伏路线图。

Photovoltaic system　光伏系统

通过光伏（PV）过程将阳光转化为电能的整套系统，包括光伏阵列和系统组件平衡。一套完整的光伏能源系统由三个子系统组成。

• 在发电侧，光伏设备的一个子系统（电池、组件、阵列）将阳光转

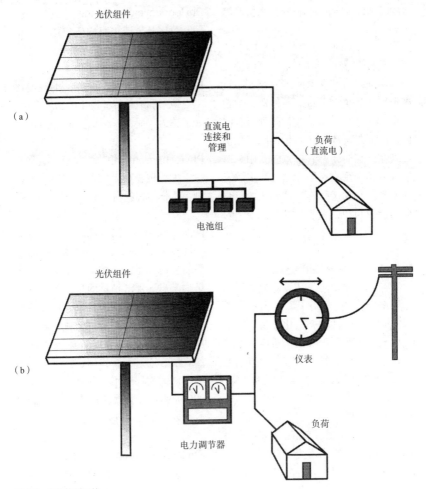

光伏组件

（a）

直流电
连接和
管理

负荷
（直流电）

电池组

光伏组件

（b）

仪表

电力调节器

负荷

图 57　光伏能量系统

换成直流电（DC）。

•　在用电侧，子系统主要由负荷组成，即光伏电力的应用。

•　第三个子系统位于两者之间，使光伏产生的电力正确地应用于负荷。该子系统通常被称为系统平衡（BOS）。

图 57 给出了将光伏系统产生的电力运用于负荷（图中以住宅为例）所需的构件。独立的光伏系统（a）在日间和夜间利用蓄电池提供直流电。即使是连接了公用电网的住宅也如此；（b）光伏系统可以在日间产生电力（通过电力调节器转换为交流电）。日间，多余的电力可出售给公用电网；夜间或天气不好的条件下，公用电网可以反过来提供电力。另见：附录 4：光伏；Balance of system　系统平衡。

Photovoltaic tracking array　光伏追踪阵列

追踪太阳轨迹的光伏（PV）阵列，可以使光伏表面的太阳辐射量最大。当太阳能可直接获取时，追踪太阳轨迹可以产生更多能量。两种常见的朝向是：1）单轴追踪，光伏阵列自东向西追踪太阳轨迹；2）双轴追踪，光伏阵列在任何时候都直接指向太阳。追踪阵列既利用直接阳光，也利用散射的阳光。双轴追踪阵列每天从太阳获取的能量可以达到最大值。另见：附录4：光伏。

Phthalates　邻苯二甲酸盐

有毒化学物质，又被称为"邻苯二甲酸酯"。主要用于添加到塑料中以提高塑料弹性的一组化合物。邻苯二甲酸盐主要用于将聚氯乙烯从硬塑料转变为弹性塑料。邻苯二甲酸酯是1，2-苯二甲酸的二烷基或芳烷基酯；名字源于邻苯二甲酸（phthalic acid）。最广泛应用的邻苯二甲酸盐有邻苯二甲酸二异辛酯（DEHP）、二异癸酯（DIDP）、二异壬酯（DINP）。由于成本较低，邻苯二甲酸二异辛酯是常用于聚氯乙烯的主要增塑剂。邻苯二甲酸丁基基酯（BBzP）用于制造发泡聚氯乙烯，发泡聚氯乙烯主要用作地板材料。小R和R组邻苯二甲酸盐常用作香水和杀虫剂的溶剂。邻苯二甲酸盐也用于指甲油、鱼饵、胶粘剂、填缝和油漆颜料。因为几乎各类消费产品都会使用邻苯二甲酸盐，而它们的降解速度非常缓慢，邻苯二甲酸盐及其毒性非常普遍。另见：Toxic chemicals　有毒化学物质。

Phylogenetic divergence　进化分歧

特定环境或地点内生物体的进化和多样化。

Physiographical change　自然地理变化

地形和地貌特征发生的物理变化。又被称为"地貌"。

Phytochemical　植物生化素，植化素

生物植物产生的可以抑制孢子和细菌生长的排放物。

Phytoplankton　浮游植物

在水中生长的微生植物，例如藻类。在海洋中，浮游植物是海洋食物链的基础。浮游植物的生长依赖一定的条件，所以它们可以很好地反映生存环境的变化。浮游植物通过光合作用获取能量，必须生活在光照良好的表层。通过光合作用，浮游植物成为地球大气层中绝大部分氧气（高达90%）的来源。浮游植物可用于生物废水处理系统进行污水净化。

Phytoremediation　植物修复

利用植物来修复受污染的土壤和地下水。另见：Bioremediation　生物修复。

Picocurie (pCi)　微微居里

放射能力的度量单位，通常以pCi每升空气为单位。氡气是铀衰变的副产品。高于4pCi/升的放射水平是有害的。

p-i-n and n-i-p　p-i-n 和 n-i-p

光伏（PV）设备的基本类型之一。

这种半导体光伏设备结构的 p 型和 n 型半导体之间有一个本征半导体。另见：Photovoltaic device　光伏设备。

Pioneer species　先锋物种

最先生长在某个地点的植物、地衣和微生物。

Planned obsolescence　计划报废

寿命期预先确定的产品。

Plastics　塑料制品，塑料

传统的塑料是用不可再生资源（包括石油、煤、天然气）制成的合成聚合物。这些石化产品与许多有毒化学物质结合制成塑料。这种塑料是不可降解的，长期保留在环境中。由于含有石油和煤炭成分，塑料会成为污染物。传统塑料由长链聚合物分子构成，是不可降解的。因为聚合物分子体积太大，分子之间紧密结合，根本无法被分解生物体分解或吸收。研究人员估计，合成塑料的生物降解需要 30—40 年。

生化研究人员和工程师已经开发出用可再生资源（比如植物）制成的可生物降解塑料。利用小麦或玉米淀粉成分制成的塑料很容易被微生物分解，因此这类塑料可以被生物体分解，形成腐殖质。大量使用时，腐殖质就可以在自然环境中循环利用。制造可生物降解聚合物的另一种方法是提取细菌，在其细胞内生产一种名为"聚羟基烷酸"（PHA）的塑料颗粒。研究人员只需要在培养皿中培养细菌，就可以进一步获得塑料。研究人员已从这种细菌中提取基因，将其注入玉米植株中，就可以在玉米细胞中制造塑料。

Plastics pyramid　塑料金字塔

依据成分划分的塑料材料金字塔，有助于材料的选择。金字塔底部的材料（比如，生物基聚合物）对环境的破坏性最小；金字塔顶端的材料（比如，聚氯乙烯，PVC）对环境的破坏性最为严重。塑料金字塔共有五个层次：1）最差——聚氯乙烯及其他卤化塑料；2）次差——聚氨酯、聚苯乙烯、丙烯腈－丁二烯－苯乙烯树脂、聚碳酸酯；3）金字塔中部——聚对苯二甲酸；4）污染较少——聚烯烃（聚乙烯、聚丙烯等）；5）污染最少——生物基聚合物。

Playas　盐湖

无法排水的沙漠盆地底部区域，有时会被水覆盖。

Plug flow digester　活塞流消化器

具有卧式贮罐的厌氧消化器，持续向罐内添加一定体积的材料，迫使罐内的材料通过并且被消化。这一过程加快了废弃物和材料的分解。

Plug-in hybrid electric vehicle (PHEV)　插电式混合动力电动车（PHEV）

具有蓄电池的混合式发动机电动车，电池可以进行外部充电，取代部分或所有内燃发动机和汽油燃料。在电量消耗模式下，这是一种纯电池电动车（BEV）。电池电动车包括汽车、轻型卡车、社区电动车。另见：Battery electric vehicle　电池电动车；Hybrid engine　混合式发动机。

Plugging   堵塞

阻止水、油或气体流动的活动或过程，阻止其通过穿透地层的钻孔或井眼流入或流出该地层。

Plume   羽流

从污染源某一点排放的可见或可测量的污染物。

PM   可吸入颗粒物（缩写）

见：Particulate matter   颗粒物质。

Point-source pollution   点源污染

某一点产生的污染，例如水污染中的污水流出管道。另见：Nonpoint-source pollution   非点源污染。

Pollutant   污染物质

排入水或大气中的有害化学物质或废料，会污染环境。污染物持续存在可能改变生活在该环境中的物种，进而改变该生态系统的平衡。

Pollutants，air   空气污染物

见：Air pollutants   空气污染物。

Pollutants，water   水污染物

见：Water pollutants   水污染物。

Pollution-absorbing cement   污染物吸收水泥

又被称为"二氧化氮吸收水泥"。污染物吸收水泥能够吸收汽车、工厂和家庭供热产生的污染物，并将污染物转化为无毒气体。一家意大利公司已开始销售这种水泥。污染物吸收水泥利用的是光催化化学过程，当水泥表面的二氧化钛（TiO_2）接触到空气中的污染物时，阳光激发了化学反应，与氮氧化物和硫氧化物发生催化反应，转变成硝酸钙和硝酸钠，过程中自然释放少量气体，对环境无害。其他汽车废气被转化为二氧化碳（CO_2）。

这种名为 TX 活性（或 TX 千年）的水泥由一所意大利大学研究开发，由一家私人公司生产制造。在阳光充足的条件下，这种水泥的工作效率最高。早期的测试表明，这种材料可以使氮氧化物和二氧化碳减少 40% 以上。材料使用寿命的测试尚未完成。TX 活性水泥已经应用于许多建筑物，比如法国航空公司位于巴黎查尔斯·戴高乐机场的总部新址、罗马的仁慈天主教堂、波尔多的警察总署。

Polycarbonate (PC)   聚碳酸酯（PC）

非生物降解塑料，聚碳酸酯的生产过程会释放空气传播的毒素。聚碳酸酯是一种易成型的热塑料，广泛应用于化工业，也可用于制作食品储存产品。

Polychlorinated biphenyls (PCBs)   多氯联苯（PCBs）（$C_{12}H_{10-x}Cl_x$）

多氯联苯是一种有机化合物，属于持久性有机污染物。研究发现，多氯联苯会引起皮肤疾病，损害肝脏，还有可能致癌。因此，1979 年已规定禁止使用该物质。一旦用于制造油漆、电力变压器，成为工业废物来源，多氯联苯是不可生物降解的，会在地表和地下水中累积成为沉积物。多氯联苯是不可降解的，因此会一直存在于环境中。另见：Soil contaminants   土

壤污染物；Toxic chemicals　有毒化学物质。

Polycrystalline silicon　多晶硅

用于制造光伏电池的材料。

Polyesters　聚酯

非生物降解塑料，常用于食品容器、食品包装、微波炊具、浴室台面。另见：Plastics　塑料。

Polyethylene　聚乙烯

用于制造瓶子、袋子、薄膜以及塑料包装的非生物降解塑料。另见：High-density polyethylene　高密度聚乙烯；Linear low-density polyethylene 线性低密度聚乙烯；Low-density polyethylene　低密度聚乙烯；Polyethylene terephthalate　聚对苯二甲酸乙二醇酯。

Polyethylene terephthalate (PET) 聚对苯二甲酸乙二醇酯（PET）

可回收利用的非生物降解的塑料，常用作软饮料容器。

Polyisocyanurate　聚异氰脲酯

由含氯氟烃（CFCs）和含氢氯氟烃（HCFCs）制成的泡沫绝缘材料，一旦释放到大气中，这两种原料都会在平流层逐渐累积，破坏平流层中的臭氧层。聚异氰脲酯可以制成液体、喷洒泡沫、硬质泡沫板，也可以制成分层绝缘板。

Polymer　聚合物

聚合物是由众多重复结构单元或单体以共价化学键结合而成的高分子聚合物。例如：塑料、DNA、蛋白质。举一个简单的例子，聚丙烯的重复单元结构如图58所示。

聚合物构成了一大类具有多种用途和特点的天然合成材料。人类在几百年前就开始使用天然聚合物材料（比如虫胶、琥珀）。蛋白质（比如头发、皮肤、部分骨骼结构）和核酸等生物聚合物在生物过程中发挥着重要作用。除此以外，还有许多其他天然聚合物，例如木材和纸张的主要成分——纤维素。典型的合成聚合物有：胶木、氯丁橡胶、尼龙、聚氯乙烯（PVC）、聚苯乙烯、聚丙烯腈和聚乙烯醇缩丁醛（PVB）。这个词通常用来表示塑料。

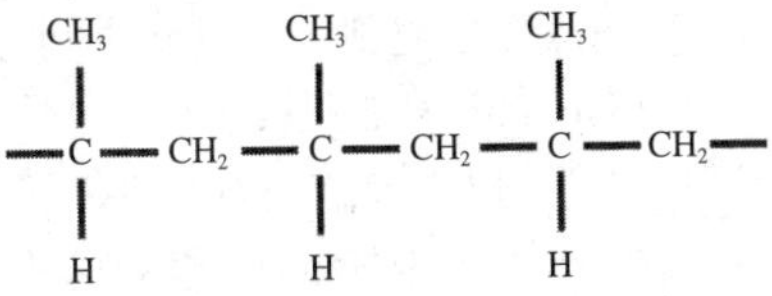

图58　聚丙烯或聚（1- 甲基乙烯）

Polymer electrolyte membrane fuel cell (PEM)　聚合物电解质膜燃料电池（PEM）

见：Proton exchange membrane fuel cell　质子交换膜燃料电池。

Polymer solar cell　聚合物太阳能电池

聚合物太阳能电池的特点是操作简单、成本低、性能良好。这种电池利用一个光敏薄层将阳光转换为电能，光敏薄层是两种具有互补电子性质的聚合物材料以纳米级的相分离混合而成。这两种材料的接触面会因为光线的移动产生正负电荷载体。这些电荷移向两个相反的电极，在那里汇聚。

2005年，多伦多大学发明了一种新型塑料太阳能电池。这种太阳能电池利用的是红外光谱，能够充分利用太阳的不可见红外线。预计塑料太阳能电池的效率最终将比目前的太阳能电池技术高5倍。

复合材料和涂料一样可以喷涂在其他材料表面，可用作便携式电能。喷涂该材料的毛衣可以为手机或其他无线设备供电。如果氢动力车喷涂这种薄膜就可能将足够的能量转换成电能，持续为汽车的电池充电。据研究人员估计，未来的"太阳能发电场"将由塑料材料组成，这种塑料材料可以穿过沙漠，产生足够的清洁能源，满足整个地球的电力需求。

塑料太阳能电池并不是新事物，但是现有的材料只能利用太阳的可见光。有一半的太阳能发电来自可见光谱，另一半来自红外光谱。特别设计的纳米粒子被称为"量子点"，与聚合物结合制成的塑料可以检测出红外线中的能量。随着进一步进展，研究人员认为，新型塑料可以利用的太阳辐射量多达30%，而目前最好的塑料太阳能电池只能利用6%。2008年公布的研究成果表明，美国的科学家们已经研制出另一种制造有机高分子太阳能电池的新型技术——这是迈向制造低成本塑料太阳能电池的重要一步。加利福尼亚州大学洛杉矶分校（UCLA）工程和应用科学Henry Samuel学院与加利福尼亚州大学洛杉矶分校加利福尼亚州纳米系统研究所的研究人员合作，利用胶水电子层压工艺，结合界面修正工艺，研制出半透明聚合物太阳能电池的一站式制造方法。这种方法消除了现有制造过程中昂贵又费时的高真空处理技术。通过这种方法制造的设备可以实现多种用途，优点是成本低、透明度高。其他研究提出注意事项，聚合物可以发挥非晶材料的作用，也可以添加混合物进而发挥非晶半导体的功能。其带隙将变模糊，从而会强化复合机制进而降低效率。

Polyolefins　聚烯烃

通常指包括聚乙烯、聚丙烯在内的聚合物类产品。

Polypropylene (PP)　聚丙烯（PP）

用于包装、纤维、汽车模压件的非生物降解的塑料。

Polystyrene (PS)　聚苯乙烯（PS）

用于泡沫绝缘材料、杯子和玩具的非生物降解塑料。由单体苯乙烯构成的一种聚合物，是化工业利用石油进行商业化生产制成的液体碳氢化合物。根据美国环保局的估算，聚苯乙烯的分解大约需要2000年。另见：Extruded polystyrene　挤塑聚苯乙烯。

Polyurethane (PU)　聚氨酯（PU）

用于绝缘材料和地毯底衬等产品的非生物降解的塑料。

Polyvinyl chloride (PVC)　聚氯乙烯（PVC）

非生物降解的塑料，用于制造管道和管道配件、地砖、房子墙板和排水沟、包装、电线绝缘层、信用卡。

Polyvinylidene chloride (PVDC) 聚偏二氯乙烯（PVDC）

用于家用产品和塑料包装、保鲜膜或保鲜包装的非生物降解的塑料。

POPs 持久性有机污染物（缩写）

见：Persistent organic pollutants 持久性有机污染物。

Population 种群，群体

共享一个栖息地的同一物种。另见：Human population 人类人口。

Porosity 多孔性

是指材料具有允许空气或水通过的空隙。

Porous block pavement systems 透水砖铺装系统

混凝土或塑料制成的预制格状结构，设计目的是支持汽车和行人等轻型交通，同时可以排水。透水砖用骨料或土壤填充，可种植植被。透水砖铺装系统可用于交通处于间断状态的地区，比如停车场。

Portland cement 硅酸盐水泥

硅酸盐水泥是用石灰石、一些黏土矿物和石膏制成的一种通用水泥。又被称为"水凝水泥"（这种水泥与水发生反应时不仅会硬化，还会形成防水产品）。硅酸盐水泥常用于路面、地基、人行道、庭院、游泳池甲板、钢筋混凝土建筑物、桥梁、预制和预应力混凝土铁路结构、水箱、水库、涵洞、水管和砌筑构件。硅酸盐水泥的生产过程会排放空气传播的尘埃和气体（特别是二氧化碳），会污染空气。水泥制造厂使用含硫的燃料时，工人们可能会接触二氧化硫（SO_2）。持续接触二氧化硫会导致健康问题。硅酸盐水泥的生产过程造成的其他排放物也可能有害健康。另见：Cement 水泥；Fly ash cement 粉煤灰水泥。

Post-commercial recycled content 生产后再生成分比例

商品残留废弃物中可以经过回收或处理进行重复利用的成分。

Post-consumer recycled content 消费后再生成分

经过回收或处理可以重复利用的材料，比如利用旧报纸制造新的新闻用纸。

Portable water 便携式水，饮料水

Drinkable water 饮用水。

Powersat 太阳能发电卫星（缩写）

见：Solar power satellite 太阳能发电卫星。

Power tower 发电塔

又被称为"中央接收器太阳能电站"、"定日发电站"或"太阳能发电塔"。一种聚光式太阳能发电系统。发电塔由太阳跟踪镜（定日镜）组成的平面阵列构成，跟踪镜将阳光集中在塔顶的接收器上。阳光使接收器中的传热流体升温，进而可产生蒸汽。蒸汽被用于涡轮发电机进行发电。这种发电设施最适用于30—400兆瓦的公用设施。

20世纪80年代以来，俄罗斯、意大利、西班牙、日本、法国、南非、美国已经建设发电塔。传热流体可以采用蒸汽、空气、熔盐。储热介质可以采用钠、硝酸盐、油、陶瓷、水。以盐为储热介质的发电塔可以在电力需求最高的时候向电网输送电力。这种储热方式也赋予电厂设计者更大的灵活性，他们可以开发功率容量更大的发电厂以满足电网需求，进而提高效率并且降低能源成本。

Pozzolana   火山灰

用于制造水凝水泥的粉末状火山灰。火山灰包含硅酸盐或铝硅酸盐，与水泥或石灰混合时可凝固。火山灰的一个用途是固定危险的废弃污染物，并防止污染物渗漏到地面。火山灰材料的来源是粉煤灰和炉渣，是高炉产生的工业副产品。

PP   聚丙烯（缩写）

见：Polypropylene   聚丙烯。

Primary production   初级生产

用来描述生物质生产速度的术语。在温度高、水分多、养分足的地区，生物质产量较高。

Primary wastewater treatment   一级废水处理，初级废水处理

废水处理的第一个阶段。用过滤器和刮削器去除污染物。污水中的固体材料在一级污水处理过程中也会沉积。另见：Secondary wastewater treatment   二级废水处理；Tertiary wastewater treatment   三级废水处理。

Principle of competitive exclusion   竞争排斥原理

在同一生态系统内，两个相似物种占据不同生态位以减少食物竞争的自然选择过程。

Prior appropriation   优先占用，用水优先权

19世纪以来美国西部使用的水资源所有权原则。"优先占用"原则赋予水资源的第一个生产性使用者无限的使用权，这对于河流、溪流，乃至地下水等稀缺水资源的使用是一个极大的刺激。这一原则可以概括为"先占先得"。"优先占用"原则与"河岸原则"不同，根据该原则，拥有水资源或者紧邻水资源的人有权使用水资源。"优先占用"原则切断了土地权和水权之间的束缚，因此，拥有土地所有权不一定拥有用水权。按照"优先占有"原则，保证用水权有效需要符合的历史要求是——水流改道的动机、水流改道的活动以及水资源的用途必须是有益的。

"优先占用"原则必然会形成水资源获取法律或规则，以确定已开发地下水、石油、天然气的所有权。一般规则是，土地所有者在其土地范围内的井中提取或开发地下水、石油或天然气，那么土地所有者对这些资源拥有绝对所有权，即使这些资源是从他人的土地流失过来的。例如，在得克萨斯州，法律规定必须垂直钻井，不能通过倾斜钻井从其他土地所有者的土地中抽取水、石油或天然气。另外，这样的规则允许在不考虑相邻区域需求的情况下抽取泉水作为供水水源。

获取规则和"优先占用"原则和法律导致当地地下水位、河流与溪流的基本流量、春天的水流量以及水供应量不断下降,对城市、郊区、农业用途的水资源,以及环境造成威胁。随着人口增长,城市成长和经济发展,人们密切关注持续的自然生态平衡,要求公众政策和法律进行干预,从而管理水资源的提取和使用,以确保妥善管理、使用和监测水资源。另见:Riparian rights 河岸权;Water rights, laws governing 法律监管水权。

Producer responsibility laws 生产者责任法

见:Take back laws 回收法令。

Productive mode design 生产模式设计

一种生态设计策略,能够使系统生产自身所需的能量,或者对不可再生能源的依赖性达到最低。生产模式系统包括光伏系统、太阳能集热器、风力发电机、水力发电机。另见:Full mode design 全模式设计;Mixed-mode design 混合模式设计;Passive mode design 被动模式设计。

Propane 丙烷

又被称为"液化石油气"(LPG)。丙烷(C_3H_8)是天然气加工和原油炼制过程的副产品。丙烷的管道、加工设施和存储系统已经建立,有助于实现高效分配,因此丙烷成为一种广泛使用的车辆替代燃料。汽车使用液化石油气所排放的废气少于汽油。

Propellant 推进剂

空气污染物;任何气体、液体或固体推进剂的膨胀都可以促进另一种物质或物体的运动。在喷雾器中,压缩气体都被用作推进剂,比如一氧化氮、二氧化碳和多种卤代烃。推进剂可以保持气态形式(一氧化二氮或二氧化碳)或在容器中受压液化。

Proton exchange membrane fuel cell (PEM) 质子交换膜燃料电池(PEM)

又被称为"聚合物电解质膜燃料电池",是一种燃料电池。质子交换膜燃料电池可直接将化学能转化为电力和热量,不需要燃烧燃料。燃料元件中的电子离开燃料电池(发生催化反应)时产生电流。除了高级航天碱性燃料电池以外,质子交换膜燃料电池的功率密度高于其他任何燃料电池系统。质子交换膜采用固体聚合物作为电解质,还采用了含有铂催化剂的多孔碳电极,工作时只需要水和空气中的氢、氧。固体聚合物电解质的使用可以消除液体电解质燃料电池的腐蚀性和安全问题,通常以储罐或装载改良器提供的纯氢为燃料。质子交换膜燃料电池也可以利用空气和预处理过的改良碳氢燃料进行工作。预先用聚四氟乙烯对一张多孔的石墨薄纸进行防潮处理,在纸的一侧涂少量铂黑,这样就可以构成阳极和阴极。

质子交换膜燃料电池在较低温度条件下工作,约80℃。因此,质子交换膜燃料电池可以迅速开始工作,减少系统部件的磨损。然而,这种电池需要一种贵金属催化剂(通常是铂金)来分离氢的电子和质子,导致系统成本增加。 铂催化剂对一氧化碳（CO）极其敏感，因此如果氢源自酒精或碳氢燃料，很有必要使用额外的反应器来减少燃料气体中的一氧化碳含量。另见：Fuel cells　燃料电池。

Protonic ceramic fuel cell (PCFC)　质子陶瓷燃料电池（PCFC）

这种新型燃料电池的基础是——陶瓷电解质材料在高温条件下具有较高的质子导电性。与熔融碳酸盐燃料电池和固体氧化物燃料电池一样，质子陶瓷燃料电池在700℃的高温条件下工作具有热力和动力优势，能表现出质子交换膜燃料电池（PEM）和磷酸燃料电池（PAFCs）中质子传导的所有固有优点。高温工作条件是必要条件，目的是使碳氢燃料达到非常高的电子燃油效率。质子陶瓷燃料电池可以在高温条件下工作，并且通过电化学反应直接氧化矿物燃料，形成阳极。这样省去了通过昂贵的转化过程生产氢的步骤。在有蒸气的条件下，气态的碳氢燃料分子在阳极表面被吸收，氢原子被有效剥离，进而被电解质吸收，形成以二氧化碳为主的反应产物。此外，质子陶瓷燃料电池采用固体电解质，不会像质子交换膜燃料电池一样可能使膜变干，也不会像磷酸燃料电池一样容易使液体泄漏。

Protist　原生生物

单细胞生物体。

Proximal energy storage　邻近储能结构

邻近某一空间的能量存储结构，既可以与建筑结构相结合，也可以脱离建筑结构而仍处于建筑之内。

P-series　P系列替代燃料

P系列替代燃料是一种替代燃料，由液化天然气（加戊烷）、乙醇和生物质助溶剂甲基四氢呋喃（MeTHF）混合而成。P系列替代燃料是无色透明的，包括为灵活燃料汽车制造的89—93辛烷值液体混合物。P系列替代燃料可单独使用，或者在灵活燃料汽车的储气罐内与汽油按照任意比例混合使用。

Psychometric　空气性质

空气的特性，包括相对湿度条件下空气的温度和水分含量。

Psychometric chart　焓湿图

焓湿图是用来表明空气温度和湿度之间关系的图表。设计师常用焓湿图来了解影响内部空气热度、空气质量和人体舒适度的因素。横轴表示干球温度，纵轴表示不考虑温度因素时的绝对湿度和空气中的水分含量。舒适区是温度和湿度条件令50%或更多的人感到舒适的地区。舒适水平一般是15—27℃，相对湿度为20%—80%。舒适区以外的条件表明需要进行某种干预。

PU　聚氨酯（缩写）

见：Polyurethane　聚氨酯。

Public trust doctrine　公共信托原则

这一原则可追溯到罗马帝国时期。"公共信托原则"是将公众对某些自然资源的使用权保留为公共信托，特别是海洋、湖泊、河流、大气等资源。这一原则的内在含义是政府保护公众信托资源的责任。

Pull factors   拉力因素

在城市规划中，拉力因素是吸引人们离开农村向城市迁移的因素，包括：住房、城市公用设施、教育机构、文化活动、就业、医疗服务。另见：Push factors   推力因素。

Pumped storage plant   抽水蓄能电站

水力发电站的三种类型之一，另外两种分别为引水式水电站和蓄水堤发电站。另见：Diversion power plant   引水式水电站；Hydroelectric power plant   水力发电站；Impoundment power plant   蓄水堤发电站。

PUREX   钚铀提取（缩写）

钚铀提取（plutonium-uranium extraction）的缩写。对废核燃料和辐射物体进行再处理的化学过程。

Push factors   推力因素

在城市规划中，推力因素是推动农村居民向城市迁移的因素，包括：失业、贫困、医疗设施匮乏、住房条件差以及闭塞。另见：Pull factors   拉力因素。

PVC   聚氯乙烯（缩写）

见：Polyvinyl chloride   聚氯乙烯。

PVDC   聚偏二氯乙烯（缩写）

见：Polyvinylidene chloride   聚偏二氯乙烯。

Pyranometer   日射强度计

用于测量材料的太阳反射量或反照率的仪器。美国测试和材料标准协会E903-88对测量操作方法提供了指导。

Pyrolitic distillation   热解蒸馏

见：Pyrolysis   热解；Gasification   气化。

Pyrolysis   热解

生物质在高温条件下燃烧，并且在缺氧条件下分解的过程。燃烧过程产生热解油、碳或合成气，这些产物可以像石油一样用来发电。热解过程将生物质转化为高质量的燃料，从干燥过程开始，使生物质的燃烧潜力最大化。生物质燃烧后冷却，棕色的液态热解油可以用于气化。另见：Biomass electricity   生物质发电；Gasification   气化。

PZEV   部分零排放车辆（缩写）

见：Partial zero-emission vehicle   部分零排放车辆。

Q

Quad   库德

千兆英热单位（10^{15}英热单位）。

R

R2 cement　R2 水泥

用于可溶铅废物处理和土壤稳固的环保水泥。用于处理包含重金属的废弃物。

R-adapted species　R- 适应物种

种群增长主要受外部因素影响的生物体。这类物种往往繁殖较快，但是后代死亡率也高。在有利的环境条件下，它们可以成倍增长。许多先锋物种都属于 R– 适应物种。

R value　R 值

热阻力的度量标准，单位是瓦 /（米 ² · ℃）。制造商在受控条件下测量 R 值。如果隔热材料在安装过程中被压缩，其 R 值将下降。R 值与 U 值成反比。另见：U value　U 值。

Radiant barrier　辐射屏障

可以阻止辐射热的一层金属箔层，有助于提高建筑的能源效率。辐射屏障通常设置在屋顶下面，从而阻止热屋顶散发出来的热量。在盛夏时期，温度可以降低 –12℃ 以上。对于保温良好的阁楼（隔热度为 R-30 甚至更高），由于热量通过顶棚传导，阁楼温度的下降并不是那么重要。安装辐射屏障时，金属箔必须朝向经常有热量辐射的区域。在阁楼内部，金属箔方向朝下，铝箔的辐射率约为 3%，只有 3% 的辐射热会从阁楼屋顶传递到阁楼的其他表面。当经过设计的木制刨花板表面方向朝下，辐射率在 80% 范围内。如果阁楼上安装有空调管道，降低阁楼温度能够减少管道系统的得热量。

Radiant floor　地板辐射供暖，地板辐射

一种辐射供暖系统，建筑的地板内设置水槽或管道，热流体（空气或水）通过这些水槽或管道循环流动。整个地板均匀受热。因此，房间自下而上受热。地板辐射供暖消除了强制空气供暖系统的通风问题和灰尘问题。

Radiant heating system　辐射供暖系统

一种利用受热表面（比如电阻构件）或热水（水力）散热器向房间提供（辐射）热量的供暖系统。

Radiation　辐射

辐射是使能量以电磁辐射的形式通过材料介质（比如水），从而在空间内传输的过程。光线（包括阳光）、无线电波和 x 射线都是辐射的形式。能量以粒子的电磁波的形式传递，当粒子被物体吸收时会释放能量。根据斯蒂芬 – 玻尔兹曼定律，红外辐射（通常称为热量）会产生辐射。辐射与两个物体的温度的四次方之差与较高温度物体的辐射率之乘积成正比。另见：Stephan-Boltzmann law　斯蒂芬 – 玻尔

兹曼定律。

Radiative cooling　辐射制冷

吸热介质从一个热源中吸收热量，并且将热量辐射出去的冷却过程。

Radiative forcing　辐射强迫

气候科学领域、政府间气候变化专门委员会（IPCC）常用的术语，指的是进入大气层的太阳辐射与散发出去的地球辐射之间的差。正的辐射强迫会提高地球表面温度，而负的辐射强迫会降低地球表面温度。辐射强迫的单位是"瓦／米^2"，是能量的度量单位。例如，温室气体的辐射强迫是正的，因为温室气体吸收并释放热量。

对流层臭氧的增温效应较小；平流层臭氧的降温效应较小；气溶胶对热累积的作用可以是正向的，也可以是负向的；土地用途的改变对辐射强迫和气候变化有重要影响（图59）。

辐射平衡可能受多种因素的影响而发生改变，比如：太阳能强度，云或气体的反射情况，各种气体或表面的吸收作用，以及各种材料的热量排放。上述任何改变都是一种辐射强迫，会形成一个新的平衡。这种情况会不断发生，在阳光照射在地球表面时、云和气溶胶形成时、大气中的气体浓度发生改变时，以及地被物随季节发生改变时。

政府间气候变化专门委员会在评

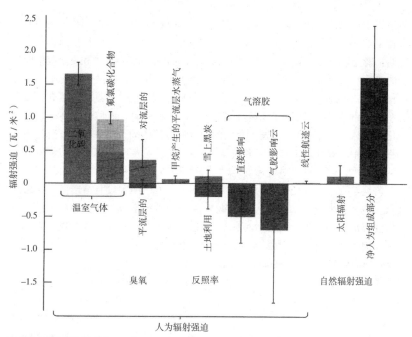

图59　辐射强迫组成部分

注：辐射强迫的两个主要组成部分是人为辐射强迫和自然辐射强迫。本图表现出人为产生的辐射强迫占主导地位。

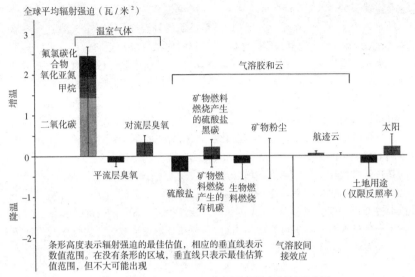

图 60　政府间气候变化专门委员会对 1750—2005 年间辐射强迫变化情况的估测

估报告中使用的术语"辐射强迫"具有特定的技术含义，表示地球气候系统的辐射能量预算中来自外部的扰动，可能导致气候参数发生变化。在气候变化方面，"强迫"一词表示地表对流层系统中由外部因素引起的辐射平衡变化，同时，平流层动力不发生变化，并且过程中没有任何来自地表和对流层的反馈。也就是说，对流层的运动或对流层热力状态的变化不会造成次级效应，并且大气中水分（气态、液态和固态形式的水分）的含量和分布没有任何动态变化。辐射强迫可用于估计强迫力引起的平衡表面温度变化，方程式为：

$$\delta T_s = \lambda RF$$

式中，λBB 表示气候敏感性，单位为 K/（瓦 / 米^2），常见值为 0.8，二氧化碳含量翻倍时，气候变暖 3K。

图 60 给出全球的年均人为辐射强迫（瓦 / 米^2）估值，包括前工业时代到 2000 年的温室气体和气溶胶浓度的变化所引起的辐射强迫，以及 1750—2000 年太阳能输出量的自然变化所引起的辐射强迫。矩形条的高度表示辐射强迫的中间范围估值；错误条表示不确定的范围。信心水平表示研究者对于实际辐射强迫符合给定的误差范围的信心。图中没有给出由于火山爆发造成的平流层气溶胶的相关辐射强迫，因为这一时期的辐射强迫非常不稳定。

Radioactive substances　放射性物质

有毒化学物质。《原子能法》规定以下物质为放射性物质：钚 239、钚 241 等核燃料；同位素 235 和 233 的浓缩铀；任何含有一个或多个上述物质的物质；自动发射电离射线的其他物质，包含上述的钍或铀元素，或受到这些物质的污染。另见：Toxic chemicals 有毒化学物质。

Radioactivity 放射，放射性

原子核自动分裂衰变时，或者被其他亚原子粒子击中而衰变时释放的能量。放射过程会形成很多新的原子序数更小的原子，并且释放高能粒子，有可能形成电离辐射。形成的原子核本身可能并不稳定，并且进行放射性衰变。只有衰变产物趋于稳定时，衰变过程才会停止。不同放射性核素辐射的半衰期不同，可能从几微秒到数千年。例如，钍的半衰期为24000年以上。另见：Ionizing radiation 电离辐射。

Radioisotope thermoelectric generators 放射性同位素热电机，放射性同位素热电发电器

利用放射性核素衰变时产生的热量来发电的设备。常用于为核武器、航天器和医疗设备提供电力。放射性同位素热电机将热量直接转换为电力的效率通常为百分之几。燃料的处理仍然是个难题。

Radionuclide 放射性核素

具有放射性的原子；也可以是一种有毒化学物质。另见：Toxic chemicals 有毒化学物质。

Radon 氡

空气污染物。铀衰变过程中形成的放射性气体。氡通常通过地基的裂缝进入建筑物内。氡衰变的产物可被

人吸入体内，在进一步衰变过程中持续释放辐射，损害肺部健康。氡是可以在建筑物内积聚的室内空气污染物，可致癌。另见：Air pollutants 空气污染物。

Rain forest 雨林

又被称为"热带雨林"，拥有丰富的生物质和物种。主要分布在南美和中美的赤道区域、中非、东南亚。

Rainwater, harvested 蓄积雨水

另见：Harvested rainwater 蓄积雨水。

Rammed earth 夯土

通过压缩土壤制成的一种建筑材料；广泛应用于全球多个区域，遍及北非和中东地区。

Rankine-cycle engine 兰金循环发动机

通过压缩蒸气进行制冷的兰金循环式热力发动机。兰金循环发动机利用太阳热能或太阳能光伏为制冷设备供电，因此又作为太阳能制冷装置。蒸气动力包括四个过程：1）利用蒸汽涡轮机使蒸气膨胀；2）利用冷凝器排热；3）利用泵进行压缩；4）利用锅炉供热（图61）。

兰金循环系统采用的液体能够在受热后蒸发、膨胀产生功，比如转动涡轮机，如果涡轮机连接发电机就可以产生电力。涡轮压缩时排出的蒸气和液体通过泵抽回锅炉，使循环过程重复。尽管也可以采用其他液体，最常用的工作液是水。大多数商业发电厂都采用兰金循环设计。传统的蒸汽机车也是兰金循环发动机的常见形式。

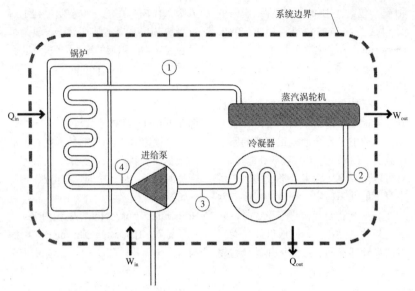

图 61 兰金循环式热力发动机

兰金发动机本身可以是活塞式发动机，也可以是涡轮机。另见：Solar cooling 太阳能制冷。

RCRA 《资源保护和恢复法案》（缩写）
见：Resource Conservation and Recovery Act 《资源保护和恢复法案》。

RDF 垃圾衍生燃料（缩写）
见：Refuse-derived fuel 垃圾衍生燃料。

REA 农村电气化管理局（缩写）
见：Rural Electrification Administration 农村电气化管理局。

Recapture clause 收回权益条款
"收回权益条款"是一项法律术语，适用于毗邻城市开发区的农业用地。美国多个州都颁布了相关法令，允许农民在紧邻城市开发区的土地上继续耕作。这些农业用地的市场价值增加，由此需要缴纳相应的物业税，给农场造成财政困难。州级立法机关制定了相关法律，针对耕作活跃的农场，维持其农场性质和农业用地的郊区土地价值。然而，农民按照市场价值出售土地时必须偿还（收回）合理的市场价值税，即不再继续耕作时需要缴纳的税额。收回权益条款是按照市场估值计算 7—8 年的退税，算出平均数。这些法令有助于防止农民进行金融胁迫销售，以限制城市的持续扩张。

Reciprocating engine 往复式发动机
见：Internal combustion engine 内燃机。

Reclamation 再利用，收复
1. 将无法使用的土地转换为农业

用地或适宜其他用途的土地的活动。

2. 从废物或垃圾中提取有用材料 /
物质的过程。

Recover　恢复

对废物中的材料进行重新利用。

Recoverable waste heat　可回收废热

可直接或间接用于其他用途的大
量废热。另见：Cascading energy　梯
级能源；Waste heat　废热。

Recovered materials　回收材料

从固体废物中提取、获得的材料
或副产品，与生产过程中重复利用的
材料不同。

Recovery rate　恢复率，回收率

所有回收的废料除以再利用材料
的总量。废料和副产品是从各区域排
放或提取出来的，例如花园废弃物、
堆肥和再利用材料。

Recyclables　可回收物

最初使用之后仍然有用的材料。
可回收物可以循环利用或者用于再次
制造其他产品。

Recycle　循环利用，回收利用

从废旧产品中提取可用材料，并
将这些材料再次以类似原用途的形式
予以利用的过程。

Recycled content　再生成分

新产品中，利用回收材料制成的
部分。

Recycling loop　回收循环

将废料用于制造新产品的加工过程。

Red tide　赤潮

通常指的是因为某些浮游植物"生
长旺盛"导致水体呈现红色的现象。
这些藻类植物含有红色素。

Reduction strategy　减排策略

减排策略是一种节能设计策略，
可以减少建设活动中材料的使用量，
尤其是稀缺材料或不可循环利用的材
料。减排策略还包括可循环利用材料
规范，使废物排放量达到最低限度（图
62）。

Reflectance　反射率

物体表面所反射的光量和它所接
受的总光量之比。

Reflective window film　窗反射膜

用于玻璃窗的一种材料，可以控
制得热量和热损失，减少眩光，减少
织物褪色，并且保护隐私。现有窗户
可以通过窗反射膜进行翻新改造。

Reflective glass　反光玻璃

镀有反射膜的窗户玻璃，在夏季
期间能够有效控制太阳能得热量。

Reflectivity　反射率

物体表面所反射的光量和它所接
受的总光量之比。如果反射的阳光
（反照率）被收集，物体表面所接受的
100% 以上的直接太阳能是可用的。另
见：Albedo　反照率。

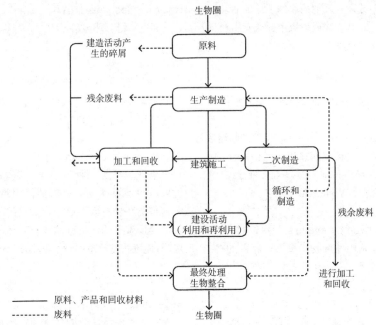

生物圈

原料

建造活动产生的碎屑

生产制造

残余废料

加工和回收   建筑施工   二次制造

循环和制造

残余废料

建设活动（利用和再利用）

最终处理生物整合

进行加工和回收

—— 原料、产品和回收材料

- - - - - - 废料

生物圈

图62　利用、再利用与回收模型

Reforestation　再造林

原本覆盖树林的土地用于其他用途之后，在这块土地上再次种植树木的活动。

Reformate　重整油，重组油

经过加工产生氢和其他产物的碳氢燃料，以便用于燃料电池。

Reformer　转化器，重整装置

利用天然气、丙烷、汽油、甲醇和乙醇等燃料生产氢的设备，以便于燃料电池。

Reformulated gasoline (RFG)　新配方汽油（RFG）

为减少车辆污染物排放而改变成分或特性的汽油，会产生少量形成烟雾的挥发性有机化合物和少量有害空气污染物，符合美国环保局的规定。

Refrigerants　制冷剂

热循环采用的化合物，经历从气体到液体的可逆相变过程。碳氟化合物（尤其是氟氯化碳）通常被用作制冷剂，因其会消耗臭氧层，现在已经逐步淘汰。另见：Air pollutants　空气污染物。

Refuse-derived fuel (RDF)　垃圾衍生燃料（RDF）

城市固体废物经过搅碎生产的固体燃料。制造垃圾衍生燃料时，玻璃、金属等非可燃材料通常会被提前去除。剩余材料可以直接出售，或经压缩形成颗粒、砖、原木后进行出售。垃圾

衍生燃料的加工设施通常靠近城市固体废物源，而燃烧设施可以设在其他地方。现有的垃圾衍生燃料设施平均每天可以加工 100—3000 吨。

Regeneration 再生

受到损失或破坏的事物得以恢复或修复，例如森林和矿场的修复。

Regenerative cooling 再生冷却

在充电和放电的循环过程中吸收或释放热量以执行特定过程的冷却系统，经常使用潜热存储子系统。

Regenerative farming 再生农业

通过轮作作物、种植地被植物、利用作物残留保护未开垦土地表面，以及减少使用化学合成物和机械压实，从而保持土壤肥力和土地健康的土地和耕作活动。

Regenerative fuel cell (RFC) 再生燃料电池（RFC）

也被称为"可逆燃料电池"。与其他燃料电池一样，再生燃料电池利用氢和氧产生电力，过程中产生的副产物包括热量和水。再生燃料电池在日间可以利用太阳能电力产生氢，然后在夜间利用氢燃料为高空无人驾驶侦察机的太阳能 / 氢混合燃料电池供电。利用太阳能电力将多余的水分解为氧和氢燃料的过程被称为电解。再生燃料电池技术相对较新，美国宇航局尚在开发探索。

Regenerative heating 回热，再生加热

利用循环过程中某个环节不需要的热量，将其用于其他功能或者用于该循环过程其他环节的过程。也指"热电联产"。

Relative humidity 相对湿度

在给定的温度条件下，空气中的水分含量与空气中可承载的最大水分含量的比值。暖空气可承载的水分大于冷空气。用专业术语来说，相对湿度（RH）是指在同样的温度和压力条件下，一定体积的空气中水汽的摩尔分数与相同体积的空气中水蒸气的最大摩尔分数之比。相对湿度可以指示降水的可能性。如果读数为 100%RH，说明在当时的温度和气压条件下，空气中的水蒸气完全饱和。相对湿度为 100% 的空气在温度下降或气压升高的情况下会发生凝结。特定空间中如果有吸附材料，吸附材料必须处于无法吸收更多水蒸气的状态，才会发生凝结。吸附材料的扩散性作为时间的函数，会影响凝结过程。另见：Absolute humidity 绝对湿度。

REC 可再生能源信用额度（缩写）

见：Renewable energy credits 可再生能源信用额度。

Recommended Exposure Limits 建议暴露限值

美国国家职业安全和健康研究所建议的接触特定化学物质、吸入剂和其他材料的最大限值。

Release 释放，排放

任何有害、有毒化学物质，或极为有害的物质通过溢出、泄漏、泵送、泼洒、排除、排空、排放、浸出、倾

倒或丢弃进入环境的过程。

Remedial action　补救行动
见：Cleanup　清除。

Remote energy storage　远程能量存储
位于建筑物以外及其周边的存储设施。远程存储的目的是提高供热与制冷系统的效率。

Removal action　清除行动
见：Cleanup　清除。

Renewable energy　可再生能源
可以长期持续使用的能源，但在单位时间内提供的可用能量是有限的。可再生能源包括：生物能、氢能、地热能、太阳能、风能、海洋热能、波浪作用和潮汐作用。

Renewable energy certificates　可再生能源证书
见：Green certificates　绿色证书。

Renewable energy credits (REC)　可再生能源信用额度（REC）
有竞争性的电力零售商可以购买的能源信用额度，或彼此之间可以交易的能源信用额度，以满足各自对可再生能源的需求。一个可再生能源信用额度等于利用可再生能源资源产生的1兆瓦/小时的合格可再生能源。

Renewable materials and products 可再生材料和产品
通常利用10年周期或更短时间内可以收获的植物制成的产品和材料。

另见：Bamboo　竹。

Repairability　可修复性
受到损坏的产品或旧产品可以修复或恢复的特性，并且修复成本低于更换新产品的成本。

Residual fuel oil　残余燃料油
蒸馏燃料油和轻质碳氢化合物经过蒸馏之后残留的油。残余燃料油都是质量较重的油，包括：5号中等黏度油；船舰专用油，用于蒸汽动力船和岸边发电厂；6号燃料油，用于商业和工业供热、发电，以及为船舶提供动力。

Residue　残留物
经过加工、焚烧、堆肥或循环利用之后留下的残余物质或废料。

Resin-modified emulsion pavement 改性树脂乳化路面
含有以树脂为主要原料的胶粘剂的路面。铺设过程与沥青路面相似。由于树脂胶粘剂呈半透明状，路面保留了骨料的颜色。研究结果表明，浅灰色或黄褐色的路面可以使路面的表面温度降低11—22℃，也可能延长路面的使用寿命。多使用这种路面可以大大减少热岛效应。

Resource Conservation and Recovery Act, US (RCRA)　《美国资源保护和恢复法案》（RCRA）
该法案保护人类健康和环境不受废弃物的潜在危害，节约能源和自然资源，减少废物的产生，确保废弃物的管理方式不会危害环境。该法案具有合法执行机构。

Resource partitioning　资源分区

在同一生态系统中生活的多个物种通过调整适应以减少对相同食物或资源的直接竞争。这是一种自我选择的生态位，有助于维持特定生物群落的自然生物多样性。

Resources　资源

生态设计之中，资源指的是生态系统的组成部分。

Response action　应对行动

见：Cleanup　清除。

Respiration　呼吸

有生命的生物体将有机物转换为二氧化碳，同时释放出能量并消耗氧气的过程。

Restriction of Hazardous Substances directive　危害物质限用指令

见：Take back laws　回收法令。

Retention basin　滞水盆地

滞水盆地的设计是为了使降水径流回流，防止水土流失和污染。

Retrofit　翻新，改造

1. 对发电设施不做重大改变，仅为现有设施加装污染控制设备的活动。也被称为"更新"。

2. 为原有系统或产品添加新技术或新功能。

3. 对现有结构进行修整，使其更

加现代化，或对自然退化作用更有抵抗力。

Return irrigation　灌溉回归水

应用于某区域的灌溉用水，但是不经过蒸发或蒸腾，而是回归地表水流或含水层。

Reusability　可复用性

某产品以相同形式被重复使用的能力。

Reuse　再利用

不经过再加工而再次使用某产品。

Reverse osmosis　反渗透，逆渗透

水或废水的清洁或净化处理过程，利用半透膜使水与污染物分离。需要施加外力来倒转正常的渗透过程，从而使溶剂从浓度较高的溶液流向浓度较低的溶液。

Reverse thermosiphoning　反向温差环流

热量从温暖区域流向较低温区域的过程，例如，不具有回流阻尼器的太阳能空气集热器在夜间发生的情况。另见：Thermosiphon　温差环流系统。

Reversible fuel cell　可逆燃料电池

见：Regenerative fuel cell　再生燃料电池。

RFC　再生燃料电池（缩写）

见：Regenerative fuel cell　再生燃料电池。

RFG 新配方汽油（缩写）

见：Reformulated gasoline 新配方汽油。

Ribbon sprawl 带状蔓延

在城市规划中，带状蔓延是指沿着通向城市的主要公路展开的住宅开发和商业开发活动。

Ridge-and-soffit venting 边缘及下端通风；屋脊和拱腹通风

结合屋脊的连续防风口和沿屋檐设置的连续遮蔽百叶开口构成的通风系统。该系统使空气在屋顶下流通，利用经过屋脊通风口从屋顶排出的空气通过屋顶底面。屋脊和拱腹连续通风系统是为阁楼通风的一种有效方法。这是一种被动通风系统（无风扇），报告表明其通风效果优于风扇。从屋檐和屋脊处带出空气的作用是热烟囱效应的一个例子。

Rigid insulation board 硬质隔热板

利用纤维材料或塑料泡沫制成的一种隔热产品，通常压制或挤压成板状。具有隔热、隔声的优点，质量轻，几乎没有热损失路径。

Rill 细沟

小溪流冲刷形成的沟渠。

Rio Declaration 《里约环境与发展宣言》

联合国环境与发展会议于1992年在里约热内卢发表的文件。《里约宣言》重申了1972年6月16日在斯德哥尔摩通过的《联合国人类环境会议宣言》，并谋求延伸其内涵。《里约宣言》制定了18项原则，目标是通过在国家、社会重要部门和人民之间建立新水平的合作，从而建立一种全新的、公平的全球伙伴关系，为签订尊重大家的利益和维护全球环境与发展体系完整性的国际协定而努力。

Riparian area 沿岸区域，河岸带

毗邻溪流、河流的区域，对径流发挥重要的缓冲作用。许多沿岸区域都含有湿地。

Riparian rights 河岸权

19世纪以来，英国和美国新英格兰地区的惯例，规定邻近溪流的土地所有者拥有该溪流水资源的使用权。对邻近水资源的所有权被视为土地所有权的一部分。按照法律规定，河岸权是土地所有者对邻近或流经其土地的水资源享有使用的特权。如果因其他私人业主或整个社区的竞争性需要，河岸权可以被修改甚至被拒绝。多数情况下，私人对水资源没有所有权，而且水资源通常不能用于扣押或出售。然而，所有者可能出于私人目的使用水资源，比如喂养牲畜或灌溉，并返还剩下未使用过的水。水资源的使用大多会在一定程度上影响水的纯度，近期的环境法规已经极大地限制了允许的用水污染。根据《美国濒危物种法案》，威胁稀有物种生存的水利项目可以关闭，比如水坝。

水资源应当保持自然生态系统的平衡，满足因人口增长、城市和经济发展而增长的需求，因此需要公共政策和法律来规范水资源的合理取用和管理。另见：Prior appropriation 优先

占用; Water rights, laws governing 法律监管水权。

Riparian zone　河岸带

溪流、河流两侧的缓冲带,范围通常为 30 米。

Riprap　乱石,抛石

为防止土壤侵蚀而铺放在一些区域的碎石,尤其铺放在河流、溪流沿岸。

Rock bed　岩床,石床

又被称为"岩箱",是存放石块的容器,通常在太阳能加热系统中用作储存太阳能的蓄热物质。

Rock bed storage　储热岩床

利用大小均匀的石块通过热虹吸作用吸收、释放热量的远程储热系统。热虹吸作用依据的是重力原则,密度大的冷空气下降,热空气上升。

Rock wool　岩棉

又被称为"矿棉",是由天然的或合成的矿物或金属氧化物制成的玻璃纤维。石棉和岩棉都是合成材料,用于隔热保温和过滤。岩棉用熔融石制成,可用作喷涂防火材料,耐火干壁组件中的螺栓,以及用于防火包装材料。长期接触空气传播的岩棉会影响人体健康。

Roof garden　屋顶花园

见: Green roof　绿色屋顶。

Roof pond　屋顶水池

设置在屋顶上的蓄热集热器,通常容纳了水,并且直接暴露在太阳下。此类集热装置吸收并存储获得的太阳热量。在晴天、多云、夜晚等天气条件下,顶棚上的蓄热集热器都会向整个建筑物释放均匀的低温热量。夜间,屋顶水池可以通过蒸发使建筑物降温。

Roof ventilator　屋顶通风机

屋顶通风机是固定的或旋转的通风口,通常由镀锌钢或聚丙烯制成,用于为阁楼或教堂顶棚通风。也可以使用屋脊通风机。

Rotary kiln incinerator　旋转窑焚化炉

具有旋转燃烧室的焚化炉,旋转燃烧室可使其中的废弃物不断运动,进而使其蒸发,更容易燃烧。

Run-of-river hydropower　径流式水电站

径流式水电站是一种利用河流径流发电的水电设施,基本不调节水量,无须蓄水或少量蓄水。

Runoff　径流

流经地面而不渗入地面的水流。径流可能是由自然降雨、工业废水或洪水形成。雨水或融雪水流经地面时会形成雨水径流。不透水地面会阻止雨水径流自然渗入地下,比如车道、人行道、街道。雨水可携带碎片、化学物质、尘土和其他污染物,流入雨水管道系统,或直接流入湖泊、溪流、河流、湿地或沿海水域。任何进入雨水管道系统的物质未经处理,会直接排入人们游泳、垂钓和获得饮用水中的水体中去。

Rural Electrification Administration (REA)　农村电气化管理局（REA）

农村电气化管理局是美国农业部的一个机构，职责是为美国各州、各地区的农村电气化提供贷款，为没有中央电站服务的农村地区提供电能。

农村电气化管理局还负责为农村地区提供和改善电力、电话服务，协助用电者执行节能计划，实现上网或离网的可再生能源系统，并且研究农村电气化的状况和进展。

S

S curve　S 形曲线

种群数量达到承载能力，种群增长达到平衡的图示。另见：J curve　J 形曲线。

Salt gradient solar pond　盐梯度太阳池

盐梯度太阳池用于收集和存储低温热量，是一种高效低成本的太阳能收集和大范围存储系统。虽然目前关于盐梯度太阳池的研究着重于室内供暖（随季节而变化）和工业过程供热（需求恒定）方面的应用，其用途还可能包括作物干燥、海水淡化、制冷和电力生产。已建成的盐梯度太阳池主要有三层。顶层接近环境温度，含盐量低。底层温度高，通常为 71—100℃，含盐量高。重要的梯度带将这两层分隔开。该梯度带可作为透明隔热层，将阳光保留在高温的底层，有效热量可从底层提取。由于盐浓度梯度，盐度随着深度加深而提高，抵消了下层高温水体的浮力作用，否则下层的高温水体就会上升至水表面，导致热量释放到空气中。兰金循环发动机常用于将热能转化为电能。

Saltcake　芒硝，盐饼

存在于高级废料槽中的放射性核素干结晶块。

Salvage　废料利用

受损材料或废弃物料的收复回收利用。

Sand filters　砂滤器

用于去除污水中悬浮固体的设备。对剩余废物进行有氧分解可进一步清洁水体。

Saprotroph　腐生生物

从死亡植物或动物中吸收可溶解的有机养分的生物体；在分解过程中起辅助作用。

Satellite power systems　卫星电力系统

通过一颗或多颗在地球同步环地轨道运行的卫星可为地球设备提供大量电力的系统。由 Arthur D. Little Corporation 于 20 世纪 70 年代研究开发，主要用于军事领域。各卫星上安装的大型太阳能电池阵列可以提供电能，电能转化为微波能并且传送给地面的接收天线。微波能在地面再转化为电能，与其他集中生产的电能一样通过电网进行配送。目前，该系统非常低效，并且成本高昂。另见：Solar power satellite　太阳能发电卫星。

Schottky diode　Schottky 二极管

用作半导体（例如硅）与金属片的交界面的电子势垒，构成一个二极管。Schottky 二极管或电阻件与 p-n 结点之间最大的区别是其结点电压通常较低，金属消耗层宽度减小（几乎不存在）。常用于光伏电池。另见：Avalanche diode　雪崩二极管；Diode　二极管；Zener diode　稳压二极管；附录 4：光伏。

SCR　选择性催化还原（缩写）

见：Selective catalytic reduction 选择性催化还原。

Scrubbers　洗涤器

空气污染控制设备，用来消除工业污染废气（主要有酸性气体、二氧化碳和汞）和排气流中的颗粒物，或中和这些物质，以尽量减少其对环境的有害影响。许多污染物是燃烧矿物燃料（如煤、天然气、石油）过程中产生的。二氧化硫（SO_2）和氮氧化物（NO_x）等污染物质就是矿物燃料燃烧过程中产生的。其他污染物可能是燃烧医疗废物或城市垃圾产生的，或者是工业生产过程的副产物。洗涤器是通过化学原理去除烟囱排放气体中的 SO_2 的设备。如果其他工业生产过程中产生的二氧化碳（CO_2）不通过化学方法去除，则会排放到环境中。洗涤器主要有两种类型。

• 湿式洗涤器，利用湿式解决方案把化合物和颗粒物粘在一起。对于灰尘等普通颗粒物，水可以用作洗涤器。

• 干式洗涤器或半干式洗涤器，用于去除燃烧源产生的酸性气体，如二氧化硫和盐酸（HCl）。干式吸附剂洗涤器利用碱性材料，如消石灰或纯碱，使之与酸性气体产生化学反应形成固体盐，固体盐可使用颗粒物控制设备去除。干式吸附剂洗涤器常用于医疗废物焚化炉和一些城市垃圾焚化炉。另一种干式洗涤器是利用细碱泥浆来吸收酸性气体，并将气体转化为固体盐，固体盐可使用颗粒物控制设备去除。

汞的去除过程会产生废弃产品，需要提取原料汞，或将其埋入危险废物专用填埋场，以防止环境和地下水受到汞污染。汽车上的催化转化器用作洗涤器可减少氮氧化物排放：美国从 20 世纪 80 年代开始要求采用这些设备。另见：Absorption process　吸收过程；Packed tower　填料塔；Ventury scrubber　文丘里洗涤器。

Seasonal energy efficiency ratio (SEER)　季节能效比（SEER）

空调效率度量标准，用正常年使用期间的制冷输出量（以英热单位计）除以同期的总电能输入量（以瓦时计）。所得数值越高，设备效率越高。

Secondary wastewater treatment　二级废水处理，次级废水处理

初级废水处理之后的步骤，可以减少初级处理系统流出物中的悬浮物、胶体物和溶解有机物质。活性污泥和滴滤池是二级处理最常用的两种方法。通过二级处理可去除固体废物、需氧

物质和固体悬浮物。二级废水处理的最后一道工序是消毒。另见：Primary wastewater treatment　初级废水处理；Tertiary wastewater treatment　三级废水处理。

Sedimentary rock　沉积岩

沉积岩是一种岩石，是地壳的组成部分。通常是由地质沉积物在掩埋、挤压和熔融等成岩作用后形成。

Sedimentation basin　沉积盆地

水中的固体颗粒物会沉淀的下凹土地。

Sedimentation tank　澄清池，沉积池

用于去除漂浮废弃物、清除沉淀固体物质以便进一步处理的废水池。

Seebeck effect　塞贝克效应

利用两种不同的金属形成电路，并且将温差转换为小额电压差的转换过程。两个结点之间的温差使金属之间产生电流，电压与温差成正比（塞贝克系数）。塞贝克电压并不取决于两结点之间金属的温度分布。这是热电偶形成的物理基础，常用于温度测量。热电堆包含成千上万个不同的金属接合点，可利用塞贝克效应进行发电。

科学家和研究人员指出，尽管塞贝克效应的效率并不高，仍可作为一种清洁环保的发电方式。迄今为止，因塞贝克效应效率过低，仍无法投入实际商业应用。目前，加利福尼亚大学的劳伦斯伯克利实验室重点研究利用塞贝克效应进行清洁发电。另见：Peltier effect　珀耳帖效应；Thomson

effect　汤姆逊效应。

SEER　季节能效比（缩写）

见：Seasonal energy efficiency ratio 季节能效比。

Selective catalytic reduction (SCR)　选择性催化还原（SCR）

控制并去除氮氧化物（NO_x）的一种方法，氮氧化物是主要环境污染物，也是地面臭氧的主要成分。选择性催化还原系统将氨注入锅炉烟气，使其经过催化剂床，氨和氮氧化物在催化剂床发生反应并形成氮和水蒸气。选择性催化还原剂是一种后燃烧技术，常用于煤燃烧和石油化工加工，用来减少氮氧化物的排放。在美国，选择性催化还原技术常用于控制大气中的氮氧化物排放量，以符合美国环保局的规定。氮氧化物减排技术还包括：低氮氧化物排放燃烧器、分级燃烧技术、气体再循环技术、低过量空气燃烧技术以及选择性非催化还原技术。

选择性催化还原技术的操作方式与用于减少汽车排放物的催化转化器相似。在废气排出烟囱之前，加入气态或液态还原剂（通常为氨或尿素）。混合气体穿过数层催化剂，使氮氧化物排放物与注入的氨发生反应。反应过程中，氮氧化物排放物转化为纯氮气和水蒸气。随后这两种有益元素排放到空气中。然而，选择性催化还原剂有一个常见问题——只有在较小的温度范围内才能发挥良好性能．因此，为确保排气温度处于催化反应所需的温度范围内，需要设置控制部件。

Selective noncatalytic reduction (SNCR)　选择性非催化还原(SNCR)

与选择性催化还原（SCR）相似，选择性非催化还原也是利用尿素或氨来控制氮氧化物（NO_x）的排放；与选择性催化还原的不同之处在于，选择性非催化还原不需要催化剂。

Semiconductor　半导体

半导体是以窄能隙隔开的材料，通常约 0.3—1 电子伏特。半导体材料是计算机行业和几乎所有现代电子设备与能量转换设备（比如，光伏电池）的基础。半导体包括硅、砷化镓、铜铟联硒化物、碲化镉，适用于光伏转化过程。硅作为一种半导体，其导电性优于电绝缘体，但是不及银或铜。生产太阳能电池时，半导体中应掺杂硼或其他材料，以改变其内部结构和电子属性。另见：Doping　掺杂。

Sensible heat　显热

某物体热量（热能）增加时使温度产生的变化。热体温度须高于环境温度。显热是指给某物质增加热量后只改变其温度而不改变其状态的热量。显热可通过传导、对流和辐射实现热量传送。同样，当物体热量转移时，其温度下降，转移的热量也称为显热。

Sensible heat ratio (SHR)　显热比(SHR)

显热负荷与总热负荷的比率。可用下列公式表示：

$$SHR = q_s/q_t$$

式中，q_s = 显热（千瓦），q_t = 总热量（千瓦）(包括显热和潜热)。

Sensible load　显热负荷

满足气温舒适水平所需的加热或制冷负荷。

Septic system　化粪池系统

生活污水的现场处理系统，常用于无法安装市政下水道的地区。住宅或建筑物的污物直接排入化粪池（图63）。

Sequestration　封存；隔离

在能源和环境方面，封存是指从燃煤电厂等大型商业设施中收取二氧化碳排放物，并将排放物注入地下永久储存。

Settling pond　沉淀池

沉淀池是一种开放型污水池，用于存放和静置被固体污染物污染的污水。固体污染物沉淀在污水池底部，污液则可从池壁溢出。化学农药或肥料等污染物、煤矿开采、挖泥等活动均可能导致污染物渗入地下水，或导致污染物成分因太阳照射而蒸发并形成酸雨，因此都有可能影响环境和健康。化学肥料中的高营养成分可导致河流、湖泊、溪流的水体富营养化，造成鱼群死亡。

Sewage　污水

住宅和建筑物排放至下水道的污物和废水。

Shading coefficient　遮阳系数

透过窗户传递的太阳能与透过 3 毫米透明玻璃传递的太阳能之比。需要注意的是，3 毫米透明玻璃的遮阳

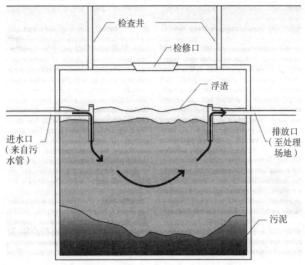

图63　化粪池

系数为 1.0。遮阳系数的概念与太阳得热系数不同。另见：Solar heat gain coefficient　太阳得热系数。

Shallow mound gray water system　浅丘灰水系统

将灰水重新利用进行灌溉的系统。浅丘利用一个抬高的吸收场地来处理废水。为方便灌溉，在现有土壤层表面铺设一层薄薄的沙填料和表土。此项技术在现有土壤不适合进行废水处理时使用。管道设置在植物根部区域以方便灌溉。该系统需要泵送灰水以便正常运作（图64）。另见：Gray water　灰水。

Shallow trench gray water system　浅沟槽灰水系统

将灰水重新利用进行灌溉的系统。灰水从住宅中流出，经过预处理后通过管道输送至浅沟槽（管道设置在200毫米深的地方）。这些管道设置在

距离表面适当位置，以便灌溉植物根部。传统化粪池系统与浅沟槽地下景观灌溉系统的区别在于浸润区的设计。传统化粪池系统的设计仅适于处理，所以配水管通常设置过深而无法有效灌溉，并且沟槽间隔有时过宽。这样可能会形成灌溉缝隙，需要额外浇水才能避免草坪产生条纹效果。覆盖护根物的植床可减少此类问题，因为护根物的芯吸效应可使水浓度达到均匀水平（图65）。

浅沟槽灰水系统可通过浅层铺设配水管和最优沟槽间距进行灌溉。浅沟槽系统需安装配水管，以保证埋在指定深度范围。另见：Gray water　灰水。

Sheet Metal and Air Conditioning Contractors' National Association (SMACNA)　金属板材和空调承包商国家协会（SMACNA）

国际承包商协会，发布有关以下

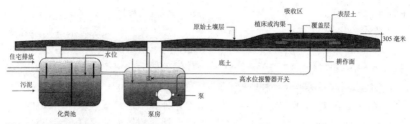

图64 浅丘（剖面图）

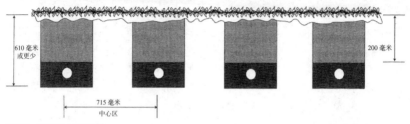

图65 浅沟槽（剖面图）

方面的指导原则和标准：节能，能量回收设备和系统，供热、空调和太阳能系统的安装标准，建筑能源系统和过程的翻新改造。

Shelterwood cutting 渐伐法，伞伐法

对森林区域内生长数十年的成熟树木进行系统地采伐的方法。这种方法可消除老树形成的阴影，使不成熟的年轻树木获得更多阳光，有助于年轻树木的生长。

SHGC 太阳得热系数（缩写）

见：Solar heat gain coefficient 太阳得热系数。

SHR 显热比（缩写）

见：Sensible heat ratio 显热比。

Sick building syndrome 建筑病综合征

建筑物使用者在建筑物内受影响而产生的各种疾病症状，他们一旦离开建筑物，这些症状就会减轻或消失。研究人员无法追查到建筑物内具体的污染物或污染源，但已经确定了多种可能造成影响的因素，可能包括室内空气污染、人造香味、热不适、照明不良、隔声差、人类环境改造效果差，以及化学和生物污染物。

Sidehill construction 山坡建设

被动式太阳能设计中的术语，山坡建设是将构筑物建造在山坡南面的山上。南侧窗户可在日间引入光线，夜间用窗帘遮住窗户。阁楼层、北墙和地板中的蓄热物质提升了保温性能。

Sieve mapping 筛选叠图

依据生态系统的自然物理特性绘制的图，方法是绘制一幅平面图来表示适于不同开发强度的土地区域，以及与自然系统承载能力相关的建筑类型。

Silica gel　硅胶

除湿脱水剂。

Silicon (Si)　硅（Si）

半金属化学元素，是一种适用于光伏设备的很好的半导体材料。硅可以像钻石一样，在面心立方晶格内结晶。通常作为氧化物存在于砂和石英内。

Silviculture　造林术，造林学

森林的培育。

Sink　汇

1.去除大气中的温室气体、悬浮微粒、温室气体或悬浮微粒前体物质的过程、活动或机制。

2.吸收或接收不发生变化的物质或能量的自然库。

3.内部空气质量方面，是吸收化学物质或污染物的材料。

Sinkhole　地陷坑

地下石灰石、盐或石膏溶解引起的地面下沉。水通过地下渠道排走，排水通道可能因溶洞顶班坍塌而进一步扩大。

Sky court　阳光庭院

有落地玻璃门的壁龛式阳台区域，玻璃门从室内向外部露台空间开放（图66）。

Sky glow　天空辉光

指的是人工照明和不受控眩光过多造成的光污染，光线由无屏蔽的照明灯具发出，进入夜空，又被空气中的微水滴和尘粒反射回来。

Sky vault　穹顶

指的是整体气候对某区域的有效日光的影响。例如，在以多云为主的气候条件下，一年中多数时间的有效光线可能为500—510000英尺烛光。为充分利用这种气候条件，设计师可以设计面积较大的窗户或天窗、侧天窗或高窗。多云的天空如果上空比地平线明亮，设计师可利用光源方向，如顶部照明或高窗。另外，晴天时地平线更为明亮（除非靠近太阳），设计师可能利用侧面照明。基于控制太阳辐射和穹顶角度来改善建成环境质量的设计方法、方案有很多。

Sky vault temperature　穹顶温度

天空辐射温度，可以比环境温度低20—40℃。"深空"温度随着云量

图66　屋顶花园和阳光庭院形成新的城市生境

和入射日光的变化有很大差别。

Slag　矿渣

冶炼、焊接及其他冶金和燃烧过程中，经过处理的金属或矿石杂质产生的副产物。矿渣由多种元素的混合氧化物构成，比如硅、硫、磷、铝；灰；与炉衬和助熔剂发生反应的产物，如石灰石。在冶炼或提炼过程中，矿渣浮在熔融金属表层，保护金属免受空气氧化，同时保持清洁。矿渣冷却形成粗骨料，可用于某种混凝土；可用作道路建材，筑路用石碴也是可用磷肥的来源。在建筑中，鼓风炉残渣为浅灰色骨料，可用于建成屋顶和工业产品的表面加工，例如矿渣水泥和矿渣棉。

Slash　砍伐废料，林区废料，采伐剩余物

砍伐树木留下的碎屑。

Slash and burn　砍伐烧林

为短期用途在林地进行的破坏活动。通过清除天然森林和燃烧残留物来清理土地以便用于农业用途的方法。土壤肥力枯竭时，在新的区域重复操作过程。最初的土地废弃。

Slash windrows　砍伐废料堆

数排废材或砍伐的植被放置在通道边侧，以控制侵蚀。

Sloped roof　坡屋顶

见：Steep-slope roof　斜屋顶。

Sludge　污泥

市政、商业或工业废水设施产生的固体、半固体或液体废弃物。

Slurry wall　槽壁，泥浆墙

为了使污染源区域和地下水流与周围环境隔离开来而设计的埋在土中的物理防护装置。受到污染的土壤、废弃物、地下水可以利用周围的低渗透性屏障墙进行物理隔离，比如建造垂直沟槽，向下嵌入更深隔水层，例如低渗透性黏土或页岩，也可以用泥浆填满沟槽。槽壁通常由土壤、膨润土或水泥混合物构成。泥浆混合物对沟槽起支撑作用以防止坍塌，同时形成防渗屏障，防止区域内污染物泄漏。槽壁常用作地下防渗层，减少地下水流入疏松土料。槽壁内的水泥和膨润土可吸收并延迟重金属和较大有机分子逸出，但是并不能完全阻止水流动。因此，槽壁既可以是临时防护措施，也可以配合泵以及处理系统一起发挥作用。

SMACNA　金属板材和空调承包商国家协会（缩写）

见：Sheet Metal and Air Conditioning Contractors' National Association 金属板材和空调承包商国家协会。

Small quantity generator　小量生产者

有时又被称为"squeegee"。指每月产生有害废物90—1000千克的个人或企业。最大生产者为汽车店、干洗店和显影剂。另见：Large quantity generator　大量生产者。

Smart fortwo car　微小型汽车

也称为"超迷你"(supermini)汽车。

图 67 智能双动力篷式汽车
资料来源: 梅塞德斯 – 奔驰

这款汽车为德国制造, 具有三缸发动机, 五速手动变速器, 由 Smart GmbH(前 MCC Smart GmbH) 作为涡轮柴油机和电动车生产制造 (图 67)。

微小型汽车仅有两个座位。车长 8 英尺 2.5 英寸, 宽 5 英尺, 高 5 英尺, 便于在路边停放而无需平行停放。一款车型具有 50 马力的发动机, 三款车型具有 61 马力的发动机。虽然为手动变速器, 但无需离合器。50 马力和 61 马力的发动机都是三缸发动机, 具备手动变速器、涡轮增压器。这样小巧的轻型汽车在高速行驶时非常不稳定。

SMART 为 Swatch Mercedes 只取首字母的缩写词。

2007 年, 英国发布了一款可充电型电动车。这款电动车具有 41-bp 电动机, 速度能够达到 69mph, 可行驶 70 英里。智能电动车的充电时间约为 8 小时, 可在 19.8 秒内从 0 加速至 60。另见 : Hybrid electric vehicle 混合动力电动车。

Smart growth 精明增长

描述服务于经济、社会和环境的城市化管理模式的术语。精明增长的目的是促进社会健康发展, 维持环境清洁, 促进经济发展, 增加就业机会, 形成具有多种住宅类型的强大社区, 鼓励当地居民为社区的发展献计献策。精明增长的规划与开发决策应保护自然土地和重要的环境区域, 保护水质和空气质量, 重复利用已开发土地。其中还包括保护自然资源, 例如再投资于现有基础设施, 通过适应性改造重新利用历史建筑。在住宅附近设计具备商店、办公楼、学校、教堂、公园和其他设施的街区, 使社区给居民和游客提供步行、自行车、公共交通或自驾等出行选择。

Smart growth principles 精明增长原则

基于精明增长开发和维护社区的有关方法, 精明增长网络制定了十大基本原则 :
- 混合多种土地利用方式 ;
- 采用紧凑型建筑设计方案 ;
- 创造大量住宅机会与选择 ;
- 建设步行街区 ;
- 建设具有强烈地方特色的社区 ;
- 保护开放空间、农田、自然景观和重要的环境区域 ;
- 加强并引导现有社区发展走向 ;
- 提供多种交通选择 ;
- 保证开发决策是可预估的、公平的, 且具有成本效益 ;
- 鼓励社区和利益相关者在制定发展决策时能够通力协作。

Smart window 智能窗

智能窗指的是在电压作用下或是可以根据热量或光线变化而改变或调节其光学性能的玻璃窗系统。另见 : Electrochromic windows 电致色变窗户。

SMES　超导磁储能系统（缩写）

见：Superconducting magnetic energy storage　超导磁储能系统。

Smog　烟雾

污染物特别是地面臭氧的混合物，主要由空气中形成烟雾的化学品发生化学反应形成。主要烟雾形成物质来源有石油燃料和挥发性有机物。烟雾会对人类健康和环境造成不利影响。

SNCR　选择性非催化还原（缩写）

另见：Selective noncatalytic reduction 选择性非催化还原。

Sod busting　垄耕

最初用来描述土壤耕作和栽培，目前用于描述当地地面植被破坏和耕作的负面影响。耕作会增加风和水流造成的土壤侵蚀，土壤会转移到陆地的其他地方或沉积在水体内（比如海洋）。

SOFC　固体氧化物燃料电池（缩写）

见：Solid oxide fuel cell　固体氧化物燃料电池。

Softwoods　软木

取自常绿针叶树的木材。主要用于建筑工程。软木包括雪松、冷杉、铁杉、松树、红杉和云杉。软木成熟的速度比硬木快，但比竹慢很多。另见：Bamboo　竹；Hardwoods　硬木。

Soil　土壤

植物可以生长的顶层地表物质。

Soil carbon　土壤碳

碳循环中陆地生物圈碳库的重要组成部分。土壤中的碳含量是历史植被覆盖和生产力情况的函数，部分取决于气候变化因素。为维持农作物持续耕种，土壤中的碳含量保持稳定是很有必要的。如果土壤中的碳含量过低，作物产量将下降，同时还会影响气候变化。有迹象表明，撒哈拉以南非洲地区、南亚和中亚地区、加勒比地区以及南美洲的安第斯地区出现土壤脱碳现象。

维持和提高土壤碳含量可采用以下方法：免耕种植，在农场保留以前作物的残留物；发展农林业以提高土壤质量；采用作物覆盖土壤以减少土壤侵蚀；采用堆肥和生物固体为作物施肥。

Soil contaminants　土壤污染物

美国环保局将下列物质列为主要土壤污染物：丙酮、砷、钡、苯、镉、氯仿、氰化物、铅、汞、多氯联苯（PCBs）、四氯乙烯、甲苯、三氯乙烯（TCE）。

Soil cut-and-fill balances　土方平衡

土方工程采用的技术。广泛应用于采矿活动、铁路、公路，或运河的建设活动，挖取的土量大约与填充指定土地区域或修建附近堤坝所需的填土量相当。这种方法的目的是尽量减少土方工程，降低建筑成本。

Soil flushing　土壤淋洗

对于受到有害废物污染的土壤进行的清洗方法。用清洗液淹没土壤，通过浅水井或地下排水通道去除沥滤液。随后沥滤液可回收提纯。

Soil stabilization 土体加固

在环境领域，可通过下列方式实现土体加固：土壤侵蚀和泥沙控制、雨水管理、植被恢复、湿地恢复与修复、碳氢化合物去除、土地去毒。另见：Soil carbon 土壤碳。

Sol-air effect 阳光大气综合影响

太阳辐射和气温对某个表面造成的综合影响。综合影响取决于所有建筑表面上的太阳辐射、与时间和太阳方位相对的外部气温、建筑物朝向、与热质相对的外部材料、传导性、色彩、纹理、移动保温材料、表面遮阳设施和窗户位置。通过计算可得出建筑物在制冷期内的净得热量，以及在供暖期内的净热损失。

$$T_{\text{sol-air}} = T_{\text{amb}} + (\alpha \cdot I - \Delta q_{\text{ir}})/h_0$$

式中：T_{amb} 为环境温度；I 为表面上的总太阳辐照度；α 为材料的吸光率；Δq_{ir} 为红外辐射传递率 q_{ir} 的校正系数；h_0 为传热系数。

Solar air systems 太阳能空气系统

太阳能空气加热／通风系统主要有六种类型（图68a-f）。

• 类别1——非常简单的结构：环境空气经过安装玻璃或未安装玻璃的集热器直接进入房间以便通风和供热。应用范围包括需要充足通风的度假别墅（去湿）和大型工业建筑。

• 类别2——室内空气循环流动至集热器。空气受热后上升至储热顶棚，通过顶棚输送回室内。该系统运用自然对流，非常适合公寓大楼。

• 类别3——特别适合翻新改造保温性差的建筑物。空气经集热器加热后，穿过外部保温墙与内部立面之间的空腔。这样可以形成一个缓冲带，大大降低建筑立面的热损失。

• 类别4——常用的标准太阳能空气加热系统。经集热器加热的空气在地板或墙体的通道内循环。热量辐射到室内，每次会延迟4—6小时。辐射面的面积大可以提供舒适的气候条件。强制通风系统（风扇）可达到最佳效率和热输出量，可作为热辐射源用于表面积较大的建筑物。

• 类别5——类别4的改进型；室内空气通过储热器的独立通道循环。因此，热量可以存储较长时间，并且在需要时释放出来。这种类别的投资成本很高，因此较少使用。

• 类别6——通过换热器结合太阳能空气集热器和传统供暖系统。因此，散热器、地板或墙体加热部件可共用。同时可提供生活热水；特别适合翻新建筑物和需要远距离传输热量的建筑物。

Solar cell 太阳能电池

太阳能电池是一种将阳光转换为电力的半导体电池。最常用的太阳能电池是光伏电池。另见：Nanocrystal solar cell 纳米晶太阳能电池；Polymer solar cell 聚合物太阳能电池；附录4：光伏。

Solar chimney 太阳能烟囱

见：Thermal chimney 热风筒。

Solar collector 太阳能集热器

在主动式太阳能系统中，通常是用金属、橡胶或塑料等深色材料制成

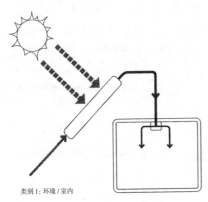

类别 1: 环境 / 室内

图 68a　太阳能空气系统

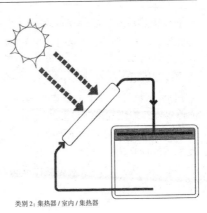

类别 2: 集热器 / 室内 / 集热器

图 68b　太阳能空气系统

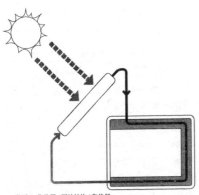

类别 3: 集热器 / 围护结构 / 集热器

图 68c　太阳能空气系统

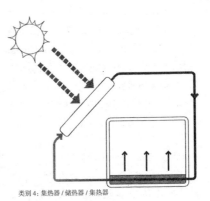

类别 4: 集热器 / 储热器 / 集热器

图 68d　太阳能空气系统

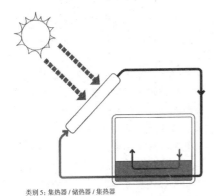

类别 5: 集热器 / 储热器 / 集热器

图 68e　太阳能空气系统

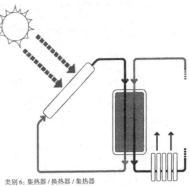

类别 6: 集热器 / 换热器 / 集热器

图 68f　太阳能空气系统

的平板集热器，表面覆盖玻璃，用于吸收阳光。吸热板收集来自太阳的辐射能，并将热量输送至管道系统（通常为铜制管道），加热管道中的流体（通常为空气或水），在上方或下方循环。流体可迅速加热或存储起来以备使用。平板集热器是太阳能热水系统或泳池暖水系统最常用的类型。在光伏系统中，太阳能集热器可以采用晶体硅板或薄膜屋顶太阳能瓦板。

Solar collector, residential use 住宅用太阳能集热器

适用于住宅的太阳能集热器有三种类型：1）平板集热器；2）组合集热器储热系统或分批加热器；3）真空管太阳能集热器。另见：Batch heater 分批加热器；Evacuated-tube collector 真空管太阳能集热器；Flat-plate solar thermal/heating collector 平板太阳能集热器。

Solar cooling 太阳能制冷

将太阳热能或太阳能电力用于驱动制冷设备。太阳能制冷技术的基本类型有：1）吸收制冷，利用太阳热能使制冷剂蒸发；2）干燥剂制冷，利用太阳热能更新（干燥）干燥剂；3）蒸汽压缩制冷，利用太阳热能来运行兰金循环热机；4）蒸发冷却器（沼泽冷却器）、热泵、空调等可以用太阳能光伏系统供电。另见：Desiccant cooling 干燥剂制冷；Rankine-cycle engine 兰金循环发动机。

Solar electric-powered vehicle 太阳能电动车

利用光伏电池供电的车辆。世界上第一款电动-太阳能混合动力车是法国制造的 Venturi Astrolab，是一款零排放车辆，于 2008 年投入使用。这款太阳能动力车表面覆盖了 3.6 米的光伏电池（纳米棱柱），电池产率为 21%，最高速度达到 74 英里/小时。另见：Hybrid electric vehicle 混合动力电动车；Tribrid vehicle 第三代电动车。

Solar energy 太阳能

也被称为"solar power"太阳能。分为被动式和主动式两种类型。被动式太阳能系统通过非机械手段收集、转换、分配阳光，将其用于供热、照明或通风。例如，被动式太阳能热水器、特隆布墙、高侧窗、导光板、天窗以及光管。主动式太阳能系统通过电子构件和机械构件（例如光伏板、泵、风扇）将阳光转换为可用输出能量。

Solar energy systems 太阳能系统

太阳能系统包括为照明、热水、供暖、制冷和海水淡化等用途提供能量的各类太阳能，既可以是被动式太阳能，也可以是主动式太阳能。另见：Concentrating solar power system 聚光式太阳能发电系统；Photovoltaic 光伏；Solar energy 太阳能。

Solar envelope 假想太阳围护结构

在特别需要得到阳光照射的季节和时间，在某地块上可建造的不遮挡相邻建筑光线的最大的假想构筑物。时间和空间都需考虑在内。建筑物的高度和密度逐步增加，可进入建筑物的阳光会逐步减少，场地上的最大可建造体量呈金字塔形。研究人员未来

将能够对假想太阳围护结构进行更详细的计算。

Solar heat gain coefficient (SHGC) 太阳能得热系数（SHGC）

衡量窗户阻止太阳能热量的能力的标准。太阳得热系数是通过窗户进入室内的太阳能热量，取值范围为0—1。太阳得热系数越低，窗户传递的太阳能热量越少。

Solar insolation　太阳日射量

见：Insolation　日射量。

Solar irradiance　太阳辐照度

见：Irradiance　辐照度。

Solar pond　太阳池

含有半咸（高盐分）水并形成不同盐度层（分层）的水体，可吸收并保存太阳能。盐密度梯度可抑制盐水因自然对流而进行换热。太阳池可为工业或农业加工过程、建筑物供暖和制冷过程提供热量，还可用于发电。另见：Salt gradient solar pond　盐梯度太阳池。

Solar power satellite (SPS)　太阳能发电卫星（SPS）

也被称为"空间太阳能电站"。美国航空航天局安装的太阳能电站是一颗对地同步轨道卫星。卫星电站由非常巨大的太阳能光伏（PV）组件阵列构成，可将太阳能电力转换为微波发送至地球上的固定点。太阳能发电卫星由三部分组成：太阳能集热器，通常为光伏组件；卫星上的微波天线，

向地球发送微波；地球上的接收天线。利用微波远程输送电力的构思是Peter Glaser 于 1968 年提出的，并于 1974 年获得专利。美国航空航天局和美国能源部从那时起一直在研究太阳能发电卫星的可行性。当前的研究表明，以目前的发展状况来看，卫星光伏系统的寿命受辐射带和太阳的电离辐射限制，每年损耗 1%—2%。另外，发射太阳能发电卫星的成本非常昂贵，需要非常大的孔径来发送微波电力，效率低，并且难以维持在轨道上，因而不如传统能源经济实用。另见：Satellite power systems　卫星电源系统。

Solar power tower　太阳能发电塔

见：Power tower　发电塔。

Solar radiation　太阳辐射

太阳发生核聚变反应时释放的辐射能，核聚变反应会释放出高能量粒子和宽谱系电磁能量。在到达地球表面的能量中，约一半的电磁辐射是电磁光谱中的可见短波辐射。另一半大部分在近红外光谱区，比例最小的部分在紫外光谱区。如果太阳辐射没有受到任何干扰到达地球表面，则称为"直接太阳辐射"。如果太阳辐射被大气分散，则称为"散射太阳辐射"。直接太阳辐射和散射太阳辐射之和称为"总太阳辐射"。

Solar sail　太阳帆，太阳反射器

航天飞船推进系统可用的替代能源。太阳帆可以利用太阳光子来反射入射光子，从而推动帆向前推进。帆

只能向远离太阳的方向运行，帆的调动和减速都需要能量。太阳帆太空船不需要燃料，不会产生辐射或废料。目前仍处于试验阶段。

Solar shading 遮阳

被动式太阳能控制装置，包括百叶窗、有色玻璃和反光玻璃。

Solar spectrum 太阳光谱

太阳电磁辐射的所有排列。太阳光谱的不同区域用波段来表示。光谱可见区约390—780纳米（1纳米等于十亿分之一米）。约99%的太阳能集中在波长范围280纳米（紫外区）到3000纳米（近红外区）的区域内。280—4000纳米波长范围内的综合辐射被称为宽带，或"总太阳辐射"。

Solar thermal electric systems 太阳能热电系统

太阳能热电系统是一种太阳能转换技术，通过加热工作流体为涡轮机提供动力，进而驱动发电机，将太阳能转换为电能。例如中央接收器系统（聚光式太阳能集热器）和抛物面槽式集热器。需要注意的是——塞贝克效应也常用于将热能转换为电能。另见：Concentrating solar collector 聚光式太阳能集热器；Parabolic trough 抛物面槽式集热器；Seebeck effect 塞贝克效应。

Solar thermal parabolic dish 碟式太阳能集热器

见：Parabolic dish solar collector 抛物面太阳能集热器。

Solar thermal system 太阳能光热系统

收集或吸收太阳能的系统。收集的能量可用于产生高温热量进而发电，或用于热量加工；中温热量可用于热水/空间供暖和发电；低温热量可用于热水和空间供暖与制冷。

Solar trough system 太阳能槽式系统

见：Parabolic trough 抛物面槽式集热器。

Solar water heater 太阳能热水器

从太阳能集热器获得热量的热水器。热量通过泵传递至储存设备。太阳能热水系统包括储水箱和太阳能集热器。太阳能热水系统有两种类型：具有循环泵和控制器的主动系统；没有循环泵和控制器的被动系统。多数太阳能热水器需要保温良好的储水箱。太阳能储水箱具有一个额外的与集热器相接的出水口和进水口。在双水箱系统中，水流经过太阳能热水器预热，之后流入普通热水器。在单水箱系统中，备用加热装置与太阳能储热装置结合在一起，共用一个储水箱。

太阳能热水系统通常需要备用系统，以便在阴天和需求增加的时期使用。普通储水式热水器通常可作为备用，也已作为太阳能系统的一部分。备用系统也可以作为太阳能集热器的一部分，比如具有热虹吸系统的屋顶水箱。组合集热器储热系统不仅可以收集太阳热量，还可以存储热水，也可以配备无储水箱或即时热水器作为后备。另见：Solar water heater, active 主动式太阳能热水器；Solar water heater, passive 被动式太阳能热水器。

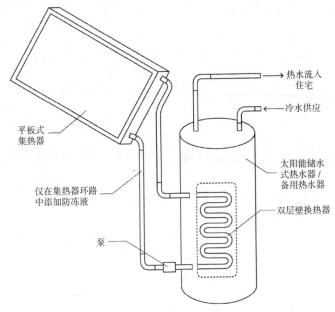

平板式
集热器

仅在集热器环路
中添加防冻液

泵

热水流入
住宅

冷水供应

太阳能储水
式热水器 /
备用热水器

双层壁换热器

图 69　主动式太阳能热水器：闭环太阳能热水器
资料来源：美国能源部

Solar water heater, active　主动式太阳能热水器

　　主动式太阳能热水系统共有两种（图 69）。

　　• 正循环系统——用泵抽送家庭用水，流经集热器，最后进入室内。在不容易冻结的气候条件下，正循环系统可工作良好。

　　• 逆循环系统——用泵抽送耐寒的传热流体，流经集热器和换热器。水经过加热后流入室内。在容易冻结的气候条件下，这种系统的使用更为普遍。

Solar water heater, passive　被动式太阳能热水器

　　被动式太阳能热水系统比主动式系统便宜一些，但效率通常不高。然而，被动式系统更加可靠，持续时间更久。被动式太阳能热水系统主要有两种（图 70）。

　　• 集热储水综合被动式系统——在气温很少降至冰点以下的地区性能最佳；在日间和夜间热水需求较高的家庭性能良好。

　　• 热虹吸系统——水流经系统时热水上升，冷水下沉。集热器须安装在储水箱下方，使热水上升进入水箱。此类系统质量可靠，但是由于储水箱较重，承建商须特别关注屋顶设计。此类系统的成本通常高于集热器 - 储水式综合被动系统。

Solar wind　太阳风

　　太阳上层大气（日冕）中的高温气体快速向四面八方流出，由于温度过高以致太阳的引力作用无法束缚气

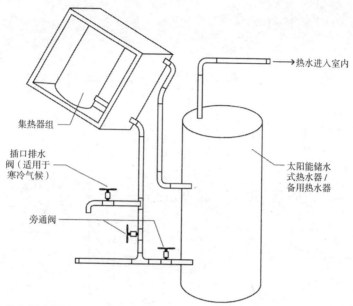

图 70　被动式太阳能热水器: 间歇式太阳能热水器
资料来源: 美国能源部

集热器组

插口排水
阀（适用于
寒冷气候）

旁通阀

热水进入室内

太阳能储水
式热水器 /
备用热水器

体。太阳风的构成与太阳大气（主要为氢）相似，太阳风的速度达到 400 千米 / 秒，或 10^6 英里 / 小时，4—5 天就可以从太阳到达地球。太阳风限制了地球磁层内的磁场，为磁层的极光（北极光）和磁暴等现象提供能量。太阳风使彗星形成背向太阳方向延伸的彗尾，对环绕行星周围的磁场形状也有影响。太阳风对航天器的飞行路径也有重大影响。太阳风会随着太阳 27 天的旋转周期不断变化，偶尔也会随着日冕猛烈喷发，可能导致地球产生地磁暴。

Solid fuel　固体燃料

固态形式的燃料，例如木材、泥煤、褐煤、煤块和加工燃料，比如粉煤、焦炭、木炭、煤球或球团矿。

Solid fueled rockets　固体燃料火箭

以燃料与氧化剂的固体混合物为燃料的火箭，并且不分隔燃烧室和燃料储存器。火药就是这种固体混合物，是最早的火箭燃料。虽然固体燃料火箭的效率低于最好的液体燃料火箭，但是由于不需要长时间的准备工作、存储方便、可随时使用，固体燃料火箭已成为军事用途首选。此外，固体燃料火箭还可用于辅助火箭，协助承载过重的液体燃料火箭（比如航天飞机）起飞并通过第一个飞行阶段。

Solid oxide fuel cell (SOFC)　固体氧化物燃料电池（SOFC）

燃料电池的一种类型，无需燃烧燃料就可以直接将化学能转换为电能和热量。整个转换过程无须燃烧，水是唯一的副产物。固体氧化物燃料电池利用硬质的无孔陶瓷化合物作为电解质。由于电解质是固体，固体氧化物燃料电池无须制成其他燃料电池常用的板型结构。固体氧化物燃料电池将燃料转换为电能的效率有望达到50%—60%。用于获取和利用系统废热（废热发电）时，固体氧化物燃料电池的总燃料使用效率可高达80%—85%（图71）。

固体氧化物燃料电池的工作温度非常高——约1000℃。高温的工作过程无须贵金属催化剂，从而降低了成本。另外，固体氧化物燃料电池可在内部重整燃料，不仅可以使用多种燃料，还可以降低为系统添加重整装置所需的成本。固体氧化物燃料电池是抗硫性最好的燃料电池，不会因一氧化碳而产生毒性，反而可以将一氧化碳用作燃料。因而固体氧化物燃料电池可以利用煤产生的各类气体。

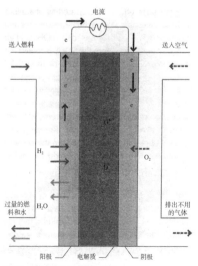

图71　固体氧化物燃料电池
资料来源：美国能源部

高温的工作条件也有一些弊端。固体氧化物燃料电池启动缓慢，还需要有效的保温隔热装置来保持热量，并保护工作人员安全，因此适用于公用设施，而不适合交通和小型轻便的用途。高温的工作条件对电池材料的耐用性要求更加严格。开发出成本低、在工作温度下耐用性高的材料是这项技术面临的重要技术挑战。目前，科学家正在探索能够在800℃或更低温度下工作的低温固体氧化物燃料电池，而且这种电池应当成本更低，耐用性问题较少。低温固体氧化物燃料电池的电力产量较低，但是能够在低温条件下发挥作用的可堆叠材料尚未找到。另见：Fuel cells　燃料电池。

Solid oxide hybrid fuel cell power system 固体氧化物混合燃料电池电力系统

最新开发的固定式高温燃料电池电源装置，耦合了微型燃气轮发电机和以天然气为燃料的高压固体氧化物燃料电池（SOFC）。固体氧化物燃料电池产生的高压废热被输送到微型燃气轮机，比不回收废气能量的条件下多产生10%甚至更多的额外电力。这些系统将天然气的能量转换为电力的效率为55%—60%，高于天然气涡轮机目前的效率（50%）。研究表明，随着混合动力技术不断改进，混合固体氧化物燃料电池的效率可能达到70%。另见：Fuel cells　燃料电池。

Solid waste　固体废物

废水处理厂、供水处理厂或空气污染控制设施排放的垃圾污泥。包括工业、商业、采矿业和农业操作过程中产生的固体、液体、半固体或气体罐等废弃物。妥善处理固体废物对于环境至关重要，各州政府、国家政府已制定多项废物管理法规和标准。单一的废物管理方案无法应对巨大的废物处理量，因此许多城市、州制定了固体废物综合管理方案。典型的城市固体废物设施内含有玻璃（4%—16%）、纸板（3%—15%）、塑料（2%—18%）、灰土、灰烬、砖（0—10%）、纸张（25%—45%）、食品废物（6%—25%）、庭院和花园废物（0—20%）、铁类金属（2%—10%）、纺织品（0—4%）、橡胶（0—2%）、皮革制品（0—2%）、木材（1%—45%）和有色金属（2%—10%）。商业、联邦、州以及地方政府都有一些设施用于生产、运输、处理、存储或处置有害废物，有害废物方案旨在对这些设施进行管控。对这些设施进行调控的目的是从废物产生那一刻起直到最终处置或销毁的过程都能确保妥善处理有害废物。

处理固体废物的其他方式包括源头减量法，即降低物质消耗量，减少废物排放量；堆肥法，在有氧条件下利用微生物降解有机物质；焚烧法，通过燃烧废物产生能量。另见：Composting 堆肥；Incineration 焚烧；Source reduction 源头减量。

Sorbent 吸附剂，吸着剂

在某个地方或环境内用于吸附或吸收固体、液体、气体或蒸气的物质，例如车间呼吸罩，可以在空气经过时去除其中的有害气体。

Source reduction 源头减量

通过重新设计产品、产品的生产或消费模式，减少进入废物流的材料总量。方法包括：购买持久耐用的产品，尽量采用无毒的产品和包装。源头减量是项复杂的工作，需要重新设计产品，以便在生产过程中尽量减少使用原料，延长产品寿命，或者在完整使用过一次之后，再次使用。源头减量确实可在源头处避免废物产生，是废物管理的首选方案。

Source back to source 从源回到源

从源回到源是一种设计理念，目的是保证建筑物的物理构件在其指定的生命周期结束后可以得到重新利用、回收和重整。

Source to sink 从源到汇

从源到汇的概念涵盖了建成系统的构件在其寿命周期内的整个流程。

Southern Oscillation 南方涛动

见：El Niño—Southern Oscillation 厄尔尼诺-南方涛动。

Space charge 空间电荷

见：Cell barrier 电池障壁。

Sparge 喷射，喷雾

见：Air sparging 空气注入法。

Species diversity 物种多样性

生态系统多样性的三种主要类型之一。生态系统的组成元素的多样性，其中包括多个生物体种类，基因多样性和生态系统内部群落的多样性。另见：Functional diversity 功能多样性；Structural diversity 结构多样性。

Spent nuclear fuel　废核燃料

已经使用过，并且无法再有效维持连锁反应的核反应堆燃料。目前，反应堆废核燃料的安全处置和隔离的问题受到关注，如果进行再加工，再加工设施产生的废弃物问题也受到关注。

Split spectrum cell　光谱分裂电池

光谱分裂电池是一种复合光伏（PV）设备，阳光进入电池后通过光学手段被划分为数个光谱区。各光谱区连接至不同的光伏电池，光伏电池经过优化能够将这部分光谱转化为电力。该设备能够使入射阳光转化为电力的总体效率达到较高水平。现已公布的效率高达27%，但是这种电池的成本仍是一个严重的问题。

Spoil　废渣

露天开采、疏浚或建筑过程中，从原来位置挖出的泥土或沙石。

Spray tower scrubber　喷雾塔洗涤器

商业用途中最简单的湿式微粒洗涤器。洗涤器容器顶部附近有一系列喷雾嘴，喷雾嘴产生的小水滴作用于向上移动的气流中的微粒（图72）。

SPS　太阳能发电卫星（缩写）

见：Solar power satellite　太阳能发电卫星

Stabilization lagoon　稳定塘

用于处理废水的浅人工池。处理步骤是：通过沉淀去除固体材料，细菌分解有机物质，藻类去除养分。

Stack effect　堆积效应，自引风作用

也被称为"烟囱效应"。有浮力的空气通过烟囱、烟道或其他通道流入和流出建筑物的过程。浮力是由温差和湿度差形成的。由于空气受热上升并在建筑物的上部结构开口处逸出，导致室内气压低于下方土壤气压或建筑物地基周围的气压，因此建筑物内的气流整体向上运动。温差越大，建筑物高度越高，浮力就越大，从而产生堆积效应。堆积效应可促进自然通风和空气渗透；因为不需要利用机电系统，堆积效应还可以节约能源（图73）。

Stacked solar cell　叠层太阳电池

见：Tandem solar cell　级联太阳电池。

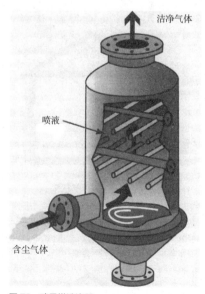

洁净气体

喷液

含尘气体

图72　喷雾塔洗涤器
资料来源：美国环境保护局

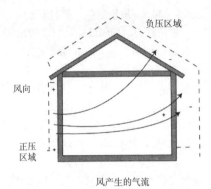

负压区域

风向

正压
区域

风产生的气流

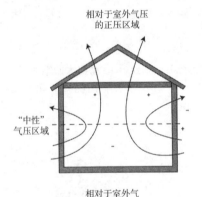

相对于室外气压
的正压区域

"中性"
气压区域

相对于室外气
压的气流方向

烟囱效应产生的气流
（冬季）

图 73 烟囱效应——自然驱动机制

Stagnant zone 滞留带，停滞区

气流速度低的区域，有可能空气分层增多、空气质量较差。

Stand-alone system 独立系统

不连接电网的自主型或混合型光伏系统。有无存储设备皆可，但是多数独立系统需要电池或其他形式的存储设备。

Steady state economics 稳态经济

1. 宏观经济学中，稳态经济是指人均生产率和人均资本密度不随着时间发生改变的经济状态。稳态经济的形成是由于现有资本折旧率恰好等于新资本生产率。"稳态"与获得诺贝尔奖的经济学家 Robert Solow 息息相关，Solow 于 1956 年创造了 Solow 模型。在没有技术进步的经济环境下，"稳态"就是人均生产率和人均资本保持不变的状态。

2. 生态系统中，稳态经济是指将周围生态系统考虑在内，努力使生产量和消耗量达到平衡状态（图 74）。

Steam 蒸汽

气态水；蒸汽可用作汽轮机和供暖系统的工作流体。

Steam boiler 蒸汽锅炉

可在炉内燃烧燃料的一种熔炉，燃烧过程产生的热量用于产生蒸汽。

Steam stripping 汽提法

去除受污染地下水或废水中的挥发性有机化合物的过程。让蒸汽通过液体，较高废水温度使得挥发性污染物蒸发。汽提法比气提法更能够有效去除污染物。另见：Air stripping 气提法。

Steam turbine 汽轮机，蒸汽涡轮机

将锅炉产生的高压蒸汽转换为机械能并用于发电的设备，机械能通过迫使涡轮轴旋转并带动发电机轴转动从而产生电力。

Steep-slope roof   斜屋顶

也被称为"坡屋顶"。屋顶的坡度大于 1/6 的屋顶表面。

另见: Sloped roof   坡屋顶。

Stephan–Boltzmann law   史蒂芬 – 波尔兹曼定律

某物体放射出的电磁辐射量与物体的温度有直接关系。如果该物体是一个理想放射体(黑体),其辐射量与其温度(开尔文温度)的四次方成正比。这种自然现象被称为"史蒂芬 - 波尔兹曼定律"。该定律可通过下列等式来表示。

$$E^* = \sigma T^4$$

式中,$\sigma = 5.67 \times 10^{-8}$ 瓦 /(米$^2 \cdot$ K^4), T 表示开尔文温度。按照史蒂芬 – 波尔兹曼定律公式,辐射体的温度小幅升高就会大幅增加辐射量。通常,在特定波长范围内,良好的辐射体也是良好的吸收体。这一点对于气体尤为显著,也是地球温室效应的重要原因。同样,在特定波长范围内,较差的辐射体也是较差的吸收体。另见: Radiation   辐射。

Stirling engine   斯特林发动机

斯特林发动机是一种闭式循环往复活塞式热力发动机,通过一个外部热源和外部热汇进行运作。斯特林发动机属于外燃式发动机,但是可以利用太阳能和核能产生的热量。与开式循环发动机(比如内燃机和一些蒸汽机)相比,斯特林发动机的工作流体永久保留在系统内部。发动机内配有内部换热器——蓄热器,可提高发动机的潜在效率。另见: Parabolic dish solar collector   抛物面太阳能集热器。

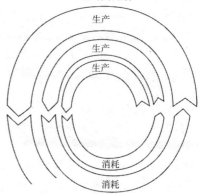

(a)标准经济

"标准经济"考虑到了持续增长的生产和消耗周期,但是没有考虑到对其有支撑作用的生态系统。这种情况使得经济制度最终会牵制周围的自然环境。

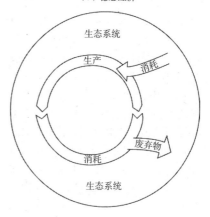

(b)稳态经济

稳态经济的生产和消耗周期考虑到了周围的生态系统,并试图达到平衡状态。

图 74 (a)标准经济;(b)稳态经济

Stockholm Convention on Persistent Organic Pollution 《关于持久性有机污染物的斯德哥尔摩公约》

为应对全球关注的持久性有机污染物(POPs)问题,包括美国和欧洲共同体在内的 91 个国家于 2001 年 5 月在瑞典斯德哥尔摩签署了一份联合国公约。该公约被称为《斯德哥尔摩公约》，根据该条约，各国同意减少或消除 12 种主要的持久性有机污染物的产生、使用或排放，其中包括：艾氏剂、氯丹、滴滴涕（DDT）、狄氏剂、异狄氏剂、七氯、六氯环己烷、全氯五环癸烷、毒杀芬、多氯联苯（PCBs）、多氯二苯并二噁英（二噁英）和聚氯化双苯唑呋喃（呋喃）。公约中有关于消除多氯联苯和滴滴涕的专门条款，并指定一条科学审核流程，有可能会将其他全球关注的持久性有机污染物化学物质加入该公约之中。

美国已不再产生《斯德哥尔摩公约》中涉及的许多持久性有机污染物。例如，美国不再生产或登记使用杀虫剂。然而，美国公民和生境仍然会受到持久性有机污染物的危害，包括环境中遗留的部分，无意产生并排放在美国的部分，以及排放在其他区域之后转移至美国（比如，被风或水转移至美国）的部分。多数发达国家已经大力控制这 12 种持久性有机污染物，但是许多发展中国家是近期才开始限制这些污染物的产生、使用和排放。

Storage battery　蓄电池

将电能转换为化学能的设备，并且转换过程是可逆的。在放电过程中，化学能转换为电能，并且被消耗在外部电路或装置中。目前，市场上主要出售以下类型的蓄电池：铅酸蓄电池、锂离子蓄电池、金属氢化物蓄电池、镍镉蓄电池。

Stratosphere　平流层

对流层和中间层之间的大气区域，地球上空 15—50 千米的大气层。平流层中的臭氧可以过滤太阳辐射中的有害光线，例如对人体健康和环境有害的紫外线 B。另见：Mesosphere　中间层；Troposphere　对流层。

Straw bale construction　草砖墙

小麦、燕麦、大麦、黑麦、大米及其他材料的麦秸被打包成捆用于墙壁中。墙壁表面用灰泥覆盖。一直以来，农民将麦草视为废弃物，不会在耕作土地时使用。由于麦草结实耐用，农民可以出售麦草，将其用作动物用的草垫或用于景观设置。干草捆由较短的饲料草组成，这类草为绿色，不适宜上述用途。近期，利用麦草捆建造墙壁的方法兴盛起来，成为建造高保温墙壁的低成本替代方案。在 19 世纪末、20 世纪初，美国的平原地区就已经尝试过这种建造技术。许多早期建筑物保留至今，甚至仍然在使用。这项技术已应用于住宅、农场建筑、学校、商业建筑、教堂、社区中心、政府建筑、飞机库以及井亭。麦秸也可以用作建筑材料，用于面板和墙板等板材之中。

已投入使用的麦草捆墙有两种基本类型：填充麦草捆的梁柱结构；利用麦草捆来支撑屋顶重量的结构草砖墙或"内布拉斯加"式墙。

Strawboard　麦秸板

用作隔板的结构材料，通常用稻草或麦秸制成。

String 排成一列

数个光伏组件或光伏板电路互相串联，以产生荷载所需的工作电压。

Strip cutting 带伐，带状采伐

通过带状采伐树木来保护森林的方法，带的宽度可使边缘效应最小化，并且可以实现森林自然再生。

Strip farming 带状等高耕作

沿着等高线在交替的带状区域种植不同作物的环保耕作方法。一种作物收获时，其他作物仍然可以防止土壤侵蚀或过量径流。这种耕作方法可以追溯到欧洲 9 世纪时期的庄园农业。

Structural diversity 结构多样性

生态系统多样性的三种主要类型之一。动植物会有效地占据空间，可在景观系统中分布容纳各种大小、形状的物种、生境和群落。另见：Functional diversity 功能多样性；Species diversity 物种多样性。

Structural wall panels 承重墙护板

以模压发泡聚苯乙烯（MEPS）、挤塑聚苯乙烯（XEPS）和氨基甲酸酯为发泡芯材制造的板材。板材外层可用胶合板、华夫刨花板、定向刨花板、石膏纤维板和金属制成。承重墙护板可以取代标准的壁骨 / 保温层 / 护层墙体系统。挤塑聚苯乙烯和聚氨酯泡沫利用氯氟烃（CFCs）或含氢氯氟烃（HCFCs）等含有温室气体的物质为起泡剂。模压发泡聚苯乙烯不使用任何消耗臭氧层物质。

Styrene 苯乙烯

有强烈香味的无色有毒液体。不溶于水，可溶于乙醇、乙醚；易爆。苯乙烯常用于聚合物、共聚物、聚苯乙烯塑料和橡胶。

如果苯乙烯含量大于美国环保局设定的健康标准，可能会导致健康问题。另见：Toxic chemicals 有毒化学物质。

Subsidence 沉降，沉陷，下沉

因地下水被抽走导致的地面下陷。地表可能出现裂纹和缝隙。沉降是一个不可逆的过程。

Subslab depressurization system 底板减压系统

利用电动排风扇从楼板下方抽出空气的主动式系统，或者是利用经过建筑物空调房间的通风管道，使底板区域与室外空气流通的被动系统。

Subsoiling 深松，底土深耕

利用犁或铲将压实土翻松的过程，但不使土层反转倒置。

Substrate 衬底

用于设置光伏电池的基础物理材料。

Succession 演替

生态系统所发生的变化，最终形成稳定的群落。

SUDS 可持续城市排水系统（缩写）

见：Sustainable urban drainage system 可持续城市排水系统。

SULEV 特级超低排放车辆（缩写）

见：Super-ultra-low-emission vehicle 特级超低排放车辆。

Sulfur-based cement 硫基水泥

又被称为"硫固化混凝土"。矿物骨料与化学改性硫结合形成的热塑性复合材料。研究表明，此类水泥比硅酸盐水泥更为耐用，是用于废物处理的良好固化剂，可用于有害废物的固化/稳定化、有害废物填埋场的屏障系统及废水处理厂。

Sulfur dioxide (SO_2) 二氧化硫（SO_2）

导致酸雨形成的一种气体。煤炭等矿物燃料燃烧时向大气排放二氧化硫。二氧化硫属于氧化硫气体类物质（硫氧化物，SO_x）。二氧化硫通常是在发电厂燃烧煤炭产生的气体。纸张生产和金属冶炼等工业生产过程也会产生二氧化硫。二氧化硫与硫酸（H_2SO_4）密切相关，是一种强酸。

硫成分普遍存在于所有原材料中，例如原油、煤炭、包含铝、铜、锌、铅、铁等常见金属的矿石。燃烧含有硫的燃料（例如煤炭和石油）时，从石油中提取汽油时，或者从矿石中提炼金属时都会形成硫氧化物气体。二氧化硫溶解于水蒸气并形成酸，与空气中的其他气体和微粒相互作用形成硫酸盐和其他可能对人体和环境有害的产物。这些气体易溶于水。二氧化硫可导致呼吸道疾病，使心脏病、肺病患者病情加重。二氧化硫是酸雨形成的主要原因，损坏树木、农作物、建筑物，使土壤、湖泊、溪流呈酸性。二氧化硫还导致大气颗粒物的形成，导致能见度降低，这在一些国家公园里极易观察到。二氧化硫及其形成的污染物，如硫酸盐微粒，可经过远距离传输，在远离起始点的地方沉积。由此可见，二氧化硫的问题不仅限于排放地。另见：Air pollutants 空气污染物。

Sulfur hexafluoride (SF_6) 六氟化硫（SF_6）

六氟化硫是一种无色、无味、无毒且不易燃的气体（在标准条件下）。联合国机构"政府间气候变化专门委员会"宣布六氟化硫是其评估气体中最强大的温室气体，将其划为有毒化学物质。六氟化硫在100年期间的全球变暖潜力是二氧化碳的22200倍。另见：Toxic chemicals 有毒化学物质。

Sulfur oxide (SO_x) 硫氧化物（SO_x）

有毒化学物质。硫氧化物指下列物质：一氧化硫（SO）、二氧化硫（SO_2）、三氧化硫（SO_3）。另见：Toxic chemicals 有毒化学物质。

Sulfur-solidified concrete 硫固化混凝土

见：Sulfur-based cement 硫基水泥。

Sulfates 硫酸盐

矿物燃料和生物质燃料燃烧产生的微观粒子（悬浮微粒）。通常会增加空气的酸性从而形成酸雨。

Sump 污水坑，集水坑

汇集排水道或污水处理设施排放的液体径流的水坑或水槽。

Sun　太阳

太阳释放的能量具有两个重要特性，从而使地球能够产生生命。1）热能被对流层吸收存储，使地球形成生命生存所需的温度条件。对流层热能既可以通过自然热量使地球升温，又可以通过自然通风使其冷却；2）阳光的能量对于地球上生命的形成至关重要，自养生物通过光化学能为其他营养级生物产生食物。这就是光合作用的过程。

利用太阳能提供热量可以采用被动或主动两种形式。生物体、昆虫、水生生物和脊椎动物利用被动式太阳能设计的历史已有数千年。人类为了将太阳的能量用于加热和制冷而专门设计的构筑物统称为"被动式太阳能设计"。使用这种设计时，建筑物本身或其中的某些构件会利用材料和空气受阳光照射而产生的自然能量特性，以此来加热和冷却建筑物。被动系统很简单，仅有少量活动部件，无须机械系统，也无须太多维护。被动获取热量的方式，可以是通过选址、设计和结构材料来实现的热量的吸收、传导和传输。太阳热量可利用设备主动获取并转化为可用电力，例如，光伏太阳能集热器可以追踪太阳轨迹；或Graetzel电池可发挥同样的功能。

同样，太阳热量强度变化形成风，由此产生自然冷却的效果。被动式太阳能制冷包括自然通风，风驱动空气流经建筑物；以及温度引起的热压通风。昆虫和动物生境，以及人造建筑物同时采用自然通风和热流通风。

通过光合作用过程，"光能"为地球上生命的产生提供了能量。另见：Graetzel cell　Graetzel电池；Passive solar cooling　被动式太阳能制冷；Passive solar design　被动式太阳能设计；Passive solar heater　被动式太阳能加热器；Passive solar heating　被动式太阳能加热；Photosynthesis　光合作用；光伏（及相关术语）；Solar air systems　太阳能空气系统；Solar cell　太阳能电池；Solar collector　太阳能集热器；Solar cooling　太阳能制冷；Solar energy　太阳能；Solar envelope　太阳围护结构；Solar thermal system　太阳能光热系统；Solar water heater, active　主动式太阳能热水器；Solar water heater, passive　被动式太阳能热水器；附录4；光伏。

Sun space　阳光房

玻璃窗布局良好的封闭空间，可收集热量并将部分热量提供给其他空间（通常为相邻空间）。由于只受太阳热能的影响，阳光房内的温度每一天、每个季节都会有波动。

Sun-tempered building　阳光调节建筑

阳光调节建筑是被动式太阳能建筑物，目标是减少建筑物供暖和制冷所消耗的不可再生能源量，采用的方式有：收集太阳能得热，减少不需要的太阳能得热，改善自然通风。阳光调节建筑在东西方向的长度拉伸，多数窗户位于南侧立面。窗户面积通常限定为总建筑面积的7%。阳光调节设计中，窗框、墙板及其他构件中均含有蓄热物质，无须添加额外的蓄热物质。阳光调节建筑的保温水平通常较高。

Super-ultra-low-emission vehicle (SULEV)　特级超低排放车辆（SULEV）

加利福尼亚州空气资源委员会对经过设计的常规动力汽车或气电混合动力汽车的统称，经过设计后，这种车辆的设计使其在使用点产生最少空气污染，通常不到普通车辆空气污染排放量的10%。另见：Emissions standards, designations　排放标准制定。

Super window　超级窗

高保温窗的常用术语，此类窗户的热损失非常低，在冬季期间的性能比保温墙还要好，在24小时内超级窗吸收的阳光大于其热损失。

Superconducting magnetic energy storage (SMES)　超导磁储能系统（SMES）

利用低温材料的超导特性来产生强磁场以存储能量的技术。超导磁储能系统已作为储能装置，用于支持光伏太阳能和风能的大规模运用，以消除发电过程中的波动。研究人员认为，这项技术还需很多年才能得以广泛应用。

Superfund　超级基金

美国政府为控制、清理或修复美国的有害废弃物区域而开展的项目。基金的资金来源包括有毒废弃物生产者支付的费用和清理项目的成本回收。另见：Comprehensive Environmental Response Compensation and Liability Act 《环境应对、赔偿和责任综合法》。

Superheat　过热度

温度高于蒸气压力相应的饱和温度（沸点）时，蒸气中所含的额外热量。

Superstrate　覆盖物

光伏组件的向阳面上覆盖的遮盖物，可保护光伏材料不受环境影响和环境退化的作用，从而最大限度传递太阳光谱适当波长范围内的光线。

Surface area-to-volume ratio　面积－体积比

建筑物的能源效率指标。通过设计，建筑物的表面可以增加被动式太阳能供热、自然通风或建筑自然采光的潜力。

Surface impoundment　地面储存，表面积水法

在水池中处理、存储或处置液体有害废物的方法。

Surface runoff　地表径流

雨水、洪水或灌溉用水超出毗邻土壤吸水能力时形成的水流。地表径流将各种污染源产生的污染物携带进入河流、溪流和湖泊。

Surface-structured solar cell　表面结构太阳能电池

新一代太阳能电池。电池内含有金字塔形结构，可使入射光线多次照射到表面。新材料包括砷化镓（GaAs）、碲化镉（CdTe）或铜铟硒化物（$CuInSe_2$）。

Surface water　地表水

位于地球表面并且向大气开放的所有水体，比如河流、湖泊、水库、池塘、海洋、河口。

Surface water management system
地表水管理系统

为防止地表水流入废弃物填充区域而设计的系统。

Sustainable　可持续性，可持续的

1. 保持或支撑下去的能力。

2. 生态系统的一种状态，在可持续的状态下生态系统的生物多样性、可再生性、资源多产性可长期保持。

Sustainable design　可持续设计

见：Ecodesign　生态设计。

Sustainable development　可持续发展

见：Sustainability　可持续性。

Sustainable urban drainage system (SUDS)　可持续城市排水系统（SUDS）

可持续城市排水系统是为了减少新的开发和已有的开发活动在地表水排水方面带来的潜在影响。可持续城市排水系统的设计应便于管理，仅需少量能量投入，具有灵活性，并且最大限度地减少排水对环境可能造成的有害影响。例如苇地及其他湿地生境，不仅可以为野生生物提供栖息地，还可以收集、存储、过滤脏水。可持续城市排水系统的目标是模拟环境影响较低的自然系统，经过收集、存储、清洗排放地表水径流，之后再缓慢排放回到环境中，例如排入水道。传统排水系统往往会造成洪水、环境污染、危害野生生物，还会对提供饮用水的地下水源造成污染。该术语最初描述的是英国的可持续城市排水系统。其他国家也有类似的方法，只是采用了不同的术语，例如最佳管理实践或低影响开发。

可持续城市排水系统可采用下列技术：源控制、透水路面铺设、雨水滞留、雨水渗透或蒸散。例如，流入下水道的水流超过下水道容量时会溢出，导致下水道发生溢流。可持续城市排水系统的目的是尽量减少或消除场地排水量，减少环境影响。前提条件是如果所有开发区域都设置可持续城市排水系统，城市下水道溢流的问题就会缓解。与传统城市雨水排水系统不同，可持续城市排水系统还有助于保护和改善地下水质。

Sustainable yield concept　可持续收益概念

生态模拟设计者采用的生态设计策略，以确保建筑物使用的所有材料都是可再生或可重复使用的，所有污水排放和排放物都可以在建成环境或更大城市系统内得到回收利用。这是一种自维持可持续性和再整合的概念。

Sustainability　可持续性

可持续性的基本原理和理念是让经济的持续增长、环境的保护与社会责任达到平衡。可持续性是现代环境保护主义背景下的常用术语，最早用于1987年世界环境与发展委员会的"我们共同的未来"发展报告，又被称为"布伦特兰报告"，报告中指出可持续发展的特点为"既满足当代人需求，又不损害后代人满足其需求的能力"可持续发展理念的思想和价值观包括鼓励公营及私营机构更好地管理环境，促进积极经济增长和社会发展目

标。可持续发展的原则是促进技术革新，提高竞争力，改善生活质量。另见：Brundtland Report 布伦特兰报告。

SW-846 SW-846 纲要

美国环保局固体废弃物办公室的正式纲要：固体废弃物的物理／化学评估检测方法。SW-846 纲要提供的分析和抽样方法符合《资源保护和回收法》（RCRA）规定，经过评估并批准使用。SW-846 纲要的作用主要是作为一个指导性文件，列出规范社区和监管社区在应对《资源保护和回收法》相关采样和分析要求时采用的可以接受但不是必需的方法。1980 年，美国环保局首次颁布 SW-846 纲要。随着新信息和新数据的开发，SW-846 纲要有过许多变更。

Swale 浅沟、洼地

为收集和引导地表径流而延伸的沟渠。

Swamp cooler 沼泽冷却器

蒸发制冷设备的常用名。另见：Solar cooling 太阳能制冷。

Switch grass 柳枝稷

柳枝稷是一种耕作成本低廉而产量较高的能源作物，可以低成本生产乙醇。柳枝稷的肥分流失和土壤侵蚀问题比玉米少。

Symbiosis 共生

两类物种之间的关系。另见：Amensalism 偏害共生；Commensalism 偏利共生；Mutualism 互利共生；Parasitism 寄生。

Synfuel 合成燃料

采用煤炭或页岩制造的气体烃燃料或液烃燃料，有时也采用废弃塑料来制造。利用煤制成的燃料会导致很多环境问题，例如矿藏受损、硫氧化物、碳氢化合物和重金属排放。利用页岩制成的燃料在加工期间需要大量用水，而且会产生大量固体废物。

Syngas 合成气

见：Synthesis gas 合成气。

Synthesis gas (Syngas) 合成气

固体生物质转化为气态形式时产生的气体。合成气主要包括一氧化碳、二氧化碳、氢，其能量密度比天然气低一半以上。合成气是易燃的，常用作燃料源或生产其他化学物质的媒介。合成气可以流经联合循环燃气涡轮机或其他电力转换技术，例如燃煤电厂。合成气也可以直接在内燃机中燃烧，用于生产甲醇和氢；或者通过费托合成转化为合成燃料。另见：Biomass electricity 生物质发电；Pyrolysis 热解。

System boundary 系统边界

生态系统自然程度或生态设计系统所处区域的边界条件。系统边界并不是分隔界线，而是特性划分线，用于识别群落过渡区的重要性，以及非连续生态群落之间的界线，主要在于养分转移区、沉淀物、能量和生态过程方面。设计的人造边界应当与复合生态系统相结合。

Systemic integration　系统整合

系统整合是一种生态设计策略，可以减少对生态系统和生物圈服务的利用，降低对全球环境的影响。系统整合设计包括人为排放物和无污染废弃物的同化，排放物在短期内的生物降解，总输入量和输出量的减少，从而减轻或消除自然环境吸收人造废物的负担。

T

Taiga　泰加林带

又称"北方针叶林"或"寒温带明亮针叶林"。指从北极苔原南界树木线开始，向南延伸1000多千米宽的北方塔形针叶林带。

Tailings　尾矿，尾渣

农作物或矿石加工过程中分离出来的原料残渣或废料残渣。

Take back laws　回收法令

又被称为生产者责任法规。要求制造或进口物品的公司参与其产品生命周期的"生命终点"阶段。几乎在所有情况下都要求达到最低回收率或重用率。约有28—30个国家制定了回收法令，涉及产品范围广泛，包括家电、电脑、通信设备，在某些情况下还包括汽车。欧盟现已采用《废弃电气电子设备指令》和《危害性物质限制指令》。2005年底，欧盟的25个成员国中有20个将WEEE指令纳入国家法律。这20个国家包括：奥地利、比利时、塞浦路斯、捷克共和国、丹麦、芬兰、法国、德国、希腊、匈牙利、爱尔兰、立陶宛、卢森堡、荷兰、波兰、葡萄牙、斯洛伐克、斯洛文尼亚、西班牙、瑞典。2000年，欧盟达成法律协议，规定汽车制造商支付回收废旧车辆的费用。对于2001年1月1日后出售的车辆，如果车辆寿命期结束并报废，制造商必须为车辆的回收支付大部分费用。自2007年，制造商必须免费回收报废汽车（无论制造时间），其中85%必须得到回收或重复利用。

Tackifier　增粘剂，胶粘剂

用于粘合土壤颗粒以防止水土流失的水性胶粘剂。

Tandem solar cell　串联太阳电池

也被称为"叠层太阳电池"。是新一代太阳能电池。包括：1）有上下表层的磷化铟（InP）基质；2）InP基质上表层的第一光敏子电池；3）位于第一子电池上的第二光敏子电池。第一光敏子电池是按一定比例构成的铟镓砷化物磷化物（GaInAsP）；第二光敏子电池是InP。两个子电池是晶格匹配的。太阳能电池可制成两终端设备或三终端设备。光谱范围不同的半导体材料设置在彼此顶部。这种排列的辐射范围广泛，并且可使用不同材料。通过获取大范围团太阳光谱，串联太阳电池能够达到更高的总转换效率。对于典型多结电池，带隙不同的

单个电池可堆叠在彼此顶部。单个电池以这种方式堆积，阳光首先落在带隙最大的材料上方。第一电池没有吸收的光子被传递到第二电池，第二电池吸收剩余太阳辐射中的高能量部分，同时对低能量光子保持透明。另见：Multijunction　多结；Photovoltaic cell　光电池；Photovoltaic device　光电装置；附录4：光伏。

Tankless water heater　即热式热水器

在水分配至用水终端之前，根据即时需求加热水的热水器。

Task lighting　任务照明

光线集中并且用于预定活动的照明。

TCE　三氯乙烯

见：Trichloroethylene　三氯乙烯。

TDS　溶解性总固体,总溶解固体（缩写）

见：Total dissolved solids　溶解性总固体。

Temperature inversion　逆温

通常与雾有关的天气条件，空气被地表上方的一层暖空气层困滞地面附近而无法上升。污染物，尤其是烟雾和致烟化学物质（包括挥发性有机化合物）均被滞留在地表附近。

Tennessee Valley Authority　田纳西河谷管理局

1933年成立的美国联邦机构，任务是开发美国东南部的田纳西河谷区域。目前是美国最大的供电机构。

Tertiary wastewater treatment　三级废水处理

继一级和二级废水处理过程之后的一道工序。三级废水处理过程包括絮凝池、澄清池、过滤器、氯盆地，或臭氧或紫外线辐射过程。用来去除一级和二级处理过程中无法去除的物质。另见：Primary wastewater treatment　一级废水处理；Secondary wastewater treatment　二级废水处理。

Tetrachloroethylene　四氯乙烯

或氯乙烯。见：Perchloroethylene 全氯乙烯。

Tetraethyl lead　四乙铅

燃料中的辛烷值提高剂。由于对身体有害，1996年起已禁止在公路车用汽油中使用铅。

Thermal balance analysis　热平衡分析

为确定总的热损失或热增量情况，对同时产生的热增量和热损失进行加总。房间、区域、朝向或整个建筑物均可进行热平衡计算。

Thermal chimney　热烟囱

又被称为"太阳能烟囱"。利用被动式太阳能加热空气进而产生对流，改善建筑物自然通风的方法。另见：Passive solar cooling　被动式太阳能制冷。

Thermal conductance　导热性

材料导热能力的度量；在给定的材料两侧温差时，导热性是材料传热系数（热阻率的倒数）和厚度的函数。

主要用于傅立叶导热定律：

传热系数 = 热流率 × 距离 /（面积 × 温差）

$$k = \frac{Q}{t} \times \frac{L}{(A \times \Delta T)}$$

Q 等于在一定时间 t 内由于温差 ΔT 通过一定厚度 L 向表面 A 传递的热量。所有均在稳态条件下，热传递只取决于温度梯度。另外，可理解为用温度梯度（单位长度的温差）除以热流量（每单位时间内每单位面积的能量）：

$$k = \frac{Q}{(A \times t)} \times \frac{L}{\Delta T}$$

生态设计中，建筑物结构采用蓄热物质，通过利用材料的导热性，可以降低供暖和制冷对不可再生矿物燃料的依赖性。热量从蓄热物质温度较高的表面传递至温度较低的内部，将热量有效地"存储"在蓄热物质内。相反地，蓄热物质降温时热量从蓄热物质温度较高的内部传递至表面。

Thermal envelope house   热围护结构住宅

热围护结构住宅是一种建筑设计模式（又被称为"双围护结构住宅"），有时也称为"房中房"，在北墙、南墙、屋顶、地板均设置双层围护结构，围护结构至少有 15—31 厘米厚的连续空气间层。实现方法是建造内墙和外墙，或在地板下建造隔层空间或地下室，在外侧屋顶下建造浅阁楼空间。东墙和西墙为普通单层墙壁。太阳能加热的循环空气缓冲区可使住宅的内围护结构升温。南向空气间层可以同时用作阳光间或温室。另见：Double envelope 双层外墙。

Thermal flywheel effect   热飞轮效应

又被称为"热动量"。材料保持一定温度的性能；相关的因素有建筑物的热质，热质与内部空间的连接材料的热传导率。热飞轮效应通常适用于建筑物或建筑材料，与材料的隔热值不同。受热飞轮效应影响，建筑物的平均内部温度可在较长时间内保持稳定。例如，住宅的热质可以衡量住宅储存和调节内热的能力。热质高的建筑物需要较长时间来升温，也需要较长时间来降温。因此，其内部温度非常稳定。像飞轮一样，蓄热物质可以存储热量，使温度的变化较为平缓均匀。热质量低的建筑物对内部温度的变化非常敏感，升温非常快，降温也很快。内部温度变化幅度通常较大。具有飞轮效应的材料按照效应从高到低排列为：填料土、砖、水、硬木木材、软木、钢、保温材料、空气和铝（图 75）。

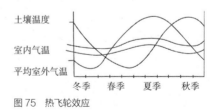

图 75 热飞轮效应

Thermal inertia   热惯性，热惯量

大体块材料保持在某一温度的趋势。

Thermal mass   热质量，蓄热物质

指存储热量的材料，可以是液态

物质也可以是固态物质，其特征在于储热或散热的时间。热库和热汇描述的是同一概念。液态蓄热物质有分层的趋势。固态蓄热物质存储和传递热量的能力取决于材料的比热容、热导系数和对流传热。在建筑学上，当表面温度高于内部温度时，蓄热物质缓慢升温；当表面温度低于内部温度时，蓄热物质释放热量。太阳能可用于加热蓄热物质表面，以便储存更多能量。蓄热物质可以平衡温度，从而减少住宅产生热峰值和冷峰值的情况。冬季期间，利用太阳能加热蓄热物质，蓄热物质经过加热后将在寒冷的夜晚在较长时间内释放能量，使室内保持温暖。相反，在炎热的夏季，蓄热物质暴露在夜间凉爽的温度条件下也可以降低室内的日间温度。

蓄热物质的利用不会使可用总能量增加或减少，也不会改变建筑物长期的热损失或热增量。然而，在温和的加热和制冷气候条件下，蓄热物质有助于降低住宅的能量需求，还有助于减少住宅内形成极端温度，使室内全年保持适宜温度。

通过传导、对流和辐射的方式，热量从高温物体流向低温物体。传导是通过直接接触进行热量传递的方式，例如在舌下放温度计，或者向地面传递热量。对流是通过流体进行热量传递的方式，例如用冰块冷却一杯水。辐射是通过（无障碍的）自由空间进行热量传递的方式，例如利用明火暖手，或感知太阳光线的热量。蓄热物质通过这三种方式传递热量共分为四个步骤：

1. 高温物体（例如太阳、灯、人、设备）将热量辐射至蓄热物质表面，热量可通过空气循环传导至表面。

2. 热量从蓄热物质温度较高的表面传递至温度较低的内部，将热量有效地"存储"在蓄热物质内。

3. 蓄热物质的表面温度高于周围其他物体时，向其他物体释放热量（意味着蓄热物质将热量辐射回住宅内），并通过对流利用室内空气将热量传递至室内。

4. 与步骤 2 相反，蓄热物质降温，热量从蓄热物质温度较高的内部传递至表面。

Thermal momentum 热动量

见：Thermal flywheel effect 热飞轮效应。

Thermal pollution 热污染

由于处理工业过程或发电过程产生的废热导致的水温上升。受到热污染的水对无法适应高温的动植物有害。

Thermal power plant 热电厂，火力发电站

利用一些能源将水转化为蒸汽的发电设施。蒸汽是用来驱动涡轮发电机的。

Thermal storage 热储存，蓄热

热储存指的是各项储存热量的技术，比如热量通常来自保温贮藏室的主动太阳能集热器，之后用于加热空间或热水，或者用于发电。储热设备的温度可保持在高于或低于周围环境温度的水平。目前，很多实验以熔盐为介质来保持高温热存储，以便后期

用来发电。被动式太阳能建筑中，热储存需满足两项要求：迅速吸收太阳热能并用于昼夜循环；避免过热。利用蓄热物质的基本蓄热策略有两项。1）直接储热材料，比如混凝土砌筑体或瓷砖，直接放在阳光下可使太阳能快速进入内部结构；2）散射储热材料用于整个建筑物。这些材料通过辐射吸收热量，由于阳光被反射，光线在房间各处，建筑物各个角落的空气（如阳光间和前庭）都会受热。混凝土和砌筑地板、墙壁受到阳光直射可能是被动式太阳能建筑中最常用的热存储形式。砌筑材料的热容量较高；其天然的深色有助于吸收阳光。

水的热容量较高（约为普通砌筑材料的两倍），被动式太阳能设计师已经尝试了多种储水容器，主要方式为嵌入墙体。解决方案有：储水容器密封在南向窗户下方的装载盒中；或利用水来装饰室内，例如大型恒温鱼缸、池塘或泳池。特隆布墙也可在被动式太阳能结构中用于蓄热。特隆布墙为南向砖石结构，表面几英寸外覆盖玻璃。阳光穿过玻璃，并且被墙壁吸收、存储。玻璃和气隙可避免将热量辐射回室外空间。热量通过传导作用来传递，砌筑体表面升温，几小时后将热量缓慢传递至建筑物。另见：Thermal mass　蓄热物质；Trombe wall　特隆布墙。

Thermal wheel　热轮

又被称为"热风轮"。在两股气流之间旋转的换热器，从而将一股气流的热量传递给另一股。热轮通常会以吸热材料填充，比如铝或不锈钢丝。热轮将一股气流的能量传递给另一股，在大型锅炉装置中，则是将烟道气的能量传递给燃烧空气。热轮必须让冷热空气流直接相邻或相互平行。热轮主要有两种类型：一种仅传递显热；一种既传递显热也传递潜热。

Thermodynamic cycle　热力循环

为产生有用功或能量，或为了传递能量，工作流体（水、空气、氨）连续改变状态的过程（从液态变成气态，又恢复液态）。

Thermodynamics　热力学

关于热运动的学科。

Thermodynamics, first law　热力学第一定律

能量既不能被创造也不能被消灭。

Thermodynamics, second law　热力学第二定律

自由热交换发生时，通常是两个物体中的高温物体失去能量，低温物体获取能量。

Thermophotovoltaic cell (TPV)　热光伏元件（TPV）

将阳光集中到一个吸热器上并使其升温的设备；吸热器发出的热辐射可用作光伏电池的能源，目的是在热辐射的波长范围内使转换效率达到最高值。研究人员对热光伏元件的实用性和有效性存有顾虑。

Thermosiphon　热虹吸，温差环流系统

1. 因温差使空气或水的密度产生

差异，进而形成空气或水的自然对流运动。在被动式太阳能设计中，住宅可配备热虹吸集热器，通过连续对流环路传递热量。

2. 常见的利用集热器和循环水的太阳能热水器，由于不需要泵，温差环流系统也属于被动系统。贮水箱设置在集热器上方。集热器内的水受热后密度减小，通过对流上升进入贮水箱。同时，贮水箱内的低温水向下流入集热器，使整个系统形成循环。贮水箱安装在集热器顶部，从而可以形成热虹吸。

Thixotropy 触变性，摇溶现象

材料在短时间内能够变黏或变稠的特性。材料经过摇动或操作后转变为高柔软结持度或高黏度的液体。材料静止时呈凝胶状态，经过搅拌后呈液态，具有高静态黏性摩擦强度，低动态黏性摩擦强度。另见：Bentonite 膨润土。

Thomson effect 汤姆逊效应

电流在流经导线时会产生热量，并且热量沿导线存在温度梯度。汤姆逊效应的公式有两个术语：标称焦耳热或 I^2R 损失；汤姆逊效应能够量化所产生的热量，用电流乘以汤姆逊系数和与导线长度相应的温度梯度。另见：Peltier effect 珀耳帖效应；Seebeck effect 塞贝克效应。

Tidal electric power 潮汐发电

利用海水的涨潮、落潮进行发电。潮汐发电站的工作原理是：在潮汐流高峰时利用水坝或水闸将海水储存在水库内，之后在落潮时释放存水并使其

流经水力发电涡轮机。潮汐发电系统共有两种类型：拦潮坝和潮流水轮机。拦潮坝系统利用海底（水库）的水流来带动与发电机相连接的涡轮机旋转。潮流水轮机固定在海底，利用大规模持续性洋流（通常为浪潮）为动力源。这两种发电系统均处于实验阶段，不仅安装成本高昂，还可能对水混浊度、沉淀、海洋生物造成不利影响。

Tight building 气密性建筑

通过设计能够最大限度减少外界空气渗入的建筑物。气密性建筑可降低供热和制冷成本。

Tilt angle 倾角

为使太阳能集热器或组件朝向太阳而设置的与水平位置之间的夹角。倾角可以进行设置或调整，使季度的或全年收集的太阳能达到最大值。另见：Photovoltaic module tilt angle 光伏组件倾角；附录4"光伏"中的图A.2。

Time lag 时滞，时间间隔

建筑材料因受到太阳辐射而升温后释放热量至空间的时间间隔。另见：Thermal storage 热储存。

Time-of-use rate (TOU) 分时电价（TOU）

以用户使用电力的时间为依据的灵活电价计算法。灵活计费的目的是鼓励用户将用电需求从高峰时段（早8点至晚8点）调整至非高峰时段（晚8点至早8点）。灵活计费还可以根据季节来调整。分时电价特别适合住宅和小型企业用户。分时计价法以发电

的边际成本为基础，主要取决于总负荷以及相应的供电设备。发电的边际成本随着各时段需求的变化而变化。这种计费制度的主要目的是平衡用电量，使用电需求更为稳定。此外，这种计费法有助于平衡电力生产的峰值负荷与波谷负荷，平衡服务电网的输配电应变力，还能使非高峰时段用户节约成本。由于多数电力公司具有特许经营权，而且发电设备需要极大量的建设成本，因此它们总是希望现有的发电设备的效率和发电能力达到最大值，然后再考虑建设额外的设备。

Tolerance limits　耐受极限；容许极限

在环境方面，耐受极限指的是某物种为维持生存或生产所能够耐受的最高或最低水平。温度、湿度、养分供给、土壤与水化学、生存空间等方面都有耐受极限。

Toluene　甲苯

土壤污染物和有毒化学物质。用于制造苯和尿烷的有机液体。1974年，美国《安全饮用水法案》规定了饮用水中化学物质的安全水平。短时间接触甲苯可能导致轻微的神经系统疾病，比如疲劳、恶心、乏力或意识模糊。长期接触可导致神经紊乱，比如痉挛、颤抖，损伤语言能力、听力、视力、记忆力、协调性，也可能损伤肝或肾。另见：Soil contaminants　土壤污染物；Toxic chemicals　有毒化学物质。

Topping-cycle　顶层循环

顶层循环是提高蒸汽发电系统热效率的一种方法，通过提高温度以及在热源和普通汽轮发电机之间插入设备（比如燃气涡轮机），从而将一些额外的热能转换成电能。

Total dissolved solids (TDS)　溶解性总固体，总溶解固体（TDS）

衡量所有溶解于水中的物质总量的方法。其中既包括自然材料也包括人为产生的材料，主要是无机固体和少量有机材料。虽然TDS通常不被视为主要污染物，但TDS主要应用在溪流、河流、湖泊的水质研究中。受纳水体中TDS的主要来源是农田径流，土壤污染沥滤，工厂和污水处理厂产生的点源水污染排放。TDS最常见的化学成分有钙、磷酸盐、硝酸盐、钠、钾、氯，通常存在于养分径流、暴雨径流，以及在多雪气候条件下使用道路除冰盐产生的径流。TDS对环境有显著影响，原因不仅在于受污染的污染物含量，还在于污染物对水质、植物和动物生命以及持续健康的生物多样性的影响。减少人为产生的废弃物可缓解TDS对环境和生态系统带来的潜在不利影响。

TOU　分时电价

见：Time-of-use rate　分时电价。

Toxic chemicals　有毒化学物质

美国环保局将下列物质列为有毒化学物质：苯、氯化溶剂、氯氟烃（CFCs）、二氯乙烯（DCE）、二噁英、内分泌干扰物、乙醚、乙苯、呋喃类、哈龙、有害空气污染物（HAP）、重金属、含氢氯氟烃（HCFCs）、无机氰化物、酮、甲烷、甲基溴、甲基氯、甲基叔丁基醚(MTBE)、氮氧化物(NO_x)、有机氰化物、颗粒物质（PM）、全氯乙烯（PCE）、邻苯二甲酸酯、多氯联苯（PCBs）、放射性物质、放射性核素、苯乙烯、六氟化硫（SF_6）、硫氧化物（SO_x）、甲苯、三氯乙烯（TCE）和挥发性有机化合物（VOCs）。

Toxic waste　有毒废物

有毒废物是废弃材料，通常为化学废弃材料，可能会导致生物死亡或伤害。通常是工业或商业的产物，但也可能来自住宅、农业、军事、医疗设施、放射源，以及轻工行业（如干洗店）。因为可能造成污染问题，有毒废物是工业革命期间的一个重大问题，毒素可能排放至空气、水、土壤，污染自然环境和地下水。另见：Hazardous waste　有害废物。

Toxics　毒物

又被称为"有毒物质"。根据1990年美国《清洁空气法修正案》的定义，有毒物质包括苯、1.3丁二烯、甲醛、乙醛、多环有机。有毒物质指的是有毒性的物质，或对生物体、器官系统、组织、细胞或环境造成不良影响的物质。

有毒物质通常有三种类型：1）化学类物质——包括铅、氢氟酸、氯气，以及有机化合物，比如甲醇；2）生物类物质——包括细菌和病毒；3）物理类——包括震荡、电磁辐射、电离辐射、直接冲击和振动。另见：Toxic chemicals　有毒化学物质。

TPV　热光伏元件（缩写）

见：Thermophotovoltaic cell　热光伏元件。

Trace gas　微量气体，痕量气体

地球大气层中含量小于1%的气体：二氧化碳、水蒸气、甲烷、氮氧化物、臭氧和氨气。氮气、氧气和氩气在地球大气层中的含量超过99%。微量气体在大气层中的绝对体积虽小，却能够影响天气和气候。

Tracking array　追踪阵列

见：Photovoltaic tracking array　光伏追踪阵列。

Tradable renewable certificates　可交易可再生能源证书

见：Green certificates　绿色证书。

Tragedy of the commons　公地悲剧

见：Open access system　开放式获取系统。

Transesterification　酯交换，转酯

植物油和动物脂肪中的乙醇与三酸甘油酯发生化学反应并且产生生物柴油和甘油的化学过程。

Transpiration　蒸腾作用

水被植物吸收，经过根部，从植物表面（通常为叶片气孔）蒸发进入大气的过程。另见：Evapotranspiration　蒸散。

Transpired air collector　渗透型太阳能空气集热器

渗透型太阳能空气集热器是一种太阳能集热器，由深色穿孔金属板制

成。金属受到太阳照射后升温，风扇使环境空气穿过金属板的孔洞，从而使空气升温。渗透型太阳能空气集热器可用于预热通风和农作物干燥。无须安装玻璃或保温层，制造成本低。渗透型太阳能空气集热器成本低，在发展中国家有良好的发展潜力。这是因为发展中国家主要种植咖啡、谷物、水果、蔬菜和其他作物，而普通燃料较为昂贵或不能利用。

Transuranic waste　超铀废物

超铀废物属于放射性废弃物，包括原子序数高于铀(92)的元素，例如钚。超铀废物主要是由过去的核武器生产以及核武器设施清理产生的。超铀废物的安全处理和隔离应予以重视。

Tribrid vehicle　第三代混合动力汽车

第三代用替代燃料驱动的汽车。第二代为配有涡轮机的双动力汽车。第三代混合动力汽车是从周围环境（太阳能电池板、风力发电机或帆）获取额外能量的混合动力汽车。例如，配有辅助电动机和附加车载太阳能电池的维罗车（velomobile），比如法国的新型光伏汽车 Venturi Astrolab。另见：Hybrid engine　混合式发动机；Solar electric-powered vehicle　太阳能电动车。

Trichloroethylene (TCE)　三氯乙烯（TCE）

土壤污染物和有毒化学物质。三氯乙烯用于去除金属零部件和一些纺织品的油脂。1974 年，美国《安全饮用水法案》提出相关管理规定，规定了饮用水中化学物质的安全水平。摄入三氯乙烯会增加患癌症和肝脏问题的风险。另见：Soil contaminants　土壤污染物；Toxic chemicals　有毒化学物质。

Trickle collector　涓流集热器

涓流集热器是一种太阳能集热器，设备中的传热流体从集热器顶部的总管中流出，向下流经集热器的吸热器，流入底部的托盘，最终排放至贮水箱。

Triple-pane window　三层窗

有三层玻璃的窗户，并且中间玻璃层与内外层之间存在气隙。这种结构可使窗户的保温性能更好，能效更高。

Trombe wall　特隆布墙

特隆布墙是由蓄热物质构成的墙体，用于太阳房中被动存储太阳能。墙体可吸收太阳能，通过辐射将太阳能传递至墙体后面的空间，或通过对流使热量传递至墙体下方、前方以及顶部的空间。特隆布墙可为空间提供严格控制的太阳热能，无须采用窗户和直接阳光。砌筑墙属于建筑物结构系统，可有效降低成本。特隆布墙的内部、排热面、外表面都可漆成白色，从而提高空间内的照明效率（图 76 ）。

Trophic level　营养级

营养级是表示食物网内各能源消耗等级的术语。食物网的能量通常从生产者开始，只朝一个方向流动。另见：Food Chain　食物链。

Trophic status　营养状况

湖泊等水体的分类标准。另见：

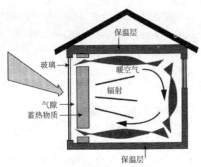

图76 间接太阳能得热系统
资料来源: 加利福尼亚州能源委员会

Eutrophic 富营养的；Mesotrophic 中营养的；Oligotrophic 贫营养的。

Tropical rain forest 热带雨林

中美洲、南美洲、中非和东南亚赤道地区的森林区域。热带雨林地区的树种数量比温带地区多5倍。环境的生物质和生物多样性非常丰富。

Troposphere 对流层

地球大气层中最靠近地面的一层，在中纬度地区对流层的高度约为地面以上10千米，有云、雨等天气现象。在对流层，气温通常随着高度的增加而降低。另见：Mesosphere 中间层，Stratosphere 平流层。

Tropospheric ozone (O_3) 对流层臭氧（O_3）

即常说的"臭氧"，对流层臭氧是其科学名称。另见：Ozone 臭氧。

True south 正南

在地球北半球地区任意一点面向地球南极点的方位。本质上是从地平线上一点延伸至某日太阳在天空最高点（正午太阳）处形成的一条线。

Tsunami 海啸

从日语中引用的词汇，意思是"海港的大海浪"，是海底突然位移、滑坡或火山活动产生的海浪。在深海处，海啸波浪高度可能只有几英寸。海啸可能会轻轻上岸，也可能海浪高度增加形成几米高的快速移动湍流水墙。虽然海啸是无法阻止的，但是如果能够做好准备，及时预警并作出有效反应，海啸的影响可以得到缓解。海啸的波浪高度和力量对海岸区和建成环境造成巨大损害。例如，在2004年12月海啸袭击东南亚3年后，斯里兰卡的沿海饮用水供应仍然受到影响。许多岛国沿海区域都依赖井水，井水通常手工挖掘且深度较浅。约40000口水井（每口井为几户家庭供水）受到海啸的破坏或污染。由于受到盐水持续污染，海滨侵蚀以及其他人类活动的影响（例如采砂，泵送量增加和污染加重），这些井的蓄水层是否可持续尚且存有疑问。

Tube-type collector 管式集热器

具有管道的一种太阳能集热器，传热液体流经管道，连接至平板吸热板。

Tubular skylight 管状天窗

利用反光板改变光线方向并引导光线进入室内空间的方法。

Tundra 冻原，冻土地带

冻原是最寒冷的生物群落。冻原以冰冻严寒的大地景观闻名于世，温度极低，降水非常少，养分不足，生长季短暂。死亡的有机物质可作为养分库。主要的两种养分为氮和磷。氮由生物固氮作用形成,磷由沉淀产生。其特点包括:气候极度寒冷,生物多样性低,植被结构简单,排水受限,生长和繁殖期短暂,能量和养分存在于死亡的有机材料中,种群变化大。另见:Alpine tundra 高山冻原;Arctic tundra 北极冻原。

Turbidity 混浊度
水中悬浮的固体颗粒物含量。

Turbine 涡轮机
涡轮机是利用流体流动的能量产生旋转机械动力的机器。能量最初的形式为压力,压力穿过涡轮机静止的和移动的叶片系统转化为转动能。

Turbocharger 涡轮增压器
涡轮增压器是一种压缩器,用于增加进入内燃机或燃料电池入口的可压缩流体的压力。压缩器可以利用从废气中提取能量的涡轮机来驱动。

Two-axis tracking 双轴跟踪
能够独立旋转的双轴(例如,垂直轴与水平轴)太阳能阵列追踪系统。另见:光伏(PV)及相关条目;附录4:光伏。

Two-tank solar system 双箱太阳能系统
具有两个贮水箱的太阳能热系统,一个用于存储太阳能热水,对流入第二个贮水箱的水进行预热,第二个为普通热水器。多数太阳能热水器需要配置一个保温良好的贮水箱。太阳能贮水箱有额外的连接集热器的出水口和进水口。在单水箱系统中,一个贮水箱结合了备用热水器和太阳能存储器。另见:Solar collector, residential use 住宅用太阳能集热器。

U

U value U值
又被称为"U系数"。材料热传导率或产品传热能力的度量标准,可衡量的产品有窗户、墙壁或建筑围护结构部件。U值是R值的倒数。R值越高,或U值越低,保温层防止建筑物热损失的性能就越好。对窗户来说,U值包括窗框和玻璃的热性质。比值通常为0.20—1.20。另见:R value R值。

UF 脲醛树脂(缩写)
见:Urea formaldehyde 脲醛树脂。

ULEV 超低排放车辆(缩写)
见:Ultra-low-emission vehicle 超低排放车辆。

Ultra-low-emission vehicle (ULEV) 超低排放车辆 (ULEV)
污染物排放量比车型年发布的新车平均排放量少50%的车辆。加利福尼亚州空气资源委员会提出一系列名称以表示汽车买家预期的新车排放水平。另见：Emissions standards，designations　排放标准制定。

Ultramembrane　超滤膜

新的水体净化方法；超滤膜气孔非常细小，可物理筛选单个细胞。人们认为超滤膜是一项环保的饮用水净化技术。

Ultraviolet radiation (UV)　紫外线辐射（UV）

波长范围在4—400纳米（1纳米等于十亿分之一米）的电磁辐射。其能量范围比可见光谱中的紫色端还要高。虽然紫外线辐射只占太阳总辐射量的5%，却是平流层和中间层的主要能源，在能量平衡和化学构成中发挥主要作用。多数紫外线辐射受到臭氧层中地球大气层的阻挡，但是部分太阳紫外线可以穿过臭氧层，有助于植物进行光合作用以及人体产生维生素D。然而，过量紫外线会灼伤皮肤，导致皮肤癌、白内障，破坏植物生长。

臭氧层变薄导致地球上的紫外线辐射强度增加。实验与流行病学研究表明，紫外线也是导致非黑色素瘤皮肤癌和恶性黑色素瘤的主要原因。紫外线辐射还会影响植物生长、植物形态变化、植物内部养分分配、发育期以及代谢作用时间段。此外，水生食物网，尤其是浮游植物的生存率已有所下降。

虽然太阳紫外线B（UVB）辐射的整体影响尚不清楚，但已证明UVB辐射会损害鱼、虾、蟹、两栖动物和其他动物的早期发育。太阳紫外线辐射增加可能会影响陆地和水生生物地

球化学循环，改变温室气体和重要化学微量气体的源和汇，例如二氧化碳、一氧化碳、羟基硫化物和臭氧等气体。这些潜在变化将促进生物圈－大气圈做出反馈，减弱或加强这些气体在大气中的积聚。

Unconfined aquifer　非承压含水层，无压含水层

有时被称为"潜水含水层"。向大气层和陆地表面开放的含水层。其地下水位的上升和下降取决于排水和补水率。另见：Aquifer　含水层；Confined aquifer　承压含水层。

Underfloor air distribution　地板送风

利用地板送气通风（结构混凝土板和活动地板系统底部之间的开放空间）将调节空气直接送入建筑物使用区域的系统。

Underground home　地下住宅

建造在地下或山坡的住宅，或是外表面大面积或全部覆盖土壤的住宅。由于土壤保温层发挥蓄热物质的作用，可在冬季保暖，在夏季保持凉爽。公用设施成本降至最低，并且可利用太阳能电池板加热。研究表明，地下住宅所用建筑材料大约是普通地上住宅用量的一半。多数情况下，地下住宅具有防火性能，并且不受龙卷风、飓风的影响。在环境方面，地下住宅与自然融合能够比普通住宅提供更多开放空间。另见：Earth sheltered design　覆土设计。

Underground injection　地下灌注

通过井或其他类似输送系统将液

体注入地下多孔岩层结构的技术。液体可以是水、废水或掺有化学物质的水。

Underground injection well　地下注水井

地下注水井是经过钻探的井，内部钻孔轴、驱动轴或挖掘孔的深度大于排放地下流体的最大表面尺寸。此类井多数为废物处理井，也有一些井用于注入地表水以补充损耗的含水层或防止盐水注入。此类井可能规模较小，如化粪池系统和雨水井；也可能规模较大，达到地下数公里。

UNFCCC　《联合国气候变化框架公约》(缩写)

见：United Nations Framework Convention on Climate Change 《联合国气候变化框架公约》。

Uniform Solar Energy Code　统一太阳能规范

美国国际管道暖通机械认证协会制定的规范。对主动太阳能系统提出最低要求和最低标准。

United Nations Framework Convention on Climate Change (UNFCCC)　《联合国气候变化框架公约》(UNFCCC)

1992 年巴西里约热内卢地球峰会时提出《联合国气候变化框架公约》。1994 年，189 个国家批准并实施《联合国气候变化框架公约》(FCCC)。FCCC 为应对全球气候变化提出政府间合作总体框架。其目标是保持大气层温室气体浓度的稳定性，防止人类活动引起重大气候变化。公约中收集了有关温室气体排放、国家政策、最佳实践案例等相关信息，以便全球共享。公约有助于各国针对温室气体排放制定国家战略，为发展中国家提供资金和技术支持。

Unsaturated zone　不饱和带，通气层

陆地表面正下方的区域，孔隙中包含水和空气，但水分不完全饱和。与蓄水层不同，蓄水层的孔隙是水分饱和的。

Unvented heater　无排气管加热器

直接将燃烧副产物排入供热空间的燃烧加热设备。最新型无排气管加热器配有氧传感器，可在室内氧含量低于安全水平时关闭设备。作为一项安全措施，如果住宅密封严实，则可能需要额外通风。

Upcycling　升级回收

将废料转化为有用产品的过程；回收和再利用的实际应用。《从摇篮到摇篮：重塑我们的生产方式》(2002)的作者 William McDonough 和 Michael Braungart 在书里提到"升级回收"一词之后得到广泛流传。另见：Downcycling 降级回收。

Uranium　铀

周期表锕系元素的基本材料(原子序数 92)，常用于核技术。铀有多个同位素，这意味着核素中的中子数量可以改变。铀具有轻微放射性，可以提炼成密度比铅大 70% 的金属。U-238 也称为"贫铀"，包含了地球上99% 以上的铀。U-235 约占 0.7%，U-234 少于 0.01%。U-238 和 U-235 的半衰期很长：分别为 45 亿年和 7 亿年。U-235

可以为核反应堆提供动力，还可以用于武器。在放射性元素存在的情况下，需考虑安全存储和隔离的问题。

Urban fabric analysis　城市肌理分析

确定城市中植被、屋顶和铺设路面与城市总表面面积的比例的方法。为了分析地表覆盖分布产生变化所带来的影响，对由此导致的降温和臭氧减少情况进行现实模拟，原始的城市肌理必须予以量化。建筑结构和铺设路面比例高会造成城市热岛效应。植被和开放空间可减轻热岛效应。

Urban renewal　城市重建

又被称为"城市更新"。第二次世界大战结束后提出的概念，指的是公众为振兴老化和衰落的内陆城市而付出努力。20世纪40年代至70年代，内陆城市建筑物和贫民窟被大规模拆除，当地居民被转移。公共住房项目，以及更多、更新的开发和商业项目就地兴建。城市重建这项举措在政治上非常有争议，经常出现房屋的歧视性租售、贪污、贿赂的指控。自20世纪80年代以来，"城市重建"调整重点，更加着重现有社区的重建，强调中央商务区和市中心街区的改造和振兴。大规模的拆迁和动荡几乎席卷美国。推出城市重建政策与项目的城市主要有：中国北京；澳大利亚墨尔本；英国苏格兰格拉斯哥；美国马萨诸塞州波士顿；美国加利福尼亚州旧金山；西班牙毕尔巴鄂；英国威尔士加的夫，以及英国伦敦金丝雀码头。

市中心和生活空间的重建和更新可以减少从市郊到市中心上下班时的

交通拥堵情况，更好地利用市政基础设施，减缓城市不规则扩展。然而，仍然有团体和组织对开发者和市政官员的诚信、道德和动机持怀疑态度。另见：Infill development　填空式开发。

Urban runoff　城市径流

携带市政污染物并送至下水道系统和受纳水体的城市街道雨水。由于油、油脂、农药、沙、泥沙、碎屑等材料在覆盖面沉积，这类废水会给受纳水流带来大量污染物。

Urban sprawl　城市不规则扩展

城市向界线外的区域无计划、无限制地扩张，相关因素通常有低密度住宅区与商业点、汽车运输占主导地位、商业大规模发展。开发户外开放土地通常会导致农村土地减少，该地区生物群的自然栖息地减少。大规模开发可能会改变适合特定物种的环境和气候，从而改变一个地区的生物多样性。

Urea formaldehyde (UF)　脲醛树脂（UF）

两类甲醛树脂中的一种，另一类为苯酚甲醛。脲醛是用于制造其他化学物质、建筑材料、家居产品的工业化学物质。用甲醛树脂制造的建筑产品都会释放甲醛气体，例如碎木板、纤维板、胶合板墙板、现场发泡脲醛保温层。接触高浓度甲醛可对人体健康造成不良影响。使用最广泛的完全无甲醛替代树脂有亚甲基联苯异氰酸酯（MDI）和聚醋酸乙烯酯（PVA）。聚乙烯乙酸酯虽然名字与聚氯乙烯很像，但两者关系不大。UF 分子中不含氯，避免了聚氯乙烯在其生命周期内的许多严重问题。有许多不含脲醛成分的物质可替代脲醛。酚醛树脂用于制造复合木制品，例如软木胶合板和片材，或定向刨花板（OSB），用于建造外部结构。虽然酚醛树脂中含有甲醛，这些复合木制品的甲醛释放量非常小，远低于那些含有脲醛树脂的材料。另见：Formaldehyde 甲醛；Phenol formaldehyde 苯酚甲醛。

Urethane 尿烷

用作墙板的发泡芯材，有聚胺酯和聚异氰脲酯两种类型，都不可生物降解，并且都对臭氧层有害。

US Environmental Protection Agency (USEPA) 美国环境保护局（USEPA）

美国环境保护局于 1979 年成立，职责是以独立的机构制定、执行和管理美国联邦环境政策与法规。

USA Green Building Council 美国绿色建筑委员会

见：Green Building Council, US 美国绿色建筑委员会。

USEPA 美国环境保护局（缩写）

见：US Environmental Protection Agency 美国环境保护局。

USGBC 美国绿色建筑委员会（缩写）

见：Green Building Council, US 美国绿色建筑委员会。

Usage 使用量

一段时期内消耗的能源总量。

UV 紫外线（缩写）

见：Ultraviolet radiation 紫外线辐射。

V

Vacuum zero 真空零度

真空区静止电子的能量；用作能带图的基准级。另见：Zero-point energy 真空零点能。

Vapor barrier 防汽层，阻凝层

墙体中的材料，用于防止水分饱和的空气在建筑物外墙的内表面凝结。

Vapor-extraction system 蒸气抽提系统，蒸气萃取系统

通过在土壤污染源附近打井，利用真空条件的清除污染物的系统。真空条件使挥发性组分蒸发，产生的蒸气被抽到抽水井。被抽取的蒸气按需处理（通常采用碳吸附处理技术），之后再释放到大气中。流经地下的增强气流也会刺激部分污染物进行生物降解，尤其是那些不易挥发的污染物。井可以是垂直的也可以是水平的。在地下水位高的区域，可能需要用泵降低地下水水位，以抵消真空引起的水流上涌作用。

Variable fuel vehicle (VFV)　可变燃料汽车（VFV）

可以燃烧汽油与替代燃料混合物的汽车。又被称为"柔性燃料汽车"。为缓解对矿物燃料的依赖，减少污染物排放，多数汽车制造商正在开发替代燃料汽车或可变燃料汽车。另见：Dual-fuel vehicle　双燃料汽车。

Vehicle, electric　电动车

见：Electric vehicle　电动车。

Vehicle, fuel cell　燃料电池汽车

与电动车相似，区别在于燃料电池汽车用燃料电池取代了蓄电池。

Vehicle, hybrid electric　混合电动车辆

见：Hybrid electric vehicle　混合动力电动车；Hybrid engine　混合式发动机。

Vehicle, hydrogen-fueled　氢燃料车辆

见：Hydrogen-powered vehicle　氢动力汽车。

Vehicle, solar electric-powered　太阳能电动车

见：Solar electric-powered vehicle太阳能电动车。

Ventilation　通风

如果进入住宅的室外空气过少，室内污染物有时可以积累到一定程度，带来健康和舒适问题。降低室内空气污染物浓度的方法之一是增加室外空气。室外空气出入住宅既可以通过自然通风，也可以通过机械通风来实现。采用自然通风时，空气通过打开的窗户和门实现空气流动。室内外空气之间的温差以及外界自然风可实现自然通风的空气运动。可以通过下列方式在建筑结构内实现自然通风的循环：被动模式设计、内遮阳通风窗、风塔通风和烟囱效应。机械通风装置有很多，例如排气扇（向室外排气），可周期性地使一个房间内（如浴室、厨房）的空气实现流动；例如手动控制系统，可利用风扇和管道使室内空气不断流通，将经过过滤和调节的室外空气送至住宅中的重要部位（图77a-c）。

Ventury scrubber　文丘里洗涤器

通过设计合理的"文丘里管"清除污染烟雾的去污装置。随着气流速度提高，溶解物以喷流的形态喷出。气体完全饱和状态下，可溶物和固体被截获，从而实现分离。另见：Absorption process　吸收过程；Scrubbers洗涤器。

Vermiculite　蛭石

蛭石是一种天然形成的可能含有石棉的矿物，是一种室内空气污染源。蛭石具有特殊性质，在受热后膨胀产生蠕虫状带褶的剥落。膨胀蛭石是一种轻质的耐火材料，有吸收能力，无味。因具备这些特性，膨胀蛭石可用于生产众多产品，包括阁楼保温层、包装材料和园艺产品。

Vermiculture　蠕虫养殖

利用蠕虫进行堆肥。

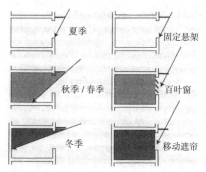

图 77a 对景观和通风产生不同影响的各类遮阳装置

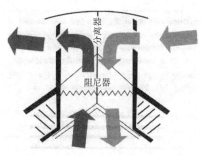

图 77b 风塔通风

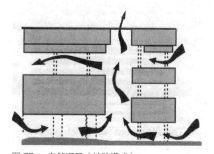

图 77c 自然通风（被动模式）

Vertical-axis wind turbine　垂直轴风力涡轮机，垂直轴风力发电机

见：Darrieus wind turbine　达里厄风力机。

Vertical farming　垂直农业

利用城市高楼进行的农业种植活动。垂直农业所用的建筑物被称为"空中农场"。利用温室和再生资源，可以常年在城市内生产水果、蔬菜、鱼，还可以饲养家畜。这样可能使城市实现自给自足。垂直农业结合了水耕法、气耕法等相关种植方法，使得多数农作物都可在室内大量种植。目前的建筑设计方案需通过下列方式获取能量：风能、太阳能、原污水焚烧，以及收获作物不能食用的部分。作物的收获不会受天气影响，也可以不考虑季节连续生产食物。最低限度土地利用可以减少或避免进一步的滥伐、沙漠化，防止农业侵占给自然生物群落带来其他影响。食物的生产地与使用地距离非常近，从而可减少运输过程的能源消耗和污染。室内食品生产虽然可以使用自动装置，但是仍可以减少或避免使用农业机械进行传统的耕作、种植、收获。生长环境和循环受到控制可以降低对农药、除草剂、肥料的需求。垂直农场用水量低于传统陆地农业，植物蒸腾水经过冷凝后可以循环使用。循环水是纯净的，可用于灌溉农作物或饮用。

Vertical integration　垂直一体化，垂直整合，纵向整体化

建筑术语，指设计系统与生态系统实现多方面整合（图 78）。另见：Ecocell 生态细胞。

Vertical landscape　垂直景观

又被称为"绿墙系统"或"呼吸墙"。见：Breathing wall　呼吸墙。

VFV 可变燃料汽车（缩写）

　　见：Variable fuel vehicle 可变燃料汽车。

Vienna Convention for the Protection of the Ozone Layer 《保护臭氧层维也纳公约》

　　《蒙特利尔议定书》的修订案。1985 年，在联合国的主持下，多个国家在维也纳达成协议，同意采取"适当措施"以保护人类健康和环境，从而免受因人类活动改变或可能改变臭氧层而造成的不利影响。制定《保护臭氧层维也纳公约》的目的是鼓励研究，促进各国之间的整体合作和信息交流。制定此项公约是为了对未来的协议、规定程序进行修订，以及争端的解决。维也纳公约开创了一个先例：即使某个全球环境问题的影响尚未明确，或者其科学论证尚未完成，各国就已经在原则上同意了共同应对的相关策略，这种情况在全世界是首次出现。另见：Montreal Protocol on Substances that Deplete the Ozone Layer 《关于消耗臭氧层物质的蒙特利尔议定书》。

Vitrification 玻璃化，瓷化

　　将核废料混入熔化玻璃以稳定核燃料的过程。考虑到核废料的安全性和隔离，需进行玻璃化。玻璃化是将核废料封闭到非晶玻璃结构的过程，降低了核排放的可能性，减少了对环境造成的危害。玻璃化产物需要数千年才能分解。

VOC 挥发性有机化合物（缩写）

　　见：Volatile organic compound 挥发性有机化合物。

Volatile 易挥发的

　　形容词，用于描述容易蒸发的物质。

Volatile organic compound (VOC) 挥发性有机化合物（VOC）

　　挥发性有机化合物是可以在室温下蒸发的化合物，是空气污染物和有毒化学物质。煤、石油、精炼石油产品都是有机化学物质，可以自然生成，而其他有机化学物质为人工合成。挥发性液态化学物质会产生蒸汽；挥发性有机化学物质包括汽油、苯、溶剂，例如甲苯、二甲苯、四氯乙烯。许多挥发性有机化合物也是有害

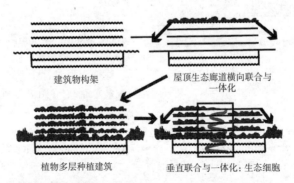

　　　　建筑物构架　　　　　　屋顶生态廊道横向联合与一体化

　　植物多层种植建筑　　　垂直联合与一体化：生态细胞

图78 水平—体化和垂直—体化设计

的空气污染物，例如苯。许多家居产品、养护产品、建筑装饰材料都是室内挥发性有机化合物的常见来源。另见：Air pollutants 空气污染物；Toxic chemicals 有毒化学物质。

Volt 伏，伏特

电力单位，等于 1 安培稳定电流流经 1 欧姆电阻所需的电动势量。

Voltaic cell 伏打电池

见：Electrochemical cell 电化电池。

Volumetric humidity 体积含湿量

见：Absolute humidity 绝对湿度。

W

Waste Electrical and Electronic Equipment directive 废弃电气电子设备指令

见：Take back laws 《回收法令》。

Waste heat 废热，余热

某个特定位置所不需要的热量，或温度过低或质量过差导致无法正常使用的热量。另见：Cascading energy 梯级能源；Recoverable waste heat 可回收废热。

Waste management 废弃物管理

废料的收集、运输、加工、回收利用或处理过程。通常指的是人类产生的物料；废弃物管理的目的是降低废弃物对人类健康、环境或美观的影响。废弃物管理也可作为从废弃物中回收资源的一种途径。固体、液体、气体或放射性物质需采用不同的管理方法和专业知识。对于发达国家和发展中国家，城市地区和农村地区，住宅和工业生产者，各自适宜的方法各不相同。在大都市区，住宅和公共场所的无害废弃物管理通常由地方政府部门负责；商业和工业无害废弃物的管理通常由生产者负责。另见：Landfill 垃圾填埋场；Recycle 循环利用；Waste materials 废料；Waste reduction 废弃物减量。

Waste materials 废料

废料可按其物理、化学、生物特性进行分类。废料的一个特性是它的稠度。

- 固体废弃物——含水量低于70%；包括生活垃圾、部分工业废料、部分矿业废料，以及油田废弃物，比如钻井岩屑。
- 液体废弃物——通常为固体含量低于 1% 的废水；可能含有高浓度的溶解盐和金属。
- 污泥——液体和固体之间的物质，通常含有 3%—25% 的固体，其余成分为水溶解材料。

美国联邦政府法规将废弃物分为三类。

- 无害废弃物——对人体健康和环境不造成直接威胁的废弃物；例如生活垃圾。
- 有害废弃物——共有两种，一

种是具有易燃性或反应性等常见危险特性的废弃物；一种是含有可沥滤有毒成分的废弃物。

· 特殊废弃物——性质非常特殊的废弃物，需依照特定指导方针进行监管；比如放射性废弃物和医疗废弃物。

各级政府已针对有害废弃物和无害废弃物制定了相应的废弃物管理法规。为有效管理废弃物，许多政府建立了政府间合作组织，其有效处理废弃物的范围和能力已经超越任何一个政府机构。废弃物管理的目标是减少对空气、土地和水的污染。环保专家提倡废弃物减量、堆肥、提高再利用和循环利用率等方法，从而减少因人类活动产生的废料量。

Waste reduction　废弃物减量

又被称为"废弃物回收"。废弃物减量是一个广义的术语，包括所有的废弃物管理方法，比如源消减、循环利用、堆肥，从而减少需要燃烧或填埋的废弃物总量。

Waste stream　废弃物流

住宅、商业和制造厂产生的固体废弃物总流，必须经过循环利用、燃烧、填埋法处理，或采用其中任意一种方法进行处理。

Wastewater　废水

家庭、农业、工业和商业领域使用过的水，废水不经过处理不能安全地重复使用。

Wastewater treatment　废水处理

去除废水中的污染物的过程。为

清除物理、化学、生物污染物所用的各种物理、化学、生物过程。废水处理的目标是重复利用处理过的水（图79）。另　见：Primary wastewater treatment 一级废水处理；Secondary wastewater treatment　二级废水处理；Tertiary wastewater treatment　三级废水处理。

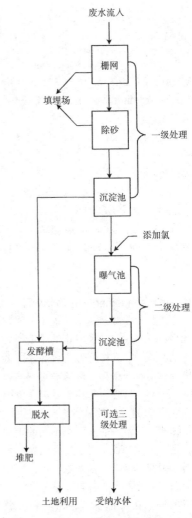

图79　一级、二级、三级废水处理

Water bars　挡水条

在马路上按照一定角度挖掘的光滑的浅沟，目的是降低水流速度，调转水流方向使其远离路面。

Water column　水柱

从湖面到底部沉积物的概念上的水柱。

Water futures　水期货

为确保供水的管理能够满足人类用水需求和卫生需求而制定的公共政策。另见：Water rights, laws governing 法律监管水权。

Water management　水管理，水资源管理

按照规定的用水政策和法规对水资源进行规划、开发、分配和最佳利用的实践方法。水管理包括水处理、污水或废水管理、水资源管理、防洪、灌溉。

Water pollutants　水污染物

美国环保局将以下物质列为主要水污染物：砷、受污染的沉积物、消毒副产物、疏浚弃土、铅、汞和微生物致病体。污染物和毒素可以对水的质量和纯度造成不利影响，也会危害生活在水中的生物体。保留下来的受到污染的生物群将在结构和物种上发生改变，甚至可能会灭亡。

Water-powered car　水动力汽车

日本的 Genepax 公司于 2008 年推出的一款环保型汽车原型，这款汽车能够以任何水（甚至是海水或茶水）为动力维持运行。据称，汽车只需要 1 升的水就能够以 80 千米/小时的速度行驶长达 1 小时。典型的燃料电池汽车以氢为燃料，并且排放水，而 Genepax 汽车通过将水分解为氢和氧来产生电力。公司报告中指出，这款汽车利用了"膜电极组"技术，所含的一种材料能够通过化学反应将水分解成氢与氧。Genepax 公司表示，这款汽车无须像多数电动汽车一样给电池充电。怀疑者质疑汽车的合理性，他们认为这项技术违反了热力学第一定律。据传道，Genepax 正为这项新技术申请专利。

Water rights, laws governing　法律监管水权

由于人口增长、气候变化、城市区域扩展、全球经济快速发展、更多的产业化和商业化生产，导致用水需求呈指数式增加现代法律对用户获得水、使用水的监管已成为一个重要问题。上述所有社会经济因素加剧了全球水资源和水供应的压力，并且需要更加有序的水资源和水权管理与调控措施，以取代 19 世纪建立起来的半放任的做法。

水权定义为从天然水源取用水的合法权利，水源包括河流、溪流或蓄水层。水权管理法案取决于一个国家的法律结构、地理环境、社会经济环境以及政治环境。由于各国政治管辖权各异，制定一个水权法律体制框架是不现实的。没有一项法律可以同时适用于世界各国的文化、水文地质、经济和社会条件。在一些国家（如西班牙、智利），水是国有资源，以确

保所有公民均可取用水并保护水的纯度。在美国一些州，水被视为公共财产，私人不得拥有。在英国和美国的新英格兰地区，自19世纪以来一直实行的是河岸权法案，从溪流、河流、湖泊取用水的权利是水资源所在地片所有权不可分割的一部分。美国西部在19世纪实行"优先占用"法案，切断了水权和土地权之间的联系。"优先占用"是基于"先占有水者优先获得权利"的规定。然而，按照1992年联合国《里约宣言》的重要部分《都柏林原则》做出的规定，水资源的开发和管理应涉及各级用户、设计师和决策者；水源、可用性和纯度应得到保障。为实现上述目标，环保组织、政府机构、国际组织机构（例如联合国）一致认为，传统的以地权为基础的水权法案（包括地下水相关权利）不再适用于水资源的可持续管理和应用。一些组织提出水资源国有制；还有些提出应限制水所有权者的取水量；提出的所有建议均有助于保障公正性和公开性，并且对环境和第三方造成的消极影响最小。多数组织都同意保证水权所有者的安全，同时他们也应承担责任，限制他们以有利方式取用水资源并限制用量，以防止在水坝或其他水利构筑物后面储水蓄水。有史以来，取水和拥有水权一直是世界各地社会关注的主要问题。各地都有自己的方式来监管取水方式和水权。另见：Prior appropriation　优先占用；Riparian rights　河岸权。

Water side economizer　水侧经济器
当冷却塔产生的水可以达到冷却

水设定点时，通过关闭冷却器从而减少制冷模式能耗的方法。冷却塔系统可提供制冷所需的冷水，无需使用冷却器。地表以下的地下水位处呈水饱和的状态。

Water table　地下水位
地下含水层中水面的高程。

Water turbine　水轮机
利用水压驱动叶片旋转的涡轮机。水轮机的主要类型有：水斗式水轮机，适用于高水头（压力）的条件；混流式水轮机，适用于中低水头；卡普兰水轮机，适用于各类水头。水轮机主要作用是为发电机供电。19世纪，水轮机取代了水车用作发电机，可以与蒸汽机相匹敌。另见：Francis turbine　混流式水轮机；Kaplan turbine　卡普兰水轮机；Pelton turbine　水斗式水轮机。

Water vapor　水蒸气
气态形式的水。99.999%的水蒸气是自然产生的，是地球上最重要的温室气体，占地球自然温室效应成因的95%，水蒸气使地球温度适宜维持生命生存。液态水蒸发为水蒸气时，热量被吸收。这个过程会使地表降温。水蒸气冷凝形成云水时，又释放出凝结潜热。热源驱动云和降水系统的上升气流。

Water wall　水冷壁，水墙
由充水容器制成的内墙，用于吸收和存储太阳能。

Water wheel　水轮，水车
利用水流的重量或力量进行转动的

轮子，主要用于操作机械或研磨谷物。

Watershed 流域，集水区

又被称为"流域盆地"。水流排入一个共同水道的区域，比如溪流、湖泊、水库、河口、湿地、蓄水层或海洋。北美用法：流域盆地或集水区；水排入特定水体的陆地区域。英国和英联邦用法：分水岭，将两个相邻流域盆地分隔开的陆脊。另见：Catchment basin 集水盆地。

Watt 瓦，瓦特

能量传输速率，等于1伏电压下1安培电流。1瓦等于1/746马力，或1焦耳每秒。瓦是电压和电流量的乘积。

WCED 世界环境与发展委员会（缩写）

见：World Commission on Environment and Development 世界环境与发展委员会。

Weatherization 房屋节能改造

通过堵缝和脱模处理来减少建筑物空气的渗入或渗出。通过房屋节能改造可以提高建筑物的能源效率，而且成本低廉，效率高。

Wet deposition 湿沉降

天气潮湿时，包含酸性物质的酸雨、雾、雹、雾水、雪降落到地面的形式。酸性水流过地面时会影响各种植物和动物。

Wetlands 湿地

部分或完全被浅水覆盖的陆地，土壤的湿度有时或一直饱和。由于各区域和地方的土壤、地形、气候、水文、水化学、植被和人为干扰等其他因素存在较大差异，湿地条件的差异也较大。湿地主要有四类：1）沼泽地，有软茎植被覆盖；2）水洼，有木本植物覆盖；3）泥炭湿地，有海绵泥炭沉积、常绿乔木和灌木，地面覆盖泥炭藓；4）低位沼，泥炭构成的淡水湿地，通常覆盖着草、莎草、芦苇、野花。湿地通常是天然鱼类和野生动物的栖息地，候鸟的休息站，还可以发挥自然蓄洪、水过滤以及防止土壤侵蚀的功能。正常情况下，湿地还可以保护水质。河流溢出时，湿地可吸收并减缓洪水，从而减轻财产损失。

污染增加、水文条件发生变化都会对湿地造成不利影响，可能导致每年的某个时期内土壤饱和、植被受损。主要污染物包括沉积物、化肥、人类生活污水、牲畜粪便、防冰冻用盐、农药、重金属、硒。污染物来源可能包括城市、农业、造林业、矿区形成的径流；汽车、工厂、发电厂造成的空气污染；释放有毒物质的旧垃圾填埋场和垃圾场；还包括游艇码头，游艇船只会增加浊度并排放污染物质。湿地的水文破坏包括开发过程中的填充材料沉积；开发、农业耕种或蚊虫防治的排水系统；疏浚、河道通航、开发以及防洪；为建造池塘和湖泊而修筑堤坝；引水进入或流出湿地；在水域添加不透水地面。植物损害的原因可能是家畜放牧，引入外来植物与当地植物竞争，以及为开采泥炭而除去植被。

Wetlands, constructed 人工湿地

人工建造湿地的目的是模拟自然

湿地的生态系统。人工湿地通常建造在泛滥平原或分洪河道以外的高地上，以防对自然湿地及其他水生资源造成损害。建成后，人工湿地需设置控水结构，从而形成所需的湍流模式。

White goods   白色家电，大型家用电器

冰箱、洗衣机、烘干机等大型家用电器。

Whole sustainable building design   完全可持续建筑设计

商业建筑设计选择通常要考虑的是预算或时间。增加或去除单个建筑构件需要符合时间进度或预算限制，往往不评估其对建筑总体性能的影响。如果不了解建筑部件之间相互关系的影响，就很难实现使能源消耗量减至最少，或光照达到最大值等基本设计目标。相关建筑部件包括玻璃装配系统、热围护结构、综合机械系统、朝向，以及楼面板比例。理想的高性能建筑设计应当很好地综合各个部件以达到最佳建筑性能。部件之间的相互关系非常复杂，因此通常用计算机模拟研究来分析设计方案和相互关系。DOE-2 和 Energy Plus 等工具软件可快速评估多个设计方案，帮助指导设计过程。在设计阶段，水和资源的保护、可回收利用的材料、无毒的可持续材料都应考虑在内（图 80）。另见：DOE-2 computer simulation model   DOE-2 计算机模拟软件；Energy Plus   软件。

Williams alpha diversity index   威廉姆斯 α 多样性指数

《河流：生态学课程指南》（Rivers: Biology Curriculum Guide）的作者罗伯特·威廉姆斯（Robert Williams）创造的词汇，多样性指数表示生物群

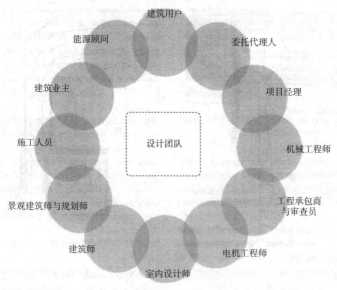

图 80   综合设计团队

落内的生物体种群数量和类型。多样性指数高表示压力和自然能量流之间达到了良好的平衡。例如，溪流的生物多样性将取决于气候以及其他对溪流有影响的资源。污染会对其产生影响，导致各类小虫和生物体数量减少。

Wind energy　风能

又被称为"风力"。风能是利用风来产生机械动力或电力的过程。风是太阳能的一种形式，风力涡轮机可以把风的动能转换为机械动力。机械动力可用于特定的任务，例如研磨谷物或用泵抽水，或用于发电机将机械动力转换为电力。

Wind farm　风电场

集合众多大型风力涡轮机的发电厂，并且与公共电网相连接。

Wind power　风力

见：Wind energy　风能。

Wind turbine　风力涡轮机，风机

通过利用风的能量带动转子周围的两至三个螺旋桨状叶片旋转的涡轮机。转子连接主轴，使发电机旋转产生电力。风力涡轮机设置在塔架上可以最大程度获取能量。典型的风力涡轮机塔架高度为50—80米。塔的高度达到30米或更高才能充分利用风速快又不太狂暴的风。大型风力涡轮机的叶片尺寸为25—40米。多数大型涡轮机都有三个叶片。大型风力涡轮机的发电量可达到几百千瓦至几兆瓦，这取决于风速和叶片尺寸。风力

涡轮机可为单个住宅或建筑发电，也可以连接电网，为更大范围的区域配电。现代风力涡轮机有两种基本类型：水平轴涡轮机和垂直轴涡轮机，比如以其法国发明者命名的达里厄风力机。水平轴风力涡轮机通常有两至三个叶片。三叶片风力涡轮机"逆风"运行，叶片迎风旋转（图81）。另见：Darrieus wind turbine　达里厄风力机；Horizontal-axis wind turbine　水平轴式风力机。

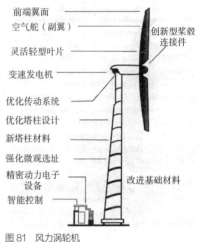

前端翼面
空气舵（副翼）
创新型桨毂连接件
灵活轻型叶片
变速发电机
优化传动系统
优化塔柱设计
新塔柱材料
强化微观选址
精密动力电子设备
改进基础材料
智能控制

图81　风力涡轮机

Window, electrochromic　电致色变窗户

见：Electrochromic windows　电致色变窗户。

Window-to-wall ratio　窗墙比

窗户面积与外墙总面积的比值。

Windscoop　风斗

风斗是一种建筑形式的结构设计，能够充分利用周围环境的能量，最大限度利用自然通风（图82）。

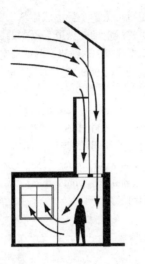

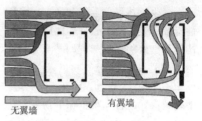

无翼墙　　　有翼墙

图 83　利用翼墙增强内部空气对流

Wing wall　翼墙

翼墙是沿着所有窗户的内部边缘在建筑外表面建造的结构构件，可从地面延伸至屋檐。在仅有一面外墙的房间内，空气对流效果差，翼墙有助于改善房间的通风条件。翼墙还使气流沿着自然风向产生波动，使窗户周围形成适度的压差。翼墙只有在建筑物的迎风面才会发挥作用（图 83）。

Winter penalty　冬季减损

由于浅色屋顶产生太阳反射辐射，建筑物在冬季期间的供暖需求有增加的可能性。冬季期间，冷屋顶会反射原本用于加热建筑物的太阳能，使得建筑物需要更多供热能。所需能量通常与冷屋顶在夏季期间节约的制冷能量相抵消。从全年周期看，冷屋顶通常是有净节能量的。

Wood alcohol　木醇

见：Methanol　甲醇。

Wood, structurally engineered　结构加工木材

利用回收木材/再造木材制成的结构产品，可采用胶合木板、木条以及指接胶合材料（将大块材料粘在一起）。这些材料均属于人造木材。

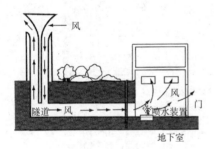

风

隧道　风　　　喷水装置　门

地下室

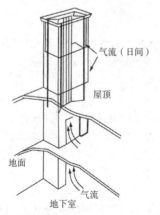

气流（日间）

屋顶

地面

气流

地下室

图 82　风斗示例

Wood treatment 木材防腐处理

为避免昆虫、湿气和腐烂真菌损坏木材而采取的木材保护措施。常用的处理方法包括木馏油加压处理、五氯苯酚加压处理和无机砷加压处理。可在现场应用的其他木材防腐处理方法包括应用环烷酸铜、环烷酸锌和三丁基氧化锡。上述所有处理方法均需要用到危险化学物质。

World Commission on Environment and Development (WCED) 世界环境与发展委员会（WCED）

按照委员会主席格罗·哈莱姆·布伦特兰的名字，世界环境与发展委员会也被称为"布伦特兰委员会"。联合国于 1983 年正式成立世界环境与发展委员会，宗旨是应对人们日益关注的"人类环境和自然资源加速恶化问题及其对经济和社会发展造成的后果"。委员会成立时，联合国大会认识到环境问题实质上是全球问题，制定一系列可持续发展政策是为了所有国家的共同利益。1987 年，委员会发布了一项报告。另见：Brundtland Report 《布伦特兰报告》。

X

Xenobiota 外源生物群

从其常态生境中迁移出来的生物群。

XEPS 挤塑聚苯乙烯（缩写）

见：Extruded polystyrene 挤塑聚苯乙烯。

Xeriscape 节水型园艺，旱生园艺

一种节水型园的景观美化技术，可以节约水资源并保护环境。节水型园艺的景观美化设计有七项原则：规划设计，土壤改良，适宜植物选择，实用的草坪区，高效灌溉，覆盖物有效利用，适当维护。

Xerophytic plants 旱生植物

能够在含有少量有效水分或湿气的生态系统中生存的植物，所在环境的潜在蒸散量超过植物整个或部分生长期的降水量。比如仙人掌及其他肉质植物，旱生植物通常生长在降雨量很少的沙漠地区。在严寒条件下生长的植物也应具有耐寒性，因为在土地冻结时，植物无法从中摄取水分。

X-radiation X 辐射，X 射线辐射

由高能量辐射粒子组成的辐射能。X 辐射通常指的是 1895 年由伦琴发现的 X 射线。X 射线为电离辐射：X 射线给成键电子提供足够的能量使分子中的价键分解，从而分解分子。X 射线可用于医疗领域，但也会引起癌症。另见：Ionizing radiation 电离辐射。

Y

Yellow water　黄水

黄水指的是单独收集的尿液，可直接用于棕地；其营养成分适合多种类型的土壤。

Yurt　毡包，圆顶帐篷

毡包是起源于蒙古的一种八角形或圆形住所，为了便于搬迁通常用皮革或帆布制成。中亚游牧民族可在一小时甚至更短时间内搭好毡包。现代的帆布毡包可在一天内搭建完成。毡包是圆形的，因此能够更有效地供暖，同时减小空气阻力。屋顶结构采用的是不需要内部支撑系统的一种结构设计，可以提供开阔宽敞的内部空间。

Z

ZEB　零能耗建筑（缩写）

见：Zero-energy building　零能耗建筑。

Zener diode　Zener 二极管，稳压二极管

Zener 二极管是一种特殊的二极管，在正常情况下可使电流正向流入，在电压超过一定数值（击穿电压，也被称为"Zener 电压"）时也可使电流反向流入（图 84）。另见：Avalanche diode　雪崩二极管；Diode　二极管；Schottky diode　Schottky 二极管。

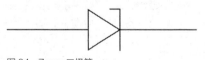

图 84　Zener 二极管

Zenith angle　天顶角

入射光线（比如阳光）方向与天顶方向（头顶正上方）之间的夹角。

Zero-carbon design　零碳设计

又被称为"低碳设计"。可再生能源包括太阳能、风、浪、生物质、地热能、核能等，是取之不尽用之不竭的，清洁环保，无碳排放。将可再生能源用于代替不可再生能源的设计被称为"零碳设计"。这是应对气候变化的解决方案之一。另见：Zero-energy building　零能耗建筑。

Zero-culture ecosystem　零文化生态系统

按照现有生态系统状态衡量的设计场地类别。譬如没有保留生态文化的完全人工生态系统地区；没有保留

任何原始动植物的完全城市地区。

Zero-emission vehicle (ZEV)　零排放车辆，零排放汽车（ZEV）

政府指定的没有尾气污染、没有蒸发性排放的车辆，此类车辆也没有因长期使用而磨损的车载排放控制系统。电池供电电动车、燃料电池车、压缩空气车、电动模式的插电式混合动力车以及太阳能汽车都属于零排放车辆。另见：Emissions standards, designations　排放标准制定

Zero-energy building (ZEB)　零能耗建筑（ZEB）

能够利用当地可用的低成本、无污染、可再生能源来满足所有能源需求的住宅或商业建筑。现场发电量不能满足荷载需求时，零能耗建筑通常会利用电力和天然气设施等传统能源。现场发电量超过建筑荷载时，多余的电量被输送至公共电网。关于"零能耗建筑"还没有通用的定义。零能耗建筑可能强调需求或供应策略，以及燃料转换和转换数量是否满足 ZEB 指标。目前关于"零能耗建筑"的定义有四种。

• 净零在地能耗——考虑场地内存在的能耗，零能耗建筑至少能够生产其一年内所需的能量。

净零一次能源能耗——考虑一次能源能耗时，零能耗建筑至少能够生产其一年内所需的能量。

• 能量源能量，是用于产能和向末端供能的一次能源。在计算建筑物的总一次能源时，用输入能量和输出能量乘以适当的在地一次能源转换乘数即可。

• 净零能耗成本——零能耗成本建筑，是指由于建筑物向电网输出能源，电力部门向业主支付的费用至少等于业主在过去一年里由于能源服务和能源消耗的支出。

• 净零能源排放——净零能源排放建筑生产的零排放可再生能源，至少与其所消耗的有排放物的能源量相等。

Zero liquid discharge system　零液体排放系统，废水零排放系统

从设备废水中分离固体和溶解成分的过程，经过处理的废水可在工业生产过程中回收利用，不会向环境排放废水。

Zero-point energy　真空零点能，真空能

在物理上，真空零点能指的是量子力学物理系统在绝对零度条件下可能产生的最低能量级；即系统本底能量。1913 年，阿尔伯特·爱因斯坦和奥图·史特恩首次提出这一概念。所有量子力学系统都具有真空零点能。常用于描述量子谐振子基态及其零震荡。在量子场论中，"真空零点能"是"真空能"的同义词，指的是真空区所具有的能量。另见：Vacuum zero　真空零度。

ZEV　零排放车辆（缩写）

见：Zero-emission vehicle　零排放车辆。

附录1　公制与英制单位换算表

英制单位换算为公制单位

英制单位	公制单位
1 inch（英寸）	2.54 centimeters（厘米）
1 foot（英尺）	0.30 meters（米）
1 yard（码）	0.90 meters（米）
1 mile（英里）	1.60 kilometers（千米）
1 square inch（平方英寸）	6.50 square centimeters（平方厘米）
1 square foot（平方英尺）	0.10 square meters（平方米）
1 square yard（平方码）	0.80 square meters（平方米）
1 acre（英亩）	0.40 hectares（公顷）
1 cubic foot（立方英尺）	0.03 cubic meters（立方米）
1 cord（考得）	3.60 cubic meters（立方米）
1 quart（夸脱）	0.90 liters（公升）
1 gallon (US)［加仑（美制）］	0.9 gallons (imperial)［加仑（英制）］
1 gallon (imperial)［加仑（英制）］	3.79 liters（公升）
1 ounce（盎司）	28.40 grams（克）
1 pound（磅）	0.50 kilograms（千克）
1 horsepower（马力）	0.70 kilowatts（千瓦）

公制单位换算为英制单位

公制单位	英制单位
1 centimeter (cm)（厘米）	0.39 inches（英寸）
1 meter (m)（米）	3.30 feet（英尺）; 1.10 yards（码）
1 kilometer (km)（千米）	0.60 miles（英里）
1 square centimeter (cm^2)（平方厘米）	0.20 square inches（平方英寸）
1 square meter (m^2)（平方米）	10.80 square feet（平方英尺）; 1.20 square yards（平方码）
1 hectare (ha)（公顷）	2.50 acres（英亩）
1 cubic meter (m^3)（立方米）	35.30 cubic feet（立方英尺）
1 liter (l) 公升	1.10 quarts（夸脱）
1 cubic meter (m^3)（立方米）	284.20 gallons（加仑）
1 gram (g)（克）	0.04 ounces（盎司）

公制单位	英制单位
1 kilogram (kg)（千克）	2.20 pounds（磅）
1 kilowatt (kW)（千瓦）	1.30 horsepower（马力）

温度单位换算

1. 华氏度换算为摄氏度

将华氏度换算成摄氏度时，用华氏度减去 32 再乘以 5/9。

表 A1

华氏度（℉）	0	10	20	30	40	50	60	70	80	90	100
摄氏度（℃）	–18	–12	–7	–1	4	10	16	21	27	32	38

2. 摄氏度换算为华氏度

将摄氏度换算成华氏度时，用摄氏度乘以 1.8 再加上 32。

表 A2

摄氏度（℃）	–10	–5	0	5	10	15	20	25	30	35	40
华氏度（℉）	14	23	32	41	50	59	68	77	86	95	104

附录2　国际环境协议

2007 年《巴厘岛路线图》

2007 年 12 月，有 190 个国家参加了在印度尼西亚巴厘岛举行的《联合国气候变化框架公约》会议，会上通过了《巴厘岛路线图》。其提出为期两年的会议进程，会议最终于 2009 年在丹麦达成具有约束力的协议。会议确认了全球变暖的科学依据，并阐释了以下内容：1）需减少排放量，缓解全球变暖问题进一步加剧的风险；2）提供政策、激励和财政支持，以阻止森林砍伐和森林退化，保护热带雨林；3）采取国际合作，保护贫穷国家免受气候变化的影响；4）协助发展中国家采用绿色环保技术，从而减少或避免碳污染。

2008 年召开了四次会议以制定执行《巴厘岛路线图》的具体目标和策略，并确定将在 2009 年正式提出。会议目的是扩展 1997 年的联合国环境保护条约《京都议定书》。

2003 年《喀尔巴阡公约》

《关于保护和可持续开发喀尔巴阡山的框架公约》（捷克、匈牙利、波兰、罗马尼亚、塞尔维亚和黑山、斯洛伐克以及乌克兰于 2003 年结盟制定的公约）。所有成员国共同签署该公约。《喀尔巴阡公约》为成员国合作和多部门的政策协调提供了框架，为当地自然资源的可持续发展和特有物种的生物多样性保护搭建了共同的战略平台。

2002 年东南亚国家联盟（东盟）《防止跨国界烟雾污染协议》（东盟，2002 年）

东盟所有成员国签署该协议。该环保协议旨在控制东南亚的烟雾污染。苏门答腊的土地清理和燃烧活动促使烟雾污染的形成，烟雾随着季候风蔓延到婆罗洲、马来半岛、马来西亚、新加坡、泰国和文莱。

2002 年《粮食和农业植物遗传资源国际条约》（《国际种子条约》，2002 年）

102 个国家及欧洲联盟共同签署该国际条约，于 2004 年生效。该条约对《生物多样性公约》予以补充。其目标是通过保护、维持粮食和农业植物的遗传资源与生物多样性来改进粮食安全。

2001 年《关于持久性有机污染物的斯德哥尔摩公约》（联合国，2001 年）

91 个国家和欧盟共同签署了该国际公约。签署国同意消除 12 种主要持久性有机污染物的生产、使用和排放，其中包括：艾氏剂、氯丹、二氯二苯三氯乙烷（DDT）、狄氏剂、异狄氏剂、七氯、六氯代苯、灭蚁灵、毒杀芬、多氯联苯（PCBs）、二噁英、多氯二苯并呋喃（呋喃）。公约还包括消除多氯联苯（PCBs）和二氯二苯三氯乙烷（DDT）的特殊规定。对于可能增加其他全球关注的持久性有机污染物的物质，公约中制定了科学的检查过程。

1997 年《联合国气候变化框架公约》京都议定书（联合国，1997 年）

160 个国家共同签署该协议，于 2005 年生效。受法律约束的温室气体排放目标包括：二氧化碳、甲烷、氮氧化物、氢氟碳化物、全氟碳化物和六氟化硫。该协议的有效期限截止到 2012 年。

1994 年《国际热带木材协定》

43 个国家签署的国际协定；9 个国家已经签署但尚未批准。该协定是 1983 年《国际热带木材协定》的后续。

1994 年《联合国关于在发生严重干旱和/或荒漠化的国家特别是在非洲防治荒漠化的公约》

56 个国家签署了该公约；62 个国家已签署但尚未批准。公约于 1996 年生效，其目的是防止荒漠化和缓解干旱的影响。

1992 年《联合国气候变化框架公约》里约宣言（联合国环境与发展大会，1992 年里约热内卢）

150 多个国家签署该公约；19 个国家已签署但尚未批准。该公约于 1994 年生效，现在有 164 个国家已签署，17 个国家已签署但尚未批准。

公约中重申了 1972 年 6 月 16 日在斯德哥尔摩通过的《联合国人类环境会议宣言》，并对内容进行扩展。《里约宣言》提出 18 项规定，目的是通过在国家、社会重要部门和人民之间建立新的合作关系，从而形成新的、公正的全球伙伴关系。形成的国际协定能够尊重各国利益，保护全球环境与发展系统的完整性。其中的一个主要目标是使大气中的温室气体维持稳定或减少，防止对气候造成有害影响。

1992 年《生物多样性公约》（联合国环境规划署，1992 年）

1992 年里约地球峰会的一部分；于 1993 年生效。165 个国家已经签署了该公约；19 个国家已签署但尚未批准。《公约》的目标是提倡生物多样性保护和可持续发展的国家战略；确保其各组成部分的可持续利用；促进公平公正地分享利用遗传资源带来的利益。

1991 年《阿尔卑斯公约》（国际阿尔卑斯山保护委员会，CIPRA，1991 年）

1991 年，七个成员国签署了该公约，于 1995 年生效。这是多个国家就高寒地区的保护和可持续开发达成的协议。奥地利、法国、德国、意大利、列支敦士登、瑞士和欧盟于 1991 年 11 月 7 日在萨尔茨堡（奥地利）签署该公约，斯洛文尼亚于 1993 年 3 月 29 日签署。摩纳哥在单独附加议定书的基础上签署了该协议。

1989 年《控制危险废物越境转移及其处置巴塞尔公约》（联合国环境规划署，1989 年）

有 170 个国家签署；于 1992 年生效。公约严格规范了危险废物的越境转移和处置，责成缔约国确保此类废物的管理和处理方式对环境无害。这是全球最全面的有关危险废物和其他废物的环境协定。

1987 年《关于消耗臭氧层物质的蒙特利尔议定书》

161 个国家签署该协议，于 1989 年生效。《蒙特利尔议定书》是一项重要的国际协议，目的是控制消耗臭氧层物质的生产和消耗，包括氯氟烃（CFCs）、哈龙和甲基溴。《蒙特利尔议定书》对 1985 年《维也纳公约》进行了补充，已经过五次大幅修订，分别是：1990 年伦敦，1992 年哥本哈根，1995 年维也纳，1997 年蒙特利尔和 1999 年北京。

1983 年《国际热带木材协定》

该协定于 1985 年生效，1994 年到期；1994 年《国际热带木材协定》为其后续协定。1983 年《国际热带木材协定》共有 54 个国家签署。目标是在木材生产者和消费者之间建立合作，对热带森林实现可持续利用和保护。

1982 年《联合国海洋法公约》（UNCLOS）（联合国，1982 年）

又被称为《海洋法公约》（LOS）、《海洋公约法》或《海洋条约法》，签署国包括 155 个国家和欧洲联盟，于 1994 年生效。《联合国海洋法公约》是 1973 年至 1982 年间第三次联合国海洋法公约（会议）的结果。公约规定了各国使用世界海洋的权利和责任，制定了对商业、环境和海洋自然资源管理的指导方针。1982 年缔结的公约取代了 1958 年的四项条约。《联合国海洋法公约》制定了各国使用世界海洋时遵守的法律规定，包括已有的环保标准和海洋环境污染问题相关的管理规定。

1979 年《远距离越境空气污染公约》（联合国欧洲经济委员会，1979 年）

40 个国家和欧洲共同体签署该公约，于 1983 年生效。该公约是第一个在广泛地域范围内应对空气污染问题的具有法律约束力的国际文书。其目标是减少和防止空气污染。公约中还建立了一个体制框架，通过监测和研究来减少空气污染物的排放。

《远距离越境空气污染公约》目前有 51 个成员国，还有八项具体的扩展协议，包括：1988 年《监测和评价空气污染物远程传输的欧洲合作方案》（EMEP），1988 年《氮氧化物议定书》，1991 年《挥发性有机化合物议定书》，1985 年和 1994 年《关于减少硫排放量的议定书》，1998 年《重金属议定书》，1999 年《多效（哥德堡）议定书》，2003 年《持久性有机污染物（POP）议定书》。

1979 年《欧洲野生动物和自然生境保护公约》（欧洲委员会，1979 年）

又被称为《伯尔尼公约》，欧洲理事会 39 名成员国与欧盟、摩纳哥、布基纳法索、摩洛哥、突尼斯和塞内加尔共同签署，于 1982 年生效。阿尔及利亚、白俄罗斯、波斯尼亚－黑塞哥维那、佛得角、梵蒂冈、圣马力诺和俄罗斯没有签署该公约，但是在委员会会议中具有观察员的地位。公约的目标是保护野生动植物和自然栖息地；促进各国之间的合作；监控濒危物种和脆弱物种，为有关法律和科学问题提供援助。

1979 年《野生动物迁徙物种保护公约》（CMS）（联合国环境规划署，1979 年）

又被称为《波恩公约》，于 1983 年生效。2005 年，来自非洲、中美洲和南美洲、亚洲、欧洲、大洋洲的 92 个国家签署了该公约。公约的重点是在全球范围内保护野生动物及其栖息地，保护全球的陆地、海洋和鸟类迁徙物种。目的是保护濒临灭绝的迁徙物种，保护或恢复其自然栖息地，减少迁移的障碍，控制可能危及这些物种的其他因素。除了规定每个缔约国的义务之外，公约还促进许多物种分布国之间采取协调一致的行动。

1997 年《防治荒漠化公约》（CCD）（联合国，1977 年）

《关于在发生严重干旱和 / 或荒漠化的国家特别是在非洲防治荒漠化的公约》目的是管理旱地生态系统的同时，协助实现地区发展。1977 年，联合国防治荒漠化会议（UNCOD）通过了《防治荒漠化行动计划》（PACD）。尽管做出了一定的努力，联合国环境规划署（环境署）1991 年的结论表明，虽然有个别成功的例子，干旱、半干旱和亚湿润干旱地区的土地退化问题已经愈演愈烈。1992 年里约地球峰会通过了一个综合性地解决方法，强调通过行动在社区层面促进可持续发展。

1976 年《禁止为军事或任何其他敌对目的使用改变环境的技术的公约》

该公约有 64 个成员国签署，17 个国家已签署但尚未批准，于 1978 年生效。公约的目的是禁止因军事或其他敌对目的使用改变环境的技术，以进一步促进世界和平和各国之间的信任。

1973 年《国际防止船舶造成污染公约》（联合国，1973 年）

又被称为 73/78《防止船舶污染国际公约》，没有生效。1978 年修订的公约取代了原始约定，并于 1983 年生效，共有 96 个国家签署。公约的目标是维护海洋环境，消除石油和其他有害物质的污染，尽量减少倾倒和外溢造成的污染。

1973 年《濒危野生动植物国际贸易公约》（CITES）（世界自然保护联盟，1973 年）

于 1975 年生效，共有 136 个国家签署。公约的目标是通过在全球范围内控制濒危动植物的国际贸易，保护濒危物种免受滥杀。在物种濒临灭绝的情况下，CITES 禁止所有野生标本的商业贸易。公约的成员国采取行动，禁止所拟定的濒危物种的国际贸易，规范并监管其他有可能濒危的物种的贸易。

1972 年《防止倾倒废物及其他物质污染海洋的公约》（国际海事组织，1972 年）

又被称为《伦敦公约》，于 1975 年生效。2005 年，该公约有 82 个成员国。保护海洋环境不受人类活动污染的最早的全球性公约之一，目的是有效控制海洋污染的所有来源，采取所有切实可行的方法，防止倾倒废物及其他物质污染海洋。公约禁止倾倒某些有害物质。倾倒其他特定物质之前需要获得特别许可证；倾倒其他废物或物质之前需要获得普通许可证。

"倾倒"定义为从船舶、航空器、平台或其他人造结构向海中故意倒弃废物或其他物质，以及故意在海中处理这些船舶或平台的活动。海床矿物资源的勘探和开发产生的废物不在"倾倒"的定义范围内。在不可抗力条件下需要保护人类生命或船舶安全时，《公约》的规定并不适用。

公约的修订内容如下：《1978年修正案——焚烧》，《1978年修正案——纠纷》，《1980年修正案——物质清单》，《1989年修正案——许可证》，《1993年修正案——禁止倾倒低水平放射性废物》，逐步禁止倾倒工业废料，禁止在海上焚烧工业废料；《1996年议定书——公约修订和预防方法》，避免对海洋生物有害或污染海洋的行为，《1996年议定书——禁止倾倒淤泥材料》，污水污泥、鱼类废弃物、船舶和海轮平台、惰性无机地质材料、有机材料、建筑的大型结构部件，《2006年修正案——二氧化碳海底封存》（2007年生效）。

1971年《关于特别是作为水禽栖息地的国际重要湿地公约》

有94个国家签署，于1975年生效。目的是减少对湿地的侵占和湿地损失，因为湿地对于生态平衡是十分重要的。

1963年《禁止在大气层、外层空间和水下进行核武器试验条约》

有125个国家签署。11个国家签署了该条约但尚未批准，于1963年生效。目的是根据联合国提出的目标就全面裁军达成共识。包括结束军备竞赛，停止包括核武器在内的所有武器的生产和测试。

1961年《南极条约》

热衷于南极科学研究的国家之间结成的联盟。起草于1959年，1961年由12个国家签署，于1961年生效。现在有43个国家签署。该条约覆盖南纬60°以南的地区。其目标是实现南极非军事化，并将南极建设为没有核试验和放射性废物处理的地区，以确保南极仅用于和平目的；促进南极的国际科学合作，抛开领土主权争端。

该条约无限期有效。成员国有46个，约占世界人口的80%。所有进行大量研究证明了自己对南极的承诺的国家都享有协商权（投票权）。该条约的《1991年议定书》强调了条约的基本目标。

包括英国在内的28个国家都具有协商权。该条约缔约国每年都会参加南极条约协商会议。这些国家已经采用了300多项建议，并协商了单独的国际协定，其中三个仍在使用。这些协定和原来的条约共同为管理各国在南极的活动提供准则。总的来说，这些被称为《南极条约系统》（ATS）。上述三个国际协定包括：《南极海豹保护公约》（1972年），《南极海洋生物资源养护公约》（1980年），《关于环境保护的南极条约议定书》（1991年）

1958年《捕鱼及养护公海生物资源公约》

又被称为《海洋生物保护公约》，

于1958年公开签署,共有37个签署国,于1966年生效。21个国家已签署但尚未批准。该公约旨在寻求国际合作,保护公海生物资源并解决海洋资源过度开发的问题。

1946 年《国际捕鲸管制公约》

该公约于 1948 年生效，共有 57 个国家签署。《公约》的目标是防止鲸鱼过度捕捞，建立对鲸鱼的国际保护。

附录3　元素周期表

表 A3

化学元素	符号	原子序数
Actinium（锕）	Ac	89
Aluminum（铝）	Al	13
Americium（镅）	Am	95
Antimony（锑）	Sb	51
Argon（氩）	Ar	18
Arsenic（砷）	As	33
Astatine（砹）	At	85
Barium（钡）	Ba	56
Berkelium（锫）	Bk	97
Beryllium（铍）	Be	4
Bismuth（铋）	Bi	83
Bohrium（𬭛）	Bh	107
Boron（硼）	B	5
Bromine（溴）	Br	35
Cadmium（镉）	Cd	48
Calcium（钙）	Ca	20
Californium（锎）	Cf	98
Carbon（碳）	C	6
Cerium（铈）	Ce	58
Cesium（铯）	Cs	55
Chlorine（氯）	Cl	17
Chromium（铬）	Cr	24
Cobalt（钴）	Co	27
Copper（铜）	Cu	29
Curium（锔）	Cm	96
Darmstadtium（𫟼）	Ds	110

续表

化学元素	符号	原子序数
Dubnium（钳）	Db	105
Dysprosium（镝）	Dy	66
Einsteinium（锿）	Es	99
Erbium（铒）	Er	68
Europium（铕）	Eu	63
Fermium（镄）	Fm	100
Fluorine（氟）	F	9
Francium（钫）	Fr	87
Gadolinium（钆）	Gd	64
Gallium（镓）	Ga	31
Germanium（锗）	Ge	32
Gold（金）	Au	79
Hafnium（铪）	Hf	72
Hassium（镙）	Hs	108
Helium（氦）	He	2
Holmium（钬）	Ho	67
Hydrogen（氢）	H	1
Indium（铟）	In	49
Iodine（碘）	I	53
Iridium（铱）	Ir	77
Iron（铁）	Fe	26
Krypton（氪）	Kr	36
Lanthanum（镧）	La	57
Lawrencium（铹）	Lr	103
Lead（铅）	Pb	82
Lithium（锂）	Li	3
Lutetium（镥）	Lu	71
Magnesium（镁）	Mg	12
Manganese（锰）	Mn	25
Meitnerium（镂）	Mt	109
Mendelevium（钔）	Md	101

续表

化学元素	符号	原子序数
Mercury（汞）	Hg	80
Molybdenum（钼）	Mo	42
Neodymium（钕）	Nd	60
Neon（氖）	Ne	10
Neptunium（镎）	Np	93
Nickel（镍）	Ni	28
Niobium（铌）	Nb	41
Nitrogen（氮）	N	7
Nobelium（锘）	No	102
Osmium（锇）	Os	76
Oxygen（氧）	O	8
Palladium（钯）	Pd	46
Phosphorus（磷）	P	15
Platinum（铂）	Pt	78
Plutonium（钚）	Pu	94
Polonium（钋）	Po	84
Potassium（钾）	K	19
Praseodymium（镨）	Pr	59
Promethium（钷）	Pm	61
Protactinium（镤）	Pa	91
Radium（镭）	Ra	88
Radon（氡）	Rn	86
Rhenium（铼）	Re	75
Rhodium（铑）	Rh	45
Rubidium（铷）	Rb	37
Ruthenium（钌）	Ru	44
Rutherfordium（𬬻）	Rf	104
Samarium（钐）	Sm	62
Scandium（钪）	Sc	21
Seaborgium（𬭳）	Sg	106
Selenium（硒）	Se	34

续表

化学元素	符号	原子序数
Silicon（硅）	Si	14
Silver（银）	Ag	47
Sodium（钠）	Na	11
Strontium（锶）	Sr	38
Sulfur（硫）	S	16
Tantalum（钽）	Ta	73
Technetium（锝）	Tc	43
Tellurium（碲）	Te	52
Terbium（铽）	Tb	65
Thallium（铊）	Tl	81
Thorium（钍）	Th	90
Thulium（铥）	Tm	69
Tin（锡）	Sn	50
Titanium（钛）	Ti	22
Tungsten（钨）	W	74
Ununbium（鎶）	Uub	112
Ununhexium	Uuh	116
Ununoctium	Uuo	118
Ununpentium	Uup	115
Ununquadium*	Uuq	114
Ununseptium	Uus	117
Ununtrium	Uut	113
Ununium	Uuu	111
Uranium（铀）	U	92
Vanadium（钒）	V	23
Xenon（氙）	Xe	54
Ytterbium（镱）	Yb	70
Yttrium（钇）	Y	39
Zinc（锌）	Zn	30
Zirconium（锆）	Zr	40

*2012 年 5 月 12 日正式命名为 Fierovium，中文名：铁——译者注。
资料来源：荷兰 Lenntech

附录4　光伏

Photoelectric effect　光电效应

1839 年，19 岁的法国物理学家爱德蒙·贝克勒尔（Edmond Becquerel）发现，有些材料暴露在阳光下时会产生少量的电流——但科学家花了将近 75 年才分析并了解了这一过程。19 世纪 70 年代，海因里希·赫兹（Heinrich Hertz）研究了固体（比如，硒）的光电效应。这项研究促使人们利用硒光伏（PV）电池将光转化为电能，随后又用于早期摄影领域的光测量装置。

科学家不断进行实验和分析，专门研究导致某些材料在原子层次上能够将光能转换成电能的光电或光伏效应。20 世纪 40 年代，科学家开发出一种提拉法（Czochralski process），可用于生产高纯度晶体硅，1954 年贝尔实验室的科学家们利用这一工艺开发第一个晶体硅光伏电池。

光电效应是指，当光线照射到一个物体表面时，该物体会释放出固态的正电荷和负电荷载体——光伏电池通过这一基本的物理过程将阳光转换为电能。光线照射在光伏电池上时，可能会被反射、吸收或直接通过。然而，只有被吸收的光线才能发电（图 A.1）。

被吸收的光所含的能量被转移到光伏电池原子结构的电子中。由此产生额外能量，使得这些电子逸出半导体光伏材料的原子，离开原来的位置，成为电路中电流的一部分。光伏电池具有特殊的电性质——"内建电

场"——为驱动电流通过外部负载（比如灯泡）提供了所需的力量或电压。

要将内建电场放入光伏电池内，两层不太一样的半导体材料在放置时必须相互接触。一层是一个 n 型半导体，具有大量电子，带负电。另外一层是一个 p 型半导体，有很多"空穴"，带正电。

这两种材料都呈电中性，但是 n 型硅有多余的电子，p 型硅有多余的孔。将这两种材料夹在一起就会在接触面形成一个 p/n 结，从而形成一个电场。

当 n 型和 p 型硅相互接触时，多余的电子从 n 型硅转移到 p 型硅一侧。结果使正电荷沿接触面的 n 型硅一侧

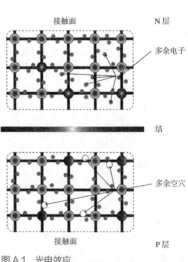

图 A.1　光电效应
资料来源：美国能源部

聚集，负电荷沿 p 型硅一侧聚集。

由于电子和空穴的流动，两个半导体就像一块电池，在接触面（p/n 结）形成一个电场。电场促使电子从半导体转移至带有负电的表面，形成电路可以使用的电流。同时，空穴朝相反方向移动，移向带有正电的表面，等待接受移动过来的电子。

p 型（"正"）和 n 型（"负"）硅材料成为光伏电池，通过添加一种有多余一个电子或缺少一个电子的元素进行太阳能发电。这种添加另一种元素的过程被称为掺杂。

Photovoltaic (PV) 光伏（PV）

将阳光直接转换为电力的相关设备。

Photovoltaic array 光伏阵列

阵列是由光伏组件相互连接构成的系统，由依次相互连接的太阳能电池组成。电池通过光伏效应将太阳能转化为直流电（DC）。通常，一个组件所产生的电量难以满足一个用户的需求，因此多个组件相互连接形成一个阵列。多数光伏阵列利用换流器将组件产生的直流电（DC）转换为交流电（AD），输入现有基础设施，为电灯、电机和其他负荷提供电力。光伏阵列中的组件通常先串联以获得所需的电压，但是单个光伏线路可以并联，让整个系统产生更多电流。太阳能光伏阵列通常用产生的电力来度量，单位为瓦、千瓦、兆瓦（图 A.2）。

平板固定阵列是最常见的。有些可以从水平位置调为按某一角度倾斜。一年四季任何时间都可以做出这种调整，不过通常一年只调整两次。阵列

中的组件在一天内位置不变。

固定型阵列没有追踪型阵列获取的能量多，追踪型阵列追踪太阳一天的运动轨迹。因此，固定组件所需的数量更多，而另外，固定型阵列没有容易出问题的活动部件。因此，固定型阵列通常用于偏远或危险地带。

Photovoltaic cell 光伏电池

通常被称作"太阳能电池"，单个光伏电池是由半导体材料制成的发电装置。光伏电池的大小和形状各异，有的比邮票还小，有的宽好几英寸（图 A.3）。

光伏阵列的大小取决于多种因素，比如某一特定地区可获得的光照量，以及用户的需求。光伏阵列的组件构

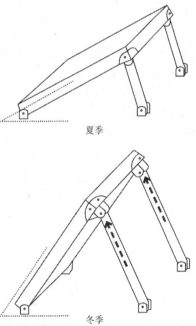

夏季

冬季

图 A.2 可随夏季和冬季太阳角度调节的阵列倾斜角

资料来源：Polar Power

成了光伏系统的主要部分，其他部分还包括电气连接设备、安装硬件、功率调节设备和没有太阳照射时用于存储太阳能的电池。

基本的光伏电池或太阳能电池通常只能产生少量电力。为了生产更多的电力，电池可以相互连接形成组件，组件又可以相互连接形成阵列，从而产生更多的电力。这种组合性使光伏发电系统能够满足所有电力需求。太阳能电池是由不同的半导体材料组成的，其中95%是由硅制成的。半导体材料的一侧带有正电，另一侧带有负电。阳光照在带有正电的一侧，将激活负电一侧的电子，从而产生电流。

光伏电池将太阳辐射转化为电能。光伏电池是光伏组件中可以将光线立即转化为电能最小的半导体成分。光伏电池是半导体阳极的一种特殊形式，将可见光、红外线（IR）辐射或紫外线（UV）辐射直接转化为电能。

光伏电池有三种类型：单晶硅光伏电池，多晶硅光伏电池和非晶硅光伏电池。

- 单晶硅棒提取自融化的硅，然后将其割成薄板。这样的效率相对较高。
- 多晶硅电池的生产成本效益更高，但是效率低于单晶硅电池。
- 非晶硅电池或薄层电池是由附着在玻璃或其他材料上的硅薄膜制的，是三种电池中效率最低的，也是最便宜的。因此，非晶硅电池主要用于低功率设备（比如手表、袖珍计算器）或作为立面构件。其效率是晶体硅电池的一半，并且还会逐渐下降。

Photovoltaic device　光伏设备

光伏设备是把阳光直接转换成直流电的固态电力设备。电压－电流的特点取决于光源、材料、设备的设计。太阳能光伏设备由不同的半导体材料制成，包括硅、镉、硫、碲化镉、砷化镓，形式可能为单晶硅、多晶硅或非晶硅。光伏设备的结构取决于光伏

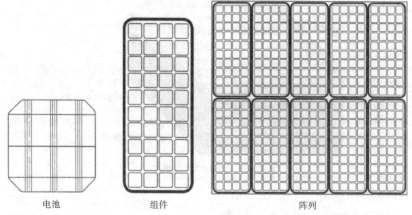

电池   组件   阵列

图 A.3 光伏电池

资料来源：美国能源部能源效率和可再生能源办公室

电池所用的材料。光伏设备主要有四种基本设计类型：1）同质结；2）异质结；3）p-i-n/n-i-p；4）多结。

Homojunction device　同质结装置

晶体硅是同质结电池的重要例子。单一晶体硅材料经过改造，一边是由正穴主导的 p 型，另一边是负电子主导的 n 型。放置好 p/n 结，这样就可以最大限度吸收 p/n 结附近的光线。如果硅的质量足够好，光线在硅深处产生自由电子和空穴，漫射到 p/n 结，然后分开产生电流（图 A.4）。

有些同质结电池的正电荷和负电荷会在电池背后接触。这种结构消除了电网在电池顶部形成的阴影。缺点是电荷载体大多数是在电池顶部表面附近产生，必须继续流动，直到抵达电池背面，达到电触点。要做到这一点，硅的质量必须非常好，没有导致电子

和空穴重组的晶体缺陷。

Heterojunction device　异质结装置

异质结装置的一个例子是铜铟硒薄膜电池（CIS 电池）。CIS 电池中，两种不同的半导体镉硫化物（CdS）和铜铟联硒化合物（CuInSe$_2$）接触形成结点。这种结构通常用于生产薄膜材料制成的电池，薄膜对光线的吸收能力远远优于硅。异质结装置的顶层和底层有不同的作用。顶层（或窗口层）是一种具有透光性的高带隙材料。几乎所有入射光都能通过这一窗口到达底层，底层的低带隙材料容易吸收光线。光线在结点附近产生电子和空穴，可有效地帮助电子和空穴在重组之前分离。与同质结装置相比，异质结装置具有一个内在优势，其所需的材料能够掺杂 p 型和 n 型两种类型的材料。许多光伏材料只能掺杂 p 型或 n 型中

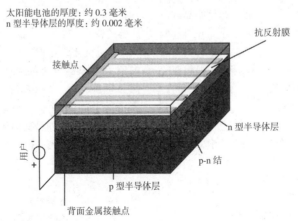

太阳能电池的厚度：约 0.3 毫米
n 型半导体层的厚度：约 0.002 毫米

抗反射膜

接触点

用户

n 型半导体层

p-n 结

p 型半导体层

背面金属接触点

图 A.4　晶体硅太阳能电池模型
资料来源：美国能源部

的一种，而不是两种都可以。另外，由于异质结没有这个限制，不同的光伏材料均可用于研究，从而生产性能最佳的电池。此外，高带隙的窗口层可以减少电池的串联电阻。窗口材料可制成高导电性的，其厚度可以增加而不会降低透光性。因此，光产生的电子可以很容易地在窗口层横向流动，达到电触点。

p-i-n and n-i-p device　p-i-n 装置和 n-i-p 装置

通常，非晶硅薄膜太阳能电池为 p-i-n 结构，而碲化镉（CdTe）电池为 n-i-p 结构。基本过程是：形成一个三层的夹层，中间本征层（i 型或无掺杂）夹在 n 型层和 p 型层之间。这一结构可在 p 型和 n 型区域内形成一个电场，并延伸至中间的本征电阻区。光在本征区产生自由电子和空穴，然后再由电场分离电子和空穴。在 p-i-n 非晶硅（a-Si）电池中，顶层是 p 型非晶硅，中间层是本征硅，底层是 n 型非晶硅。非晶硅处于高导电状态时会有许多原子级电性缺陷。因此，如果非晶硅电池必须依赖漫射，电流会非常小。然而，由于电场的影响范围内产生自由电子和空穴，而不是向电场移动，因此 p-i-n 电池中会有电流流过。碲化镉（CdTe）电池与非晶硅（a-Si）电池结构类似，只是各层次的顺序颠倒过来。具体来说，在典型的碲化镉电池中，顶层是 p 型硫化镉（CdS），中间层是本征碲化镉，底层是 n 型碲化锌（ZnTe）。

Multijunction device　多结装置

又被称为"串联电池"或"叠层电池"，这种结构可以吸收更大范围太阳光谱，因此总转换效率更高。在典型的多结电池中，具有不同带隙的单个电池叠放在另一块上。这种电池叠放方式可使阳光最先照在带隙最大的材料上。第一块电池没有吸收的光子被传送到第二块电池，第二块电池吸收剩余太阳辐射中的高能量部分，而对低能量的光子保持透明。这种选择性吸收过程一直持续到带隙最小的最后一块电池。多结装置就是一个个单结电池按照带隙递减顺序堆积而成的。顶部电池吸收高能量光子，并将其余的光子传递下去，由低带隙的电池吸收。

多结电池有两种不同的制作方法。一是机械堆叠的方法，两块单独的太阳能电池分别制成，一块带隙较高，一块带隙较低（图 A.5）。两块电池通过机械叠放，一块放在另一块上面。二是整体加工法（图 A.6），先制造一块完整的太阳能电池，然后直接在第一层的基础上放置第二块电池。这种多结装置顶部设置一块镓铟磷化物电池，并有"隧道结"使电子在电池之间流动，底部还有一块砷化镓（GaAs）电池。

目前对于多结电池的研究集中在电池的组成部分之一（或全部组成部分）砷化镓。多结电池在聚集阳光条件下的效率大于 35%，对于光伏设备来说已经很高。用于多结装置研究的其他材料还包括非晶硅和铜铟硒。

Photovoltaic generator　光伏发电机

光伏发电系统中相互通电的所有光伏组件。

Photovoltaic module　光伏组件

光伏组件是由单个太阳能电池连接起来构成的规模更大的发电设备，可用于发电或产生电压，以便用于不同领域。电池串联产生的电压较高，并联产生的电流更多。相互连接的太阳能电池通常嵌在透明的乙基醋酸乙烯内，配有一个铝制框架或不锈钢框架，正面用透明玻璃覆盖。组件底部的接线盒用来连接组件的电路导线和外部导线。

光伏组件系统的功能是发电。组件可以串联、并联，或两种方式结合以增加输出电压或电流。这也会增加输出功率。组件并联时，电流会增加。图 A.7 展示出三个组件，分别可以产生电压 15 伏，电流 3 安培。这三个组件并联后可产生电压 15 伏，电流 9 安培。

如果该系统包括一个电池存储系统，电池的电流会在夜间通过光伏阵列反向流动。这种流动方式将耗尽电池的电力。二极管可用于阻止这种反向电流。二极管是使电流仅朝一个方向流动的电气设备。二极管可以降低电压，因此有些系统会用一个控制器打开电路，而不使用阻塞二极管。如果将三个相同的组件串联，输出电压将达到 45 伏，电流 3 安培。

如果串联中的一个组件发生故障，会形成巨大电阻，致使其他组件也可能无法操作。故障组件周围的旁通路径能够解决这个问题。旁路二极

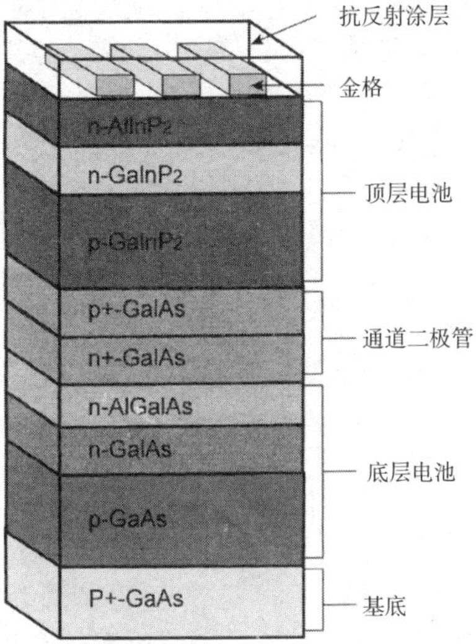

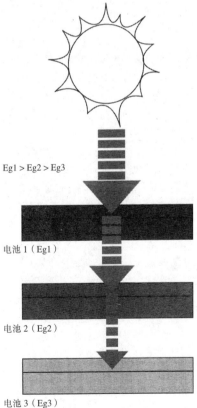

Eg1 > Eg2 > Eg3

电池 1（Eg1）

电池 2（Eg2）

电池 3（Eg3）

图 A.5　多结光伏装置——机械堆叠法
资料来源：美国能源部

抗反射涂层

金格

n-AlInP₂

n-GaInP₂　顶层电池

p-GaInP₂

p+-GaIAs

n+-GaIAs　通道二极管

n-AlGaIAs

n-GaIAs　底层电池

p-GaAs

P+-GaAs　基底

图 A.6　多结光伏装置——整体加工法
资料来源：美国能源部

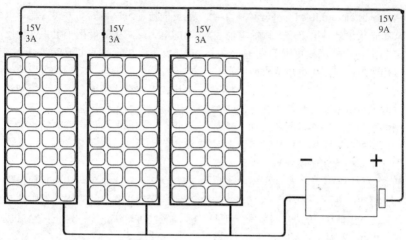

图 A.7　三个并联组件
资料来源：美国能源部

管可使其他组件的电流沿着"正确"方向流过。许多组件都在其电气终端配有旁路二极管。较大的组件可能有三组电池，每组都有各自的旁路二极管（图 A.8）。

　　隔离二极管用于防止一个阵列其余部分的电力流经组件的障碍线路。隔离二极管的作用与阻塞二极管类似。阵列产生 48 伏以上电压时通常需要使用隔离二极管。如果串联的每条线路都使用隔离二极管，通常就不需要阻塞二极管了（图 A.9）。

　　光伏组件应安装在正南 200°的范围内。在有晨雾的地区，光伏阵列可向西调至 200°作为补偿。同样地，在下午暴雨高发的地区，光伏阵列可向东调节。如果是在南半球，阵列必须面对正南。小型便携阵列通常指向太阳，追踪太阳每小时在天空的移动轨迹。另见主要词条：光伏组件（photovoltaic module）。

Photovoltaic system　光伏系统

　　光伏电池或太阳能电池是光伏（太阳能发电）系统的基本构造。单个光伏电池通常非常小，大约能够产生电力 1 瓦或 2 瓦。为了提高光伏电池的电力输出，多个光伏电池可以连接起来形成规模较大的部件或组件。组件也可以连接形成规模更大的部件，即"阵列"，阵列也可以相互连接产生更多电力。组件或阵列本身并不代表整个光伏发电系统。需要设置结构使其朝向太阳，还需要部件将组件产生的直流电转换并调节为交流电。也可能需要储存一些电力以备后用，通常储存在电池中。所有这些项目都被称为"系统平衡"（BOS）的组成部分。

　　将系统平衡的组成部分与组件相结合，就构成一个完整的光伏系统。光伏系统通常是为了满足特定的能源需求，比如为某个住宅的水泵或家用电器、电灯供电；如果光伏系统足够大，

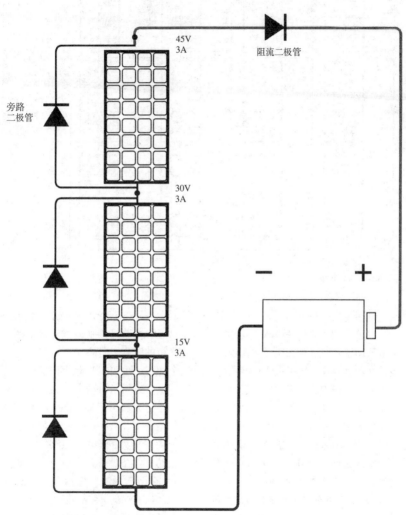

图 A.8　与阻流二极管和旁路二极管串联的 3 个组件
资料来源: 美国能源部 / 太阳能

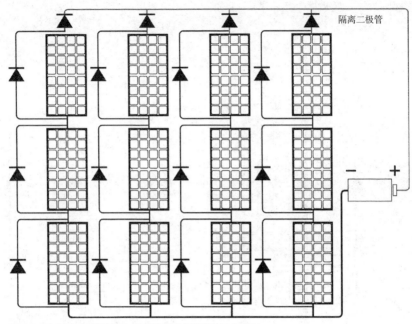

图 A.9　与旁路二极管和隔离二极管并联形成阵列的 12 个组件
资料来源: 美国能源部 / 太阳能

则可以满足整个社区的所有用电需求。

通过光伏（PV）过程将阳光转化为电能的整套系统由三个子系统组成，包括光伏阵列和系统平衡组件。

• 在发电方面，包括光伏设备的一个子系统（电池、组件、阵列）可以将阳光转换成直流电。

• 在用电方面，需要一个主要由荷载组成的子系统，即光伏电力的应用。

• 系统平衡——上述两方面之间的第三个子系统，可使光伏产生的电力恰当地应用于荷载。另见主要词条：光伏系统（photovoltaic system，参见图 57）。

光伏发电系统可分为两大类：平板式系统或聚光式系统。

Flat-plate PV system　平板式光伏系统

最常见的采用平板式光伏组件或光伏板的阵列设计方案，可以固定在某个地方，也可以追踪太阳的运动轨迹。这些光伏组件或光伏板会对直射光或漫射光做出反应。即使在晴朗的天气条件下，水平表面接收的漫射光占总太阳辐射的 10%—20%。在局部多云的天气条件下，漫射光比例高达50%；在多云的天气条件下，漫射光比例达到 100%（图 A.10）。

典型的平板式组件采用金属、玻璃或塑料基底为背部提供结构支撑；采用密封材料保护电池；并有一个透明的塑料罩或玻璃罩。最简单的光伏阵列由固定在某一位置的平板式光伏板组成。固定阵列的优点是：没有活

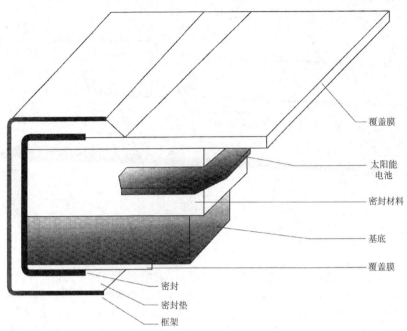

图 A.10　平板式光伏系统
资料来源: 美国能源部

覆盖膜

太阳能
电池

密封材料

基底

覆盖膜

密封

密封垫

框架

动的零部件,几乎不需要额外的设备,重量较轻。这些特性使固定阵列适用于许多地方,其中包括大多数住宅的屋顶。由于光伏板的位置固定,朝向太阳的方向通常不是最佳角度。因此每单位面积平板式阵列所收集的能量低于追踪阵列。然而,这一缺点可以与追踪系统的高成本相抵消。

Concentrator PV system　聚光式光伏系统

聚光式光伏系统利用光学聚光器将直射光集中到太阳能电池上,进而转换为电能。该系统包括聚光组件、支撑和追踪结构、电力处理中心和土地。光伏聚光组件包括太阳能电池、供安装和连接电池的电绝缘和热传导外壳,以及光学聚光器。太阳能电池主要是硅电池,但砷化镓(GaAs)太阳能电池正在研发中,以便达到高转换效率。当前的聚光器类型包括菲涅耳透镜(线性和焦点)、Graetzel 电池、反射抛物槽和其他创新型光学装置。

Photovoltaic tracking array　光伏追踪阵列

追踪天空中太阳轨迹的阵列。追踪阵列在气候晴朗的地区效果最佳。当太阳能以直射为主时,光伏追踪阵列追踪太阳轨迹的能力使其产生更多能量。直接辐射直接来自太阳而不是整个天空。追踪阵列可以单轴追踪太阳,或者双轴追踪(图 A.11)。

单轴追踪器通常在一天内自东向

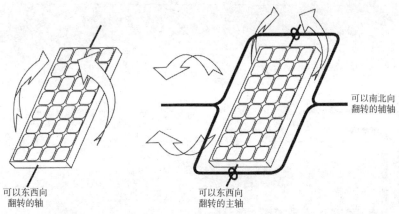

可以南北向
翻转的辅轴

可以东西向
翻转的轴

可以东西向
翻转的主轴

图 A.11　单轴追踪阵列和双轴追踪阵列
资料来源: 美国能源部 /Polar Power

西追踪太阳轨迹。组件和地面之间的角度不变。组件朝向太阳的罗盘方向，但不可能始终指向太阳。

双轴追踪器不仅改变其东西走向，还会在日间改变组件与地面之间的角度。组件全天直接朝向太阳。双轴追踪器比单轴追踪器复杂得多。

多种追踪系统均可用于追踪阵列。首先采用由电机、齿轮和链条组成的一个简单系统使阵列移动。该系统的设计是让组件机械地指向太阳方向。没有任何传感器或设备可以确认组件的朝向正确。

第二种方法是以光伏电池为传感器，使阵列中较大的组件确定方向。具体方法是在小分配器的两边各放一块电池，使其与组件的朝向相同（图A.12）。

一个电子装置会不断比较两块电池产生的微弱电流。如果其中一块电池的光线受到遮挡，该装置会启动电机，移动阵列，直到两块电池暴露在等量阳光下。在夜间或多云天气条件下，两个传感电池的输出量同样低，装置则不会作出调整。当太阳在早晨再次出现时，阵列将移回东部，再次追踪太阳轨迹（图A.13）。

虽然用电机追踪的方法相当精确，却存在"寄生"的功耗。电机耗用了光伏系统产生的部分能量。不产生寄生功耗的方法是用两个小型光伏组件直接为可逆齿轮电机供电。如果两个组件接收等量的阳光，电流会流经组件，而没有电流通过电机。

如果右边的组件受到遮蔽，就会形成一个电阻。电流将流经电机，使电机朝某一方向转动（图A.14）。

如果另一个组件受到遮蔽，电流会从右边的组件流向相反方向。电机会朝相反方向转动（图A.15）。

电机必须能够双向转动。

第三种追踪方法是利用液体的膨胀和收缩来移动阵列。通常，在一个容器中充满一种液体，这种液体在阳光下会汽化和膨胀，受到遮蔽会凝结和收缩。经证明，此类被动追踪法即使在强风条件下也是可靠持久的。

Photovoltaic productive mode system
光伏生产模式系统

　　利用光伏电池将阳光直接转换为电能的系统。

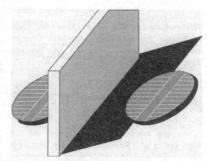

图 A.12　光伏电池用作太阳能传感器
资料来源: 美国能源部 /Polar Power

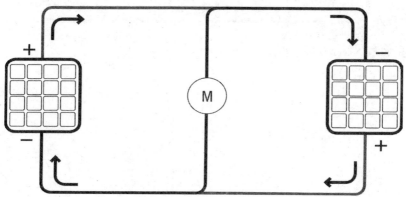

图 A.13　接收等量阳光的两个组件中的电流
资料来源: 美国能源部 /Polar Power

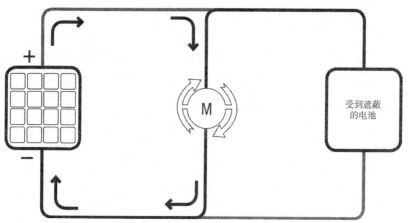

图 A.14　单个（受遮蔽）组件中的电流
资料来源: 美国能源部 /Polar Power

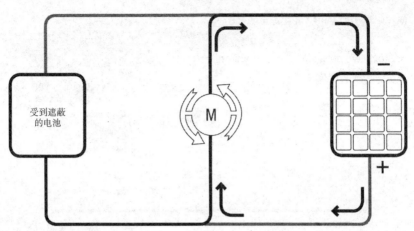

图 A.15　另一个受遮蔽组件中的电流

资料来源: 美国能源部 /Polar Power

附录5　各国人口列表

2007 年联合国统计数据和国家数据　　　　　　　　表 A5

排名	国家 / 地区 / 政体	人口	资料日期	占世界人口比例	资料来源
–	世界	6671226000	2007 年 7 月 1 日	100	联合国估计数字
1	中国	1321674000	2007 年 11 月 2 日	19.81	中国官方人口时钟
2	印度 [3]	1169016000		17.52	联合国估计数字
–	欧盟	492964961	2006 年 1 月 1 日	7.39	欧盟统计局
–	阿拉伯联盟	339510535	2007 年	5.09	联合国估计数字
3	美国	303273466	2007 年 11 月 2 日	4.55	美国官方人口时钟
4	印度尼西亚	231627000		3.47	联合国估计数字
5	巴西	187434000	2007 年 10 月 29 日	2.81	巴西官方人口时钟
6	巴基斯坦	161598500	2007 年 10 月 29 日	2.42	巴基斯坦官方人口时钟
7	孟加拉国	158665000		2.38	联合国估计数字
8	尼日利亚	148093000		2.22	联合国估计数字
9	俄罗斯	142499000		2.14	联合国估计数字
10	日本	127750000	2007 年 6 月 1 日	1.91	日本统计局官方统计
11	墨西哥	106535000		1.6	联合国估计数字
12	菲律宾	88706300	2007 年 7 月 1 日	1.33	菲律宾国家官方统计局
13	越南	87375000		1.31	联合国估计数字
14	德国	82314900	2006 年 12 月 31 日	1.23	德国联邦统计局官方统计
15	埃塞俄比亚	77127000	2007 年 7 月	1.16	埃塞俄比亚中央统计机构
16	埃及	75498000		1.13	联合国估计数字
17	土耳其	74877000		1.12	联合国估计数字
18	伊朗	71208000		1.07	联合国估计数字
19	法国（包括海外法国属地）	64102140	2007 年 1 月 1 日	0.96	法国统计局官方统计
20	泰国	62828706	2006 年 12 月 31 日	0.94	泰国官方统计局统计
21	刚果（金）	62636000		0.94	联合国估计数字
22	英国	60587300	2006 年 7 月 1 日	0.91	英国国家统计局官方统计

续表

排名	国家／地区／政体	人口	资料日期	占世界人口比例	资料来源
23	意大利	59206382	2007 年 2 月 28 日	0.89	意大利国家统计局官方统计
24	缅甸	48798000		0.73	联合国估计数字
25	南非	48577000		0.73	联合国估计数字
26	韩国	48512000		0.73	韩国官方人口时钟
27	乌克兰	46205000		0.69	联合国估计数字
28	西班牙	45116894	2007 年 1 月 1 日	0.68	西班牙国家统计局官方统计
29	哥伦比亚	44049000	2007 年 11 月 2 日	0.66	哥伦比亚官方人口时钟
30	坦桑尼亚	40454000		0.61	联合国估计数字
31	阿根廷	39531000		0.59	联合国估计数字
32	苏丹	38560000		0.58	联合国估计数字
33	波兰	38125479	2006 年 12 月 31 日	0.57	波兰中央统计局官方统计
34	肯尼亚	37538000		0.56	联合国估计数字
35	阿尔及利亚	33858000		0.51	联合国估计数字
36	加拿大	33052864	2007 年 10 月 23 日	0.5	加拿大官方人口时钟
37	摩洛哥	31224000		0.47	联合国估计数字
38	乌干达	30884000		0.46	联合国估计数字
39	伊拉克	28993000		0.43	联合国估计数字
40	尼泊尔	28196000		0.42	联合国估计数字
41	秘鲁	27903000		0.42	联合国估计数字
42	委内瑞拉	27657000		0.41	联合国估计数字
43	乌兹别克斯坦	27372000		0.41	联合国估计数字
44	马来西亚	27329000	2007 年 10 月 11 日	0.41	马来西亚官方人口时钟
45	阿富汗	27145000		0.41	联合国估计数字
46	沙特阿拉伯	24735000		0.37	联合国估计数字
47	朝鲜	23790000		0.36	联合国估计数字
48	加纳	23478000		0.35	联合国估计数字
49	中国台湾 [4]	22925000	2007 年 9 月	0.34	台湾统计局官方统计
50	也门	22389000		0.34	联合国估计数字
51	罗马尼亚	21438000		0.32	联合国估计数字
52	莫桑比克	21397000		0.32	联合国估计数字

排名	国家 / 地区 / 政体	人口	资料日期	占世界人口比例	资料来源
53	澳大利亚 [5]	21129222	2007 年 11 月 2 日	0.32	澳大利亚官方人口时钟
54	叙利亚	19929000		0.3	联合国估计数字
55	马达加斯加	19683000		0.3	联合国估计数字
56	斯里兰卡	19299000		0.29	联合国估计数字
57	科特迪瓦	19262000		0.29	联合国估计数字
58	喀麦隆	18549000		0.28	联合国估计数字
59	安哥拉	17024000		0.26	联合国估计数字
60	智利	16598074	2007 年 6 月 30 日	0.25	西班牙国家统计局官方统计
61	荷兰	16387773	2007 年 11 月 2 日	0.25	荷兰官方人口时钟
62	哈萨克斯坦	15422000		0.23	联合国估计数字
63	布基纳法索	14784000		0.22	联合国估计数字
64	柬埔寨	14444000		0.22	联合国估计数字
65	尼日尔	14226000		0.21	联合国估计数字
66	马拉维	13925000		0.21	联合国估计数字
67	危地马拉	13354000		0.2	联合国估计数字
68	津巴布韦	13349000		0.2	联合国估计数字
69	厄瓜多尔	13341000		0.2	联合国估计数字
70	塞内加尔	12379000		0.19	联合国估计数字
71	马里	12337000		0.18	联合国估计数字
72	赞比亚	11922000		0.18	联合国估计数字
73	古巴	11268000		0.17	联合国估计数字
74	希腊	11147000		0.17	联合国估计数字
75	乍得	10781000		0.16	联合国估计数字
76	葡萄牙	10623000		0.16	联合国估计数字
77	比利时	10457000		0.16	联合国估计数字
78	突尼斯	10327000		0.15	联合国估计数字
79	捷克	10325900	2007 年 6 月 30 日	0.15	ČSÚ 官方统计
80	匈牙利	10030000		0.15	联合国估计数字
81	塞尔维亚 [6]	9858000		0.15	联合国估计数字
82	多米尼加	9760000		0.15	联合国估计数字

续表

排名	国家/地区/政体	人口	资料日期	占世界人口比例	资料来源
83	卢旺达	9725000		0.15	联合国估计数字
84	白俄罗斯	9 714000	2006 年底	0.15	白俄罗斯统计局官方统计
85	海地	9598000		0.14	联合国估计数字
86	玻利维亚	9525000		0.14	联合国估计数字
87	几内亚	9370000		0.14	联合国估计数字
88	瑞典	9150000	2007 年 6 月	0.14	瑞典统计局官方统计
89	贝宁	9033000		0.13	联合国估计数字
90	索马里	8699000		0.13	联合国估计数字
91	布隆迪	8508000		0.13	联合国估计数字
92	阿塞拜疆	8467000		0.13	联合国估计数字
93	奥地利	8316487	2007 年第三季度	0.12	奥地利统计局官方统计
94	保加利亚	7639000		0.11	联合国估计数字
95	瑞士	7508700	2006 年 12 月 31 日	0.11	瑞士联邦统计局
-	中国香港	7206000		0.11	联合国估计数字
96	以色列	7197200	2007 年 8 月 31 日	0.11	以色列中央统计局
97	洪都拉斯	7106000		0.11	联合国估计数字
98	萨尔瓦多	6857000		0.1	联合国估计数字
99	塔吉克斯坦	6736000		0.1	联合国估计数字
100	多哥	6585000		0.099	联合国估计数字
101	巴布亚新几内亚	6331000		0.095	联合国估计数字
102	利比亚	6160000		0.092	联合国估计数字
103	巴拉圭	6127000		0.092	联合国估计数字
104	约旦	5924000		0.089	联合国估计数字
105	塞拉利昂	5866000		0.088	联合国估计数字
106	老挝	5859000		0.088	联合国估计数字
107	尼加拉瓜	5603000		0.084	联合国估计数字
108	丹麦	5457415	2007 年 6 月 30 日	0.082	丹麦统计局
109	斯洛伐克	5390000		0.081	联合国估计数字
110	吉尔吉斯斯坦	5317000		0.08	联合国估计数字

排名	国家/地区/政体	人口	资料日期	占世界人口比例	资料来源
111	芬兰[8]	5297300	2007年10月23日	0.079	芬芬兰官方人口时钟
112	土库曼斯坦	4965000		0.074	联合国估计数字
113	厄立特里亚国	4851000		0.073	联合国估计数字
114	挪威[9]	4722676	2007年11月3日	0.071	挪威官方人口时钟
115	克罗地亚	4555000		0.068	联合国估计数字
116	哥斯达黎加	4468000		0.065	联合国估计数字
117	新加坡	4436000		0.066	联合国估计数字
118	格鲁吉亚[10]	4395000		0.066	联合国估计数字
119	阿拉伯联合酋长国	4380000		0.066	联合国估计数字
120	中非共和国	4343000		0.065	联合国估计数字
121	爱尔兰	4301000		0.064	联合国估计数字
122	新西兰	4239600	2007年10月24日	0.064	新西兰官方人口时钟
123	黎巴嫩	4099000		0.061	联合国估计数字
124	巴勒斯坦地区	4017000		0.06	联合国估计数字
125	波多黎各	3991000		0.06	联合国估计数字
126	波斯尼亚和黑塞哥维那	3935000		0.059	联合国估计数字
127	摩尔多瓦[11]	3794000		0.057	联合国估计数字
128	刚果（布）	3768000		0.056	联合国估计数字
129	利比里亚	3750000		0.056	联合国估计数字
–	索马里兰	3500000		0.052	索马里兰政府
130	立陶宛	3372400	2007年9月1日	0.051	立陶宛统计局
131	巴拿马	3343000		0.05	联合国估计数字
132	乌拉圭	3340000		0.05	联合国估计数字
133	阿尔巴尼亚	3190000		0.048	联合国估计数字
134	毛里塔尼亚	3124000		0.047	联合国估计数字
135	亚美尼亚	3002000		0.045	联合国估计数字
136	科威特	2851000		0.043	联合国估计数字
137	牙买加	2714000		0.041	联合国估计数字
138	蒙古国	2629000		0.039	联合国估计数字

排名	国家/地区/政体	人口	资料日期	占世界人口比例	资料来源
139	阿曼	2595000		0.039	联合国估计数字
140	拉脱维亚	2277000		0.034	联合国估计数字
141	纳米比亚	2074000		0.031	联合国估计数字
142	马其顿共和国	2038000		0.031	联合国估计数字
143	斯洛文尼亚	2020000	2007年10月23日	0.031	斯洛文尼亚官方人口时钟
144	莱索托	2008000		0.03	联合国估计数字
145	博茨瓦纳	1882000		0.028	联合国估计数字
146	冈比亚	1709000		0.026	联合国估计数字
147	几内亚比绍	1695000		0.025	联合国估计数字
148	爱沙尼亚	1342409	2007年1月1日	0.02	爱沙尼亚统计局
149	特立尼达和多巴哥	1333000		0.02	联合国估计数字
150	加蓬	1331000		0.02	联合国估计数字
151	毛里求斯 [12]	1262000		0.019	联合国估计数字
152	东帝汶	1155000		0.017	联合国估计数字
153	斯威士兰	1141000		0.017	联合国估计数字
154	塞浦路斯 [13]	855000		0.013	联合国估计数字
155	卡塔尔	841000		0.013	联合国估计数字
156	斐济	839000		0.013	联合国估计数字
157	吉布提	833000		0.012	联合国估计数字
157	留尼汪	784 000	2006年1月1日	0.012	法国统计局官方统计
158	巴林国	753000		0.011	联合国估计数字
159	圭亚那	738000		0.011	联合国估计数字
160	科摩罗 [15]	682000	2007年7月	0.01	世界地名录估计数字
161	不丹	658000		0.01	联合国估计数字
162	黑山共和国	598000		0.009	联合国估计数字
—	德涅斯特河沿岸共和国	555347		0.008	政府网站
163	佛得角	530000		0.008	联合国估计数字
164	赤道几内亚	507000		0.008	联合国估计数字
165	所罗门群岛	496000		0.007	联合国估计数字

续表

排名	国家/地区/政体	人口	资料日期	占世界人口比例	资料来源
–	中国澳门	481000		0.007	联合国估计数字
166	西撒哈拉	480000		0.007	联合国估计数字
167	卢森堡公国	467000		0.007	联合国估计数字
168	苏里南	458000		0.007	联合国估计数字
169	马耳他	407000		0.006	联合国估计数字
–	瓜德罗普岛 [14]	405000	2006年1月1日	0.006	法国统计局统计数据，不含圣马丁岛和圣巴特岛的数据
–	马提尼克	399000	2006年1月1日	0.006	法国统计局官方统计
170	文莱	390000		0.006	联合国估计数字
171	巴哈马	331000		0.005	联合国估计数字
172	冰岛	312851	2007年10月1日	0.005	哈格斯多法群岛
173	马尔代夫	306000		0.005	联合国估计数字
174	巴巴多斯	294000		0.004	联合国估计数字
175	伯利兹城	288000		0.004	联合国估计数字
–	法属玻利尼西亚 [14]	259800	2007年1月1日	0.004	ISPF官方统计
–	新喀里多尼亚 [14]	240390	2007年1月1日	0.004	法国统计局官方统计
176	瓦努阿图	226000		0.003	联合国估计数字
–	法属圭亚那 [14]	202000	2006年1月1日	0.003	法国统计局官方统计
177	荷属安的列斯	192000		0.003	联合国估计数字
178	萨摩亚	187000		0.003	联合国估计数字
–	马约特岛 [14]	182000	2006年1月1日	0.003	根据法国统计局数据估计
179	关岛	173000		0.003	联合国估计数字
180	圣卢西亚岛	165000		0.002	联合国估计数字
181	圣多美和普林西比	158000		0.002	联合国估计数字
182	圣文森特和格林纳丁斯	120000		0.002	联合国估计数字
183	美属维尔京群岛	111000		0.002	联合国估计数字

续表

排名	国家/地区/政体	人口	资料日期	占世界人口比例	资料来源
184	密克罗尼西亚联邦	111000		0.002	联合国估计数字
185	格林纳达	106000		0.002	联合国估计数字
186	阿鲁巴岛	104000		0.002	联合国估计数字
187	汤加	100000		0.001	联合国估计数字
188	基里巴斯	95000		0.001	联合国估计数字
189	泽西岛	88200		0.001	泽西国家统计部
190	塞舌尔	87000		0.001	联合国估计数字
191	安提瓜和巴布达	85000		0.001	联合国估计数字
192	北马里亚纳群岛	84000		0.001	联合国估计数字
193	安道尔共和国	81200	2006年12月31日	0.001	安道尔研究服务机构
194	英国属地马恩岛	79000		0.001	联合国估计数字
195	多米尼克	67000		0.001	联合国估计数字
196	美属萨摩亚	67000		0.001	联合国估计数字
197	根西	65573		0.001	《世界概况》，2007年
198	百慕大群岛	65000		0.001	联合国估计数字
199	马绍尔群岛	59000		0.001	联合国估计数字
200	格陵兰	58000		0.001	联合国估计数字
201	圣基茨和尼维斯	50000		0.001	联合国估计数字
202	法罗群岛	48455	2007年6月1日	0.001	法罗群岛官方统计数据
203	开曼群岛	47000		0.001	联合国估计数字
204	列支敦士登	35000		0.0005	联合国估计数字
–	圣马丁岛[14]	33102	2004年10月	0.0005	2004年10月补充人口普查
205	摩纳哥	33000		0.0005	联合国估计数字
206	圣马力诺	31000		0.0005	联合国估计数字
207	直布罗陀	29000		0.0004	联合国估计数字

续表

排名	国家 / 地区 / 政体	人口	资料日期	占世界人口比例	资料来源
208	特克斯和凯科斯群岛	26000		0.0004	联合国估计数字
209	英属维尔京群岛	23000		0.0003	联合国估计数字
210	帕劳	20000		0.0003	联合国估计数字
–	瓦利斯群岛和富图纳群岛 [14]	15000	2007 年 7 月	0.0002	联合国估计数字
211	库克群岛	13000		0.0002	联合国估计数字
212	安圭拉岛	13000		0.0002	联合国估计数字
213	图瓦卢	11000		0.0002	联合国估计数字
214	瑙鲁	10000		0.0001	联合国估计数字
–	圣巴泰勒米 [14]	6852	1999 年 3 月	0.0001	1999 年 3 月人口普查
215	圣赫勒拿 [16]	6600		0.0001	联合国估计数字
–	圣皮埃尔岛及密克隆岛 [14]	6125	2006 年 1 月	0.0001	2006 年 1 月人口普查
216	蒙特色拉特岛	5900		0.0001	联合国估计数字
217	马尔维纳斯群岛（福克兰群岛）	3000		0.00005	联合国估计数字
218	纽埃岛	1600		0.00003	联合国估计数字
219	托克劳群岛	1400		0.00003	联合国估计数字
220	梵蒂冈	800		0.00002	联合国估计数字
221	皮特凯恩群岛	50		0.000001	联合国估计数字